高等院校信息技术规划教材

程序设计导论

（C语言篇）

王学光 编著

清华大学出版社

北京

内 容 简 介

本书包括三部分内容:一是程序设计公共基础知识(数据结构和算法、程序设计基础知识、软件工程及数据库设计基础知识等);二是 C 语言学习指导(各章基本知识结构、知识难点解析、相关知识点题目练习及实验指导);三是 C 语言上机实验指南(附录 A)。

本书的特点是融数据结构、算法和程序设计于一体,使程序设计的学习系统又全面,高效而快捷,并在习题中精选了部分历年全国计算机等级考试试题。本书既适合作为高等院校的教材,又可供等级考试的考生使用。

图书在版编目(CIP)数据

程序设计导论(C 语言篇)/王学光编著.—北京:清华大学出版社,2015

高等院校信息技术规划教材

ISBN 978-7-302-40827-7

Ⅰ. ①程…　Ⅱ. ①王…　Ⅲ. ①C 语言—程序设计—高等学校—教材　Ⅳ. ①TP311.1

中国版本图书馆 CIP 数据核字(2015)第 163114 号

责任编辑:白立军　徐跃进
封面设计:傅瑞学
责任校对:梁　毅
责任印制:宋　林

出版发行:清华大学出版社
　　　　网　　　址:http://www.tup.com.cn,http://www.wqbook.com
　　　　地　　　址:北京清华大学学研大厦 A 座　　　　邮　　编:100084
　　　　社 总 机:010-62770175　　　　　　　　　　　邮　　购:010-62786544
　　　　投稿与读者服务:010-62776969,c-service@tup.tsinghua.edu.cn
　　　　质量反馈:010-62772015,zhiliang@tup.tsinghua.edu.cn
　　　　课件下载:http://www.tup.com.cn,010-62795954

印 装 者:北京国马印刷厂
经　　销:全国新华书店
开　　本:185mm×260mm　　　　　印　张:21.5　　　　字　　数:539 千字
版　　次:2015 年 12 月第 1 版　　　　　　　　　　　　印　　次:2015 年 12 月第 1 次印刷
印　　数:1～2000
定　　价:39.00 元

产品编号:064258-01

前言 *foreword*

C 语言具有可移植性好、使用灵活方便等许多特点，因而应用都非常广泛。不仅为计算机专业工作者使用，也被广大计算机应用人员钟爱。许多高校不仅在计算机专业开设了 C 语言课程，而且在许多非计算机专业也增设了 C 语言课程，包括全国计算机等级考试在内的许多计算机统一考试也都将 C 语言列入考试范围。

本书主要结合在 C 语言的学习中所遇到的各知识点及难点进行讲解，使读者在理清 C 语言的障碍后，能更加深入地理解 C 语言的精髓。通过练习指导与实验编程，让读者对于 C 语言的使用更加得心应手。

从 2004 年起，教育部考试中心对全国计算机等级考试（NCRE）进行了调整，新的考试大纲在二级笔试中新增加了公共基础知识的考试内容。基本要求是：掌握基本数据结构及其操作；掌握基本排序和查找算法；掌握结构化程序设计方法；掌握软件工程的基本方法，具有初步应用相关技术进行软件开发的能力；掌握数据库的基本知识，了解关系数据库的设计等。

本书加入程序设计公共基础知识部分，使读者在学习 C 语言的基础上，对程序设计的基础知识框架也有所了解。本书可分为三部分：程序设计公共基础知识、C 语言学习指导及 C 语言上机实验指南（附录 A）。本书不但可以作为程序设计学习人员学习程序设计的入门读本，也可以作为普通高校学生进行程序设计及 C 语言学习的指导用书，还可以作为全国计算机等级考试二级 C 语言考生的教学与辅导用书。书中部分练习题目引用了历年全国计算机等级考试原题。

本书在编写时得到华东政法大学计算机系各位老师的支持及相关学生的协助。在审阅过程中还得到复旦大学窦炳琳博士的帮助，在此一并表示诚挚的感谢！

由于时间仓促及作者水平有限，书中存在的缺点和不足在所难免，恳请专家和广大读者不吝指正。

编　者
2015 年 4 月

目 录

Contents

第二部分　C语言学习指导

第一部分
程序设计公共基础知识

第1章

数据结构与算法基础知识

chapter 1

知识要点

- 算法的基本概念、算法复杂度的概念和意义(时间复杂度与空间复杂度);
- 数据结构的定义、数据的逻辑结构与存储结构、数据结构的图形表示、线性结构与非线性结构的概念;
- 线性表的定义、线性表的顺序存储结构及其插入与删除运算;
- 栈和队列的定义、栈和队列的顺序存储结构及其基本运算;
- 线性单链表、双向链表与循环链表的结构及其基本运算;
- 树的基本概念、二叉树的定义及其存储结构、二叉树的前序、中序和后序遍历;
- 顺序查找与二分法查找算法、基本排序算法(交换类排序、选择类排序、插入类排序)。

1.1 内容概述

1.1.1 算法

1. 算法的基本概念

算法(algorithm)是对特定问题求解步骤的一种描述,是为了解决一个或者一类问题给出的一个确定的、有限长的操作序列。

算法的设计依赖于数据的存储结构,因此,对确定的问题,应该寻求在适宜的存储结构上设计出一种效率较高的算法。

1) 算法的基本要素

一个算法通常由两种基本要素组成:一是对数据对象的运算和操作,二是算法的控制结构。

(1) 算法中对数据的运算和操作。每个算法实际上是按解题要求从能进行的所有操作中选择合适的操作所组成的一组指令序列。因此,计算机算法就是计算机能处理的操作所组成的指令序列。

通常,计算机可以执行的基本操作是以指令的形式描述的。一个计算机系统能执行的所有指令的集合，称为该计算机系统的指令系统。计算机程序就是按解题要求从计算机指令系统中选择合适的指令所组成的指令序列。在一般的计算机系统中，基本的运算和操作有以下4类。

① 算术运算：主要包括加、减、乘、除等运算。

② 逻辑运算：主要包括"与"、"或"、"非"等运算。

③ 关系运算：主要包括"大于"、"小于"、"等于"、"不等于"等运算。

④ 数据传输：主要包括赋值、输入、输出等操作。

算法的主要特征着重于算法的动态执行，它区别于传统的着重于静态描述或按演绎方式求解问题的过程。传统的演绎数学是以公理系统为基础的，问题的求解过程是通过有限次推演来完成的，每次推演都将对问题作进一步的描述，如此不断推演，直到直接将解描述出来为止。而计算机算法则是使用一些最基本的操作，通过对已知条件一步一步地加工和变换，从而实现解题目标。这两种方法的解题思路是不同的。

（2）算法的控制结构。一个算法的功能不仅取决于所选用的操作，而且还与各操作之间的执行顺序有关。算法中各操作之间的执行顺序称为算法的控制结构。

算法的控制结构给出了算法的基本框架，它不仅决定了算法中各操作的执行顺序，而且也直接反映了算法的设计是否符合结构化原则。描述算法的工具通常有传统流程图、N-S结构化流程图、算法描述语言等。一个算法一般都可以用顺序、选择、循环3种基本控制结构组合而成。

2）算法的重要特性

严格地说来，一个算法必须满足以下5个重要特性：

（1）有穷性　对于任意一组合法的输入值，在执行有穷步骤之后一定能结束，即算法中的操作步骤为有限个，并且每个步骤都能在有限时间内完成。

（2）确定性　对于每种情况下所应该执行的操作，在算法中都有确切的规定，使算法的执行者或阅读者都能明确其含义及如何执行；并且在任何条件下，算法只有唯一一条执行路径。

（3）可行性　算法中的所有操作都必须足够基本，都可以通过已经实现的基本运算执行有限次实现。

（4）有输入　作为算法加工对象的量值，通常体现为算法中的一组变量。有些输入量需要在算法的执行过程中输入，而有的算法表面上可以没有输入，但实际上已经被嵌入算法之中。

（5）有输出　它是一组与"输入"有确定关系的量值，是算法进行信息加工后得到的结果，这种确定关系即为算法的功能。

3）算法设计基本方法

（1）列举法。

列举法的基本思想是，根据提出的问题，列举所有可能的情况，并用问题中给定的条件检验哪些是需要的，哪些是不需要的。因此，列举法常用于解决"是否存在"或"有多少种可能"等类型的问题，例如求解不定方程的问题，实际问题中（如寻找路径、查找、搜索等问题），局部使用列举法却是很有效的。

列举算法是计算机算法中的一个基础算法。列举法的特点是算法比较简单,但当列举的可能情况较多时,执行列举算法的工作量将会很大。因此,在用列举法设计算法时,使方案优化,尽量减少运算工作量,是应该重点注意的。

（2）归纳法。

归纳法的基本思想是,通过列举少量的特殊情况,经过分析,最后找出一般的关系。显然,归纳法要比列举法更能反映问题的本质,并且可以解决列举量为无限的问题。但是,从一个实际问题中总结归纳出一般的关系,并不是一件容易的事情,尤其是要归纳出一个数学模型更为困难。从本质上讲,归纳就是通过观察一些简单而特殊的情况,最后总结出一般性的结论。

归纳是一种抽象,即从特殊现象中找出一般关系。但由于在归纳的过程中不可能对所有的情况进行列举,因此,最后由归纳得到的结论还只是一种猜测,还需要对这种猜测加以必要的证明。实际上,通过精心观察而得到的猜测得不到证实或最后证明猜测是错的,也是常有的事。

（3）递推。

所谓递推,是指从已知的初始条件出发,逐次推出所要求的各中间结果和最后结果。其中初始条件或是问题本身已经给定,或是通过对问题的分析与化简而确定。递推本质上也属于归纳法,工程上许多递推关系式实际上是通过对实际问题的分析与归纳而得到的,因此,递推关系式往往是归纳的结果。递推算法在数值计算中是极为常见的。但是,对于数值型的递推算法必须要注意数值计算的稳定性问题。

（4）递归。

人们在解决一些复杂问题时,为了降低问题的复杂程度（如问题的规模等）,一般总是将问题逐层分解,最后归结为一些最简单的问题。这种将问题逐层分解的过程,实际上并没有对问题进行求解,而只是当解决了最后那些最简单的问题后,再沿着原来分解的逆过程逐步进行综合,这就是递归的基本思想。由此可以看出,递归的基础也是归纳。

（5）减半递推技术。

实际问题的复杂程度往往与问题的规模有着密切的联系。因此,利用分治法解决这类实际问题是有效的。所谓分治法,就是对问题分而治之。工程上常用的分治法是减半递推技术。

所谓"减半",是指将问题的规模减半,而问题的性质不变;所谓"递推",是指重复"减半"的过程。

（6）回溯法。

递推和递归算法本质上是对实际问题进行归纳的结果,而减半递推技术也是归纳法的一个分支。在工程上,有些实际问题很难归纳出一组简单的递推公式或直观的求解步骤,并且也不能进行无限的列举。对于这类问题,一种有效的方法是"试"。通过对问题的分析,找出一个解决问题的线索,然后沿着这个线索逐步试探,对于每一步的试探,若试探成功,就得到问题的解,若试探失败,就逐步回退,换别的路线再进行试探。这种方法称为回溯法。回溯法在处理复杂数据结构方面有着广泛的应用。

4）算法的描述方法

在不同层次上讨论的算法有不同的描述方法，常用的有如下 4 种：

(1) 自然语言描述法　使用中文语言，同时还使用一些高级程序设计语言中的语句描述算法。其优点是简单、易懂，但要转换成可以上机调试的计算机程序就不太容易了。

(2) 流程图描述法　这种描述方法在算法研究的早期曾流行过，其优点是直观、易懂，但是用来描述比较复杂的问题就显得不够方便，也不够清晰简洁。

(3) 计算机语言描述法　使用某一种计算机语言描述出来的算法可以在计算机上直接运行并获得结果，使给定问题能在有限时间内被求解，通常这种算法也称程序。

(4) 类计算机语言描述法　采用介于伪码（包括高级语言的 3 种基本控制结构“顺序”、“判定”和“重复”及自然语言）和一种高级语言（如 C 语言）之间的一种类高级语言（如类 C 语言）描述算法，这种算法不能直接在计算机上运行，但是经过简单转换即可运行。其优点是易于书写、便于阅读和格式统一，使读者把注意力集中于算法的实质，而不是把精力花费在某种实际高级语言的许多具体约定之上。

2. 算法复杂度

求解同一个问题，可以有许多不同的算法，那么如何来评价这些算法的优劣呢？

首先，选用的算法应该是“正确的”。此外，主要考虑如下 3 点：

(1) 执行算法所耗费的时间。

(2) 执行算法所耗费的存储空间，其中主要考虑辅助存储空间。

(3) 算法应该易于理解、易于编码、易于调试。

1）算法的时间复杂度

算法运行的时间分析和程序运行的时间分析有区别。同一算法由不同的编程员所编出来的程序有优劣之分，程序运行的时间也就不同；程序在不同的计算机上运行的速度又和计算机本身的速度有关。我们感兴趣的是对解决问题的算法进行时间上的度量分析，或对解决同一问题的两种或两种以上算法运行的时间加以比较，这种度量分析称为算法的时间复杂度分析。它可以估算出当问题的规模变大时，算法运行时间增长的速度，这种分析实际上是一种数学化的估算方法。

算法的效率指的是算法的执行时间随问题“规模”（通常用整型量 n 表示）的增长而增长的趋势。所谓“规模”在此是指输入量的数目，比如在排序问题中，问题的规模可以是被排序的元素数目。假如随着问题规模 n 的增长，算法执行时间的增长率和问题规模的增长率相同，则可记为：

$$T(n) = O(f(n))$$

其中，$f(n)$ 为问题规模 n 的某个函数；$T(n)$ 称为算法的（渐近）时间复杂度（time complexity）。

任何一个算法都是由一个控制结构和若干原操作组成。所谓“原操作”在此指的是高级程序设计语言中允许的数据类型（称为固有数据类型）的操作，则

算法的执行时间 $= \sum$ 原操作(i) 的执行次数 $\times$ 原操作(i) 的执行时间

因为原操作的执行时间相对于问题规模而言是个常量，则算法的执行时间与原操作

执行次数之和成正比。

由于估算算法时间复杂度关心的只是算法执行时间的增长率而不是绝对时间,因此可以忽略一些次要因素。方法是:从算法中选取一种对于所研究的问题来说是"基本操作"的原操作,以该"基本操作"在算法中重复执行的次数作为算法时间复杂度的依据。所谓"基本操作"在此指的是基于某个数据类型的"标准操作",比如两个整数的比较、两个整数相乘等都可视为基本操作。用这种衡量算法效率的方法所得出的不是时间量,而是一种增长趋势的量度,它与计算机的硬件和软件无关,只暴露算法本身执行效率的优劣。

2) 算法的空间复杂度

算法的存储量是指算法执行过程中所需要的最大存储空间。假如随着问题规模 n 的增长,算法运行时所需要的存储量的增长率和问题规模的增长率相同,则可记为:

$$S(n) = O(g(n))$$

其中, $g(n)$ 为问题规模 n 的某个函数; $S(n)$ 称为算法的(渐近)空间复杂度(space complexity)。类似于算法的时间复杂度,通常以算法的空间复杂度作为算法所需要的存储空间的度量。

算法在执行期间所需要的存储量应该包括以下 3 部分:

(1) 输入数据所占用的空间。

(2) 程序代码所占用的空间。

(3) 辅助变量所占用的空间。

一般来说,算法在执行过程中,输入数据所占用的空间只取决于问题本身,与算法无关;程序代码所占用的空间对不同算法来说也不会有数量级的差别;辅助变量所占用的空间随算法的不同而异,有的只需要占用不随问题规模 n 改变而改变的少量的临时空间,有的则需要占用随着问题规模 n 增大而增大的临时空间。因此,在估算算法的空间复杂度时,只需要分析除了输入数据和程序代码外所占用的额外空间,即算法执行过程中辅助变量所占用的空间。

与算法时间复杂度的考虑类似,若算法所需要的存储量依赖于特定的输入,则以最坏情况下的空间复杂度作为算法的空间复杂度。

1.1.2　数据结构的基本概念

数据结构作为计算机的一门学科,主要研究和讨论以下 3 方面的问题:

(1) 数据集合中各数据元素之间所固有的逻辑关系,即数据的逻辑结构。

(2) 在对数据进行处理时,各数据元素在计算机中的存储关系,即数据的存储结构;

(3) 对各种数据结构进行的运算。

讨论以上问题的主要目的是提高数据处理的效率。所谓提高数据处理的效率,主要包括两个方面:一是提高数据处理的速度,二是尽量节省在数据处理过程中所占用的计算机存储空间。

1. 数据结构定义

简单地说,数据结构是指相互有关联的数据元素的集合。例如,向量和矩阵就是数据结构,在这两个数据结构中,数据元素之间有着位置上的关系。又如,图书馆中的图书卡片目录,则是一个较为复杂的数据结构,对于列在各卡片上的各种书之间,可能在主题、作者等问题上相互关联,甚至一本书本身也有不同的相关成分。

数据元素具有广泛的含义。一般来说,现实世界中客观存在的一切个体都可以是数据元素。例如,描述一年四季的季节名

春、夏、秋、冬

可以作为季节的数据元素；

表示数值的各个数

18、11、35、23、16……

可以作为数值的数据元素；

表示家庭成员的各成员名

父亲、儿子、女儿

可以作为家庭成员的数据元素。

甚至每一个客观存在的事件,如一次演出、一次借书、一次比赛等也可以作为数据元素。总之,在数据处理领域中,每一个需要处理的对象都可以抽象成数据元素。数据元素一般简称为元素。

在实际应用中,被处理的数据元素一般有很多,而且,作为某种处理,其中的数据元素一般具有某种共同特征。例如,{春,夏,秋,冬}这4个数据元素有一个共同特征,即它们都是季节名,分别表示了一年中的四个季节,从而这4个数据元素构成了季节名的集合。又如,{父亲,儿子,女儿}这3个数据元素也有一个共同特征,即它们都是家庭的成员名,从而构成了家庭成员名的集合。一般来说,人们不会同时处理特征完全不同且互相之间没有任何关系的各类数据元素,对于具有不同特征的数据元素总是分别进行处理。

一般情况下,在具有相同特征的数据元素集合中,各个数据元素之间存在有某种关系(即联系),这种关系反映了该集合中的数据元素所固有的一种结构。在数据处理领域中,通常把数据元素之间这种固有的关系简单地用前后件关系(或直接前驱与直接后继关系)来描述。

例如,在考虑一年四个季节的顺序关系时,则"春"是"夏"的前件(即直接前驱,下同),而"夏"是"春"的后件(即直接后继,下同)。同样,"夏"是"秋"的前件,"秋"是"夏"的后件；"秋"是"冬"的前件,"冬"是"秋"的后件。

在考虑家庭成员间的辈分关系时,则"父亲"是"儿子"和"女儿"的前件,而"儿子"与"女儿"都是"父亲"的后件。

前后件关系是数据元素之间的一个基本关系,但前后件关系所表示的实际意义随具体对象的不同而不同。一般来说,数据元素之间的任何关系都可以用前后件关系来描述。

1）数据的逻辑结构

数据结构是指反映数据元素之间关系的数据元素集合的表示。更通俗地说，数据结构是指带有结构的数据元素的集合。在此，所谓结构实际上就是指数据元素之间的前后件关系。

由上所述，一个数据结构应包含以下两方面的信息：

（1）表示数据元素的信息；

（2）表示各数据元素之间的前后件关系。

在以上所述的数据结构中，其中数据元素之间的前后件关系是指它们的逻辑关系，而与它们在计算机中的存储位置无关。因此，上面所述的数据结构实际上是数据的逻辑结构。

所谓数据的逻辑结构，是指反映数据元素之间逻辑关系的数据结构。

由前面的叙述可以知道，数据的逻辑结构有两个要素：一是数据元素的集合，通常记为 D；二是 D 上的关系，它反映了 D 中各数据元素之间的前后件关系，通常记为 R。即一个数据结构可以表示成

$$B = (D, R)$$

其中，B 表示数据结构。为了反映 D 中各数据元素之间的前后件关系，一般用二元组来表示。例如，假设 a 与 b 是 D 中的两个数据，则二元组 (a, b) 表示 a 是 b 的前件，b 是 a 的后件。这样，在 D 中的每两个元素之间的关系都可以用这种二元组来表示。

例 1-1　一年四季的数据结构可以表示成

$$B = (D, R)$$
$$D = \{春, 夏, 秋, 冬\}$$
$$R = \{(春, 夏), (夏, 秋), (秋, 冬)\}$$

例 1-2　家庭成员数据结构可以表示成

$$B = (D, R)$$
$$D = \{父亲, 儿子, 女儿\}$$
$$R = \{(父亲, 儿子), (父亲, 女儿)\}$$

例 1-3　n 维向量

$$X = (x_1, x_2, \cdots, x_n)$$

也是一种数据结构。即 $X = (D, R)$，其中数据元素的集合为

$$D = \{x_1, x_2, \cdots, x_n\}$$

关系为

$$R = \{(x_1, x_2), (x_2, x_3), \cdots, (x_{n-1}, x_n)\}$$

对于一些复杂的数据结构来说，它的数据元素可以是另一种数据结构。

例如，$m \times n$ 的矩阵是一个数据结构。在这个数据结构中，矩阵的每一行

$$A_i = (a_{i1}, a_{i2}, \cdots, a_{in}), i = 1, 2, \cdots, m$$

可以看成是它的一个数据元素。即这个数据结构的数据元素的集合为

$$D = \{A_1, A_2, \cdots, A_m\}$$

D 上的一个关系为

$$R = \{(A_1,A_2),(A_2,A_3),\cdots,(A_i,A_{i+1}),\cdots,(A_{m-1},A_m)\}$$

显然，数据结构 A 中的每一个数据元素 $A_i(i=1,2,\cdots,m)$ 又是另一个数据结构，即数据元素的集合为

$$D_i = \{\,a_{i1},a_{i2},\cdots,a_{in}\,\}$$

D_i 上的一个关系为

$$R_i = \{(a_{i1},a_{i2}),(a_{i2},a_{i3}),\cdots,(a_{ij},a_{i,j+1}),\cdots,(a_{i,n-1},a_{in})\}$$

2）数据的存储结构

数据的逻辑结构在计算机存储空间中的存放形式称为数据的存储结构（也称数据的物理结构）。

数据处理是计算机应用的一个重要领域，在实际进行数据处理时，被处理的各数据元素总是被存放在计算机的存储空间中，并且，各数据元素在计算机存储空间中的位置关系与它们的逻辑关系不一定是相同的，而且一般也不可能相同。例如，在前面提到的一年四个季节的数据结构中，"春"是"夏"的前件，"夏"是"春"的后件，但在对它们进行处理时，在计算机存储空间中，"春"这个数据元素的信息不一定被存储在"夏"这个数据元素信息的前面，而可能在后面，也可能不是紧邻在前面，而是中间被其他信息所隔开。由此可以看出：一个数据结构中的各数据元素在计算机存储空间中的位置关系与逻辑关系是有可能不同的。

由于数据元素在计算机存储空间中的位置关系可能与逻辑关系不同，因此，为了表示存放在计算机存储空间中的各数据元素之间的逻辑关系（即前后件关系），在数据的存储结构中，不仅要存放各数据元素的信息，还需要存放各数据元素之间的前后件关系的信息。

一般来说，一种数据的逻辑结构根据需要可以表示成多种存储结构，常用的存储结构有顺序、链接、索引等存储结构。而采用不同的存储结构，其数据处理的效率是不同的。因此，在进行数据处理时，选择合适的存储结构是很重要的。

2. 数据结构的图形表示

一个数据结构除了用二元关系表示外，还可以直观地用图形表示。在数据结构的图形表示中，对于数据集合 D 中的每一个数据元素用中间标有元素值的方框表示，一般称为数据结点，并简称为结点；为了进一步表示各数据元素之间的前后件关系，对于关系 R 中的每一个二元组，用一条有向线段从前件结点指向后件结点。

例如，一年四季的数据结构可以用如图 1-1 所示的图形来表示，反映家庭成员间辈分关系的数据结构可以用如图 1-2 所示的图形表示。

图 1-1 一年四季数据结构的图形表示

显然，用图形方式表示一个数据结构是很方便的，并且也比较直观。有时在不会引起误会的情况下，在前件结点到后件结点连线上的箭头可以省去。例如，在图 1-2 中，即

使将"父亲"结点与"儿子"结点连线上的箭头以及"父亲"结点与"女儿"结点连线上的箭头都去掉，同样表示了"父亲"是"儿子"与"女儿"的前件，"儿子"与"女儿"均是"父亲"的后件，而不会引起误会。

例 1-4　用图形表示数据结构 $B=(D,R)$，其中

$$D = \{d_i \mid 1 \leqslant i \leqslant 7\} = \{d_1, d_2, d_3, d_4, d_5, d_6, d_7\}$$
$$R = \{(d_1, d_3), (d_1, d_5), (d_2, d_4), (d_3, d_6), (d_5, d_7)\}$$

这个数据结构的图形表示如图 1-3 所示。

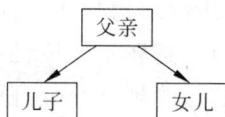

图 1-2　家庭成员间辈分关系数据　　　图 1-3　例 1-4 数据结构的图形表示
　　　　　结构的图形表示

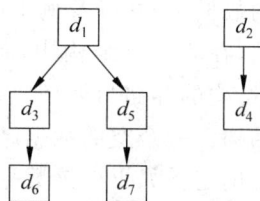

在数据结构中，没有前件的结点称为根结点；没有后件的结点称为终端结点（也称为叶子结点）。例如，在图 1-1 所示的数据结构中，元素"春"所在的结点（简称为结点"春"，下同）为根结点，结点"冬"为终端结点；在图 1-2 所示的数据结构中，结点"父亲"为根结点，结点"儿子"与"女儿"均为终端结点；在图 1-3 所示的数据结构中，有两个根结点 d_1 与 d_2，有 3 个终端结点 d_6、d_7、d_4。数据结构中除了根结点与终端结点外的其他结点一般称为内部结点。

通常，一个数据结构中的元素结点可能是在动态变化的。根据需要或在处理过程中，可以在一个数据结构中增加一个新结点（称为插入运算），也可以删除数据结构中的某个结点（称为删除运算）。插入与删除是对数据结构的两种基本运算。除此之外，对数据结构的运算还有查找、分类、合并，分解、复制和修改等。在对数据结构的处理过程中，不仅数据结构中的结点（即数据元素）个数在动态地变化，而且，各数据元素之间的关系也有可能在动态地变化。例如，一个无序表可以通过排序处理而变成有序表；一个数据结构中的根结点被删除后，它的某一个后件可能就变成了根结点；在一个数据结构中的终端结点后插入一个新结点后，则原来的那个终端结点就不再是终端结点而成为内部结点了。

3. 线性结构与非线性结构

如果在一个数据结构中一个数据元素都没有，则称该数据结构为空的数据结构。在一个空的数据结构中插入一个新的元素后就变为非空；在只有一个数据元素的数据结构中，将该元素删除后就变为空的数据结构。

根据数据结构中各数据元素之间前后件关系的复杂程度，一般将数据结构分为两大类型：线性结构与非线性结构。

如果一个非空的数据结构满足下列两个条件：

（1）有且只有一个根结点；

（2）每一个结点最多有一个前件，也最多有一个后件。

则称该数据结构为线性结构。线性结构又称线性表。

特别需要说明的是，在一个线性结构中插入或删除任何一个结点后还应是线性结构。根据这一点，如果一个数据结构满足上述两个条件，但当在此数据结构中插入或删除任何一个结点后就不满足这两个条件了，则该数据结构不能称为线性结构。

如果一个数据结构不是线性结构，则称之为非线性结构。如例 1-2 中反映家庭成员间辈分关系的数据结构，以及例 1-4 中的数据结构，它们都不是线性结构，而是属于非线性结构。显然，在非线性结构中，各数据元素之间的前后件关系要比线性结构复杂，因此，对非线性结构的存储与处理比线性结构要复杂得多。线性结构与非线性结构都可以是空的数据结构。一个空的数据结构究竟是属于线性结构还是属于非线性结构，这要根据具体情况来确定。如果对该数据结构的运算是按线性结构的规则来处理的，则属于线性结构；否则，属于非线性结构。

1.1.3　线性表及其顺序存储结构

1. 线性表的基本概念

线性表（linear list）是计算机应用中最简单、最常用的一种数据结构，它是由具有相同特征的元素构成的有限序列。例如，由 26 个英文字母组成的英文字母表（a,b,c,…,z）就是一个线性表，表中的每个英文字母是该线性表的一个数据元素。又如，一副扑克牌中花色相同的 13 张牌（2,3,4,5,6,7,8,9,10,J,Q,K,A）也是一个线性表。其中每张牌是该线性表的一个数据元素。在较为复杂的线性表中，一个数据元素可以由若干个数据项组成。这时一个数据元素常称为一条记录。线性表则是由若干条记录组成的文件。例如，表 1-1 为计算机系的教工情况登记表，表中每个姓名、年龄、职称、系别等数据项就是该线性表中的一个数据元素。

表 1-1　计算机系教工情况登记表

姓　　名	年　龄	职　称	系　别	…
孙丽	35	副教授	计算机	…
张小红	26	讲师	计算机	…
石岩	48	教授	计算机	…
⋮	⋮	⋮	⋮	⋮
王齐	23	助教	计算机	…

一般地，可以将线性表描述为：一个线性表是由 $n(n \geqslant 0)$ 个数据元素 $a_1, a_2, \cdots, a_n$ 组成的有限序列，记作 $L=(a_1, a_2, a_3, \cdots, a_{i-1}, a_i, a_{i+1}, \cdots, a_n)$。其中，每个 a_i 称为线性表 L 的一个数据元素（或结点）。同一线性表中的数据元素应具有相同特征。线性表的逻辑结构如图 1-4 所示。

对于线性表 L，当 $n=0$ 时称为空表。当 $n>0$ 时，n 值为线性表 L 的长度。表中相邻

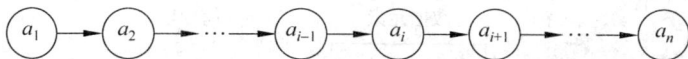

图 1-4　线性表的逻辑结构

的数据元素之间存在着序偶关系。元素 a_{i-1} 和 a_i 相邻且位于 a_i 之前,称 a_{i-1} 是 a_i 的直接前驱;a_{i+1} 和 a_i 相邻且位于 a_i 之后,称 a_{i+1} 是 a_i 的直接后继;而元素 a_1 是第 1 个元素,它没有直接前驱,除 a_1 外,L 中其他元素都有且只有一个直接前驱;元素 a_n 是 L 的最后一个元素。它没有直接后继,除元素 a_n 外 L 中其他元素都有且仅有一个直接后继。元素 a_i 位于线性表中第 i 个位置,称 i 为元素 a_i 在线性表 L 中的位序。

2. 线性表的基本操作

线性表是一种线性结构。其数据结构非常灵活,可以实现多种操作。下面给出线性表的几种基本操作。

(1) 在线性表的指定位置处加入一个新的元素(即线性表的插入);

(2) 在线性表中删除指定的元素(即线性表的删除);

(3) 在线性表中查找某个(或某些)特定的元素(即线性表的查找);

(4) 对线性表中的元素进行整序(即线性表的排序);

(5) 按要求将一个线性表分解成多个线性表(即线性表的分解);

(6) 按要求将多个线性表合并成一个线性表(即线性表的合并);

(7) 复制一个线性表(即线性表的复制);

(8) 逆转一个线性表(即线性表的逆转)等。

以上仅给出 8 种对线性表的基本操作,在实际问题中所涉及的线性表的操作远不止上述 8 种。这里通过学习,应能够利用线性表的基本操作的组合来解决更为复杂的线性表操作问题。

3. 线性表的顺序存储结构

将一个线性表存储到计算机内,可以采取多种不同的方法。其中最简单、最常用的方法是采用顺序存储的方法。所谓顺序存储就是把线性表的各元素依次顺序地存放到计算机内存中一组地址连续的存储单元中。采用这种顺序存储的方法进行存储的线性表简称为顺序表。顺序表的显著特点就是用存储单元位置上的相邻关系来表示线性表相邻元素之间的关系。

假设线性表 $L=(a_1,a_2,a_3,\cdots,a_{i-1},a_i,a_{i+1},\cdots,a_n)$ 中每个元素 $a_i(1 \leqslant i \leqslant n)$ 需要占用 l 个存储单元,其中第一个存储单元的地址作为该数据元素的存储位置。设线性表中第 i 个数据元素的存储位置为 $\mathrm{Loc}(a_i)$,第 $i+1$ 个数据元素的存储位置为 $\mathrm{Loc}(a_{i+1})$,则 $\mathrm{Loc}(a_i)$ 和 $\mathrm{Loc}(a_{i+1})$ 的关系满足下式:

$$\mathrm{Loc}(a_{i+1}) = \mathrm{Loc}(a_i) + l$$

线性表的顺序存储结构如图 1-5 所示。

一般地,设顺序表中第一个元素 a_1 的存储地址 $\mathrm{Loc}(a_1)$ 为基地址(图 1-5 中用 b 表

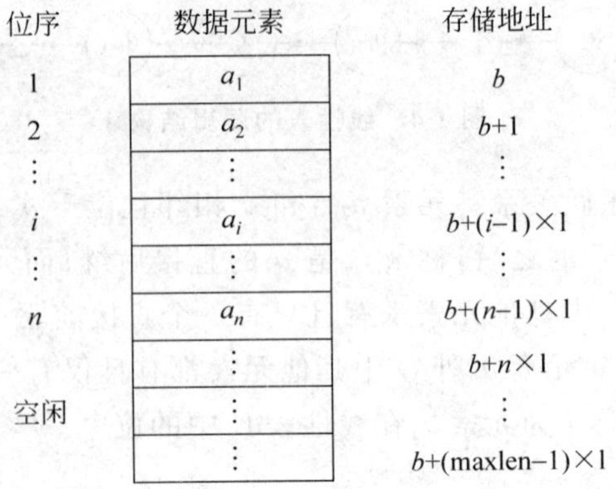

位序	数据元素	存储地址
1	a_1	b
2	a_2	$b+1$
⋮	⋮	⋮
i	a_i	$b+(i-1)\times 1$
⋮	⋮	⋮
n	a_n	$b+(n-1)\times 1$
		$b+n\times 1$
空闲	⋮	⋮
	⋮	$b+(\text{maxlen}-1)\times 1$

图 1-5　线性表的顺序存储结构

示），则顺序表中第 i 个元素 a_i 的存储地址为：

$$\text{Loc}(a_i)=\text{Loc}(a_1)+(i-1)\times l \quad (l\leqslant i\leqslant n)$$

由此可见，在顺序表中第 i 个元素 a_i 的存储位置是该元素在表中位序的线性函数，只要确定了顺序表的基地址和每个元素所占的存储单元 l，则线性表中任一数据元素均可随机存取，因此，顺序表是一种随机存取的存储结构。

4. 顺序表的运算

1）插入运算

用一个例子来说明如何在顺序存储结构的线性表中插入一个新元素。

例 1-5　图 1-6(a)为一个长度为 8 的线性表顺序存储在长度为 9 的存储空间中。现在要求在第 3 个元素（即 53）之前插入一个新元素 99。其插入过程如下：

首先从最后一个元素开始直到第 3 个元素，将其中的每一个元素均依次往后移动一个位置，然后将新元素 99 插入第 3 个位置。

插入一个新元素后，线性表的长度变成了 9，如图 1-6(b)所示。

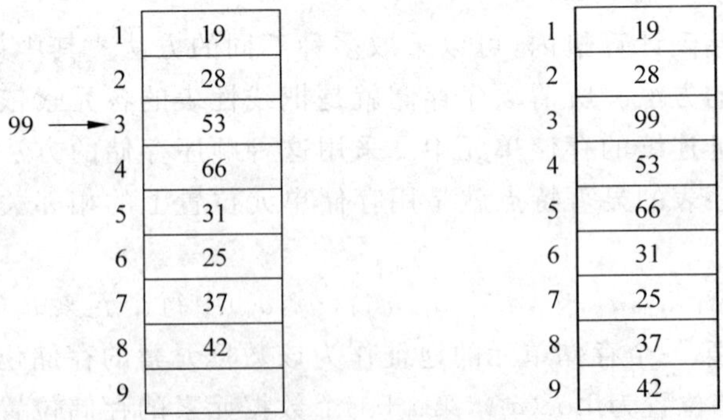

	(a)			(b)
1	19		1	19
2	28		2	28
99→3	53		3	99
4	66		4	53
5	31		5	66
6	25		6	31
7	37		7	25
8	42		8	37
9			9	42

(a) 长度为8的线性表　　　　(b) 插入元素99后的线性表

图 1-6　线性表在顺序存储结构下的插入

现在，为线性表开辟的存储空间已经满了，不能再插入新的元素。如果再要插入，则会造成称为"上溢"的错误。

显然,在线性表采用顺序存储结构时,如果插入运算在线性表的末尾进行,即在第 n 个元素之后(可以认为是在第 $n+1$ 个元素之前)插入新元素,则只要在表的末尾增加一个元素即可,不需要移动表中的元素;如果要在线性表的第 1 个元素之前插入一个新元素,则需要移动表中所有的元素。在一般情况下,如果插入运算在第 $i(1 \leqslant i \leqslant n)$ 个元素之前进行,则原来第 i 个元素之后(包括第 i 个元素)的所有元素都必须移动。在平均情况下,要在线性表中插入一个新元素,需要移动表中一半的元素。因此,在线性表顺序存储的情况下,要插入一个新元素,其效率是很低的,特别是在线性表比较大的情况下更为突出,由于数据元素的移动而消耗较多的处理时间。

2) 删除运算

用一个例子来说明如何在顺序存储结构的线性表中删除一个元素。

例 1-6　图 1-7(a)为一个长度为 8 的线性表顺序存储在长度为 9 的存储空间中。现在要求删除线性表中的第 2 个元素(即删除元素 28)。其删除过程如下:

从第 3 个元素开始直到最后一个元素,将其中的每一个元素均依次往前移动一个位置。此时,线性表的长度变成了 7,如图 1-7(b)所示。

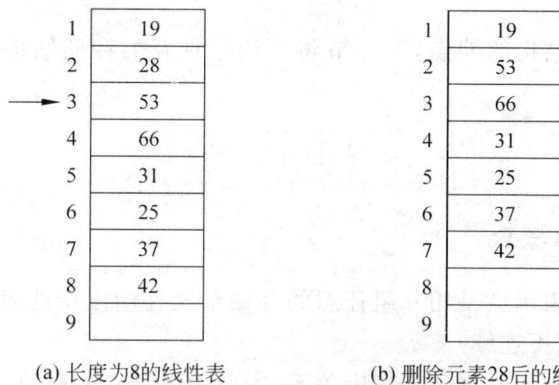

(a) 长度为8的线性表　　　　(b) 删除元素28后的线性表

图 1-7　线性表在顺序存储结构下的删除

显然,在线性表采用顺序存储结构时,如果删除运算在线性表的末尾进行,即删除第 n 个元素,则不需要移动表中的元素;如果要删除线性表中的第 1 个元素,则需要移动表中所有的元素。在一般情况下,如果要删除第 $i(1 \leqslant i \leqslant n)$ 个元素,则原来第 i 个元素之后的所有元素都必须依次往前移动一个位置。在平均情况下,要在线性表中删除一个元素,需要移动表中一半的元素。因此,在线性表顺序存储的情况下,要删除一个元素,其效率也是很低的,特别是在线性表比较大的情况下更为突出,由于数据元素的移动而消耗较多的处理时间。

由线性表在顺序存储结构下的插入与删除运算可以看出,线性表的顺序存储结构对于小线性表或者其中元素不常变动的线性表来说是合适的,因为顺序存储的结构比较简单。但这种顺序存储的方式对于元素经常需要变动的大线性表就不太合适了,因为插入与删除的效率比较低。

5. 顺序存储结构小结

线性表顺序存储结构的最大特点就是逻辑上相邻的两个元素在物理位置上也相邻，这一特点使顺序表具有十分鲜明的优点和缺点。

1) 顺序存储结构的优点

(1) 可以方便地随机存取线性表中任一个数据元素，且存取任一个数据元素所花费的时间相同。

(2) 存储空间连续，不必增加额外的存储空间。

2) 顺序存储结构的缺点

(1) 插入或者删除一个数据元素时，需要对插入点或者删除点后面的全部元素逐个进行移动，操作不便，也需要花费较多的时间。

(2) 在给长度变化较大的线性表预先分配空间时，必须按照最大空间分配，使存储空间不能得到充分利用。

(3) 线性表的容量难以扩充。

所以，线性表的顺序存储结构适用于数据元素不经常变动或者只需要在顺序存取设备上做成批处理的场合。

为了克服顺序存储结构的缺点，下一节将介绍一种新的存储结构，称为线性表的链式存储结构。

1.1.4　线性链表

1. 线性链表的基本概念

线性表的链式存储表示就是用一组任意的存储单元存储该线性表中的数据元素（存储单元可以连续，也可以不连续）。

为了能正确表示数据元素之间的逻辑关系，本节引入结点的概念。对一个数据元素 a_i 来说，除了存储其本身的信息之外，还需要存储一个指示其直接后继的信息。这两部分信息组成组成一个"结点（node）"，表示线性表中一个数据元素 a_i。结点中存储数据元素信息的域称为数据域（data），存储直接后继元素的位置的域称为指针域（next）。指针域中存储的信息又称为指针或链。结点结构如图 1-8 所示。

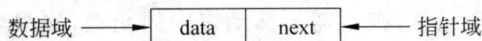

数据域 ⟶ | data | next | ⟵ 指针域

图 1-8　单链表的结点结构

通过每个结点的指针域将线性表中 n 个结点按其逻辑顺序链接在一起的结点序列称为链表，即为线性表 $(a_1, a_2, a_3, \cdots, a_i, \cdots, a_n)$ 的链式存储表示。如果线性链表中的每个结点只有一个指针域，则称链表为线性链表或单链表（linked list）。

例如，图 1-9 为线性表 (5,8,9,21,4,19,15,17) 的线性链表存储结构，整个链表的存取必须从头指针 h 开始进行，头指针指示链表中第一个结点的存储位置。同时，由于最后一个数据元素没有直接后继，因此最后一个结点中的"指针"为空，是一个特殊的值 NULL（在图上用 ∧ 表示），通常称它为"空指针"。

存储地址	数据域	指针域
1	21	43
7	8	13
13	9	1
19	17	∧
25	19	37
31	5	7
37	15	19
43	4	25

HEAD
| 31 |

图 1-9　线性链表存储结构示例

通常我们把链表画成用箭头相链接的结点的序列,结点之间的箭头表示链域中的指针。因为在使用链表时,我们关心的只是它所表示的线性表中数据元素之间的逻辑顺序,而不是每个数据元素在存储器中的实际位置。图 1-9 所示的线性链表存储结构可以画成如图 1-10 所示的形式,其中 HEAD 是头指针,指示链表中第一个结点的存储位置。

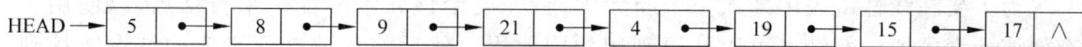

HEAD → | 5 · | → | 8 · | → | 9 · | → | 21 · | → | 4 · | → | 19 · | → | 15 · | → | 17 ∧ |

图 1-10　线性链表的逻辑状态

通常,在单链表第一个结点之前附加一个同结构结点,称为头结点。头结点数据域可以不存储任何信息,也可以存储如线性表的长度等附加信息;头结点指针域存储指向第一个结点的指针(即第一个元素的存储位置),如图 1-11(a)所示。那么,指向头结点的指针就是头指针。当头结点的指针域为"空"时,单链表为空链表,如图 1-11(b)所示。

→ | · | → | a_1 · | → | a_2 · | → ··· → | a_n ∧ | 　　　　　L → | ∧ |

(a) 非空表　　　　　　　　　　　　　　　　　　(b) 空表

图 1-11　带头结点的单链表

在这种链表中,每一个结点只有一个指针域,由这个指针只能找到后继结点,但不能找到前驱结点。因此,在这种线性链表中,只能顺指针向链尾方向进行扫描,这对于某些问题的处理会带来不便,因为在这种链接方式下,由某一个结点出发,只能找到它的后继,而为了找出它的前驱,必须从头指针开始重新寻找。

为了弥补线性单链表的这个缺点,在某些应用中,对线性链表中的每个结点设置两个指针,一个称为左指针(Llink),用于指向其前驱结点;另一个称为右指针(Rlink),用于指向其后继结点。这样的线性链表称为双向链表,其逻辑状态如图 1-12 所示。

HEAD → | 0 | | | ⇄ ··· ⇄ | | | | ⇄ ··· ⇄ | | 0 |

图 1-12　双向链表示意图

2. 线性链表的基本运算

这里主要讨论线性链表的插入与删除。

1）在线性链表中查找指定元素

在对线性链表进行插入或删除的运算中，总是首先需要找到插入或删除的位置，这就需要对线性链表进行扫描查找，在线性链表中寻找包含指定元素值的前一个结点。当找到包含指定元素的前一个结点后，就可以在该结点后插入新结点或删除该结点后的一个结点。

在非空线性链表中寻找包含指定元素值 x 的前一个结点 p 的基本方法如下：

从头指针指向的结点开始往后沿指针进行扫描，直到后面已没有结点或下一个结点的数据域为 x 为止。因此，由这种方法找到的结点 p 有两种可能：当线性链表中存在包含元素 x 的结点时，则找到的 p 为第一次遇到的包含元素 x 的前一个结点序号；当线性链表中不存在包含元素 x 的结点时，则找到的 p 为线性链表中的最后一个结点序号。

2）线性链表的插入

线性链表的插入是指在链式存储结构下的线性表中插入一个新元素。

为了要在线性链表中插入一个新元素，首先要给该元素分配一个新结点，以便用于存储该元素的值。新结点可以从可利用栈中取得。然后将存放新元素值的结点链接到线性链表中指定的位置。

假设可利用栈与线性链表如图 1-13(a)所示。现在要在线性链表中包含元素 x 的结点之前插入一个新元素 b。其插入过程如下：

（1）从可利用栈取得一个结点，设该结点号为 p（即取得结点的存储序号存放在变量 p 中）并置结点 p 的数据域为插入的元素值 b。经过这一步后，可利用栈的状态如图 1-13(b)所示。

（2）在线性链表中寻找包含元素 x 的前一个结点，设该结点的存储序号为 q。线性链表如图 1-13(b)所示。

（3）最后将结点 p 插入结点 q 之后。为了实现这一步，只要改变以下两个结点的指针域内容：

① 使结点 p 指向包含元素 x 的结点（即结点 q 的后继结点）。

② 使结点 q 的指针域内容改为指向结点 p。

这一步的结果如图 1-13(c)所示。此时插入就完成。

3）线性链表的删除

线性链表的删除是指在链式存储结构下的线性表中删除包含指定元素的结点。

为了在线性链表中删除包含指定元素的结点，首先要在线性链表中找到这个结点，然后将要删除结点放回到可利用栈。

假设可利用栈与线性链表如图 1-14(a)所示。现在要在线性链表中删除包含元素 x 的结点，其删除过程如下：

（1）在线性链表中寻找包含元素 x 的前一个结点，设该结点序号为 q。

（2）将结点 q 后的结点 p 从线性链表中删除，即让结点 q 的指针指向包含元素 x 的结点 p 的指针指向的结点。

(a) 原来的可利用栈与线性链表

(b) 从可利用栈取得结点 p，在线性链表中找到包含元素 x 的前一个结点 q

(c) p 插入 q 之后

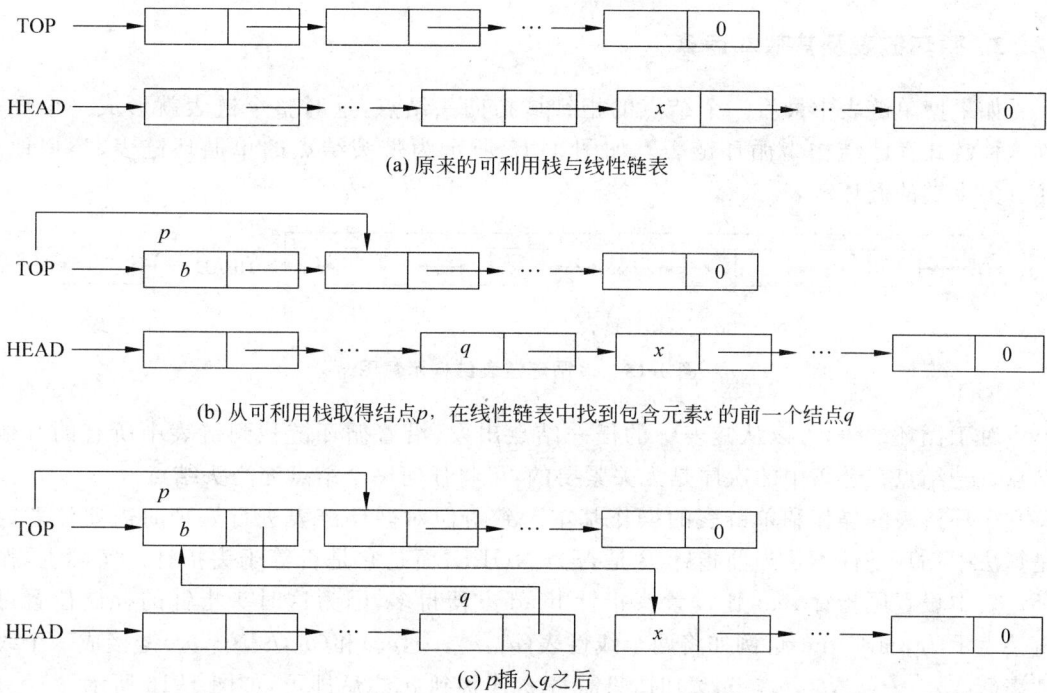

图 1-13　线性链表的插入

经过上述两步后，线性链表如图 1-14(b)所示。

（3）将包含元素 x 的结点 p 送回可利用栈。经过这一步后，可利用栈的状态如图 1-14(c)所示。此时，线性链表的删除运算完成。

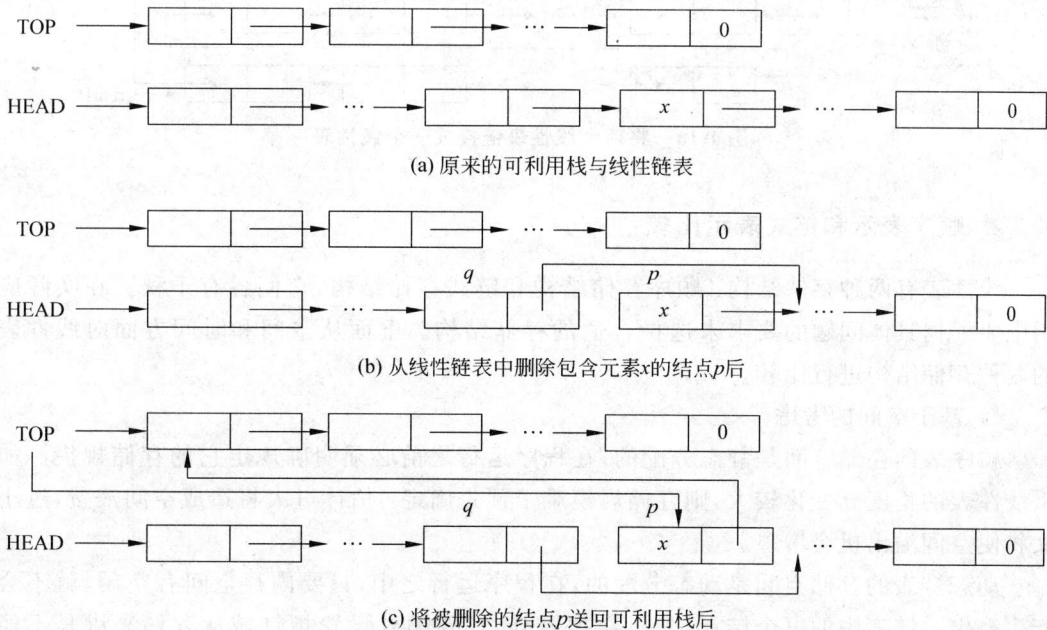

(a) 原来的可利用栈与线性链表

(b) 从线性链表中删除包含元素 x 的结点 p 后

(c) 将被删除的结点 p 送回可利用栈后

图 1-14　线性链表的删除

3. 循环链表及其基本运算

如果使单链表中最后一个结点的指针域指向头结点，这时整个链表就形成一个环，称这种链式存储结构为循环链表。如图 1-15 所示为带头结点的单循环链表，类似地。还有多重链的循环链表。

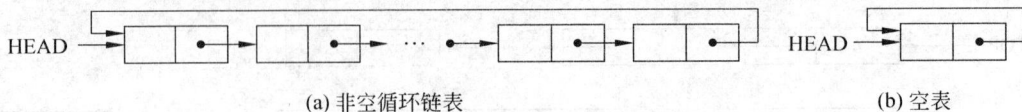

(a) 非空循环链表　　　　　　　　　　　(b) 空表

图 1-15　单循环链表结构示意图

对于循环链表，可以从链表中的任一结点出发，沿着循环链找到链表中所有的其他结点。若结点在链表中的次序是无关紧要的，可将任何一个结点充当头结点。

循环链表的操作和单链表的操作基本一致。但对循环链表进行处理时需要注意的是算法中循环条件不是当前指针 P 是否为 NULL，而是它是否等于头指针。实际上，循环链表中设置尾指针 rear 比设置头指针 head 方便得多，因为这时头指针的存储位置可直接表示为 rear->next，例如将两个线性表 $(a_1, a_2, \cdots, a_n)$ 和 $(b_1, b_2, \cdots, b_n)$ 链接成一个线性表 $(a_1, a_2, \cdots, a_n, b_1, b_2, \cdots, b_n)$ 时，只需将 b_1 连接到 a_n 之后即可，如图 1-16 所示。

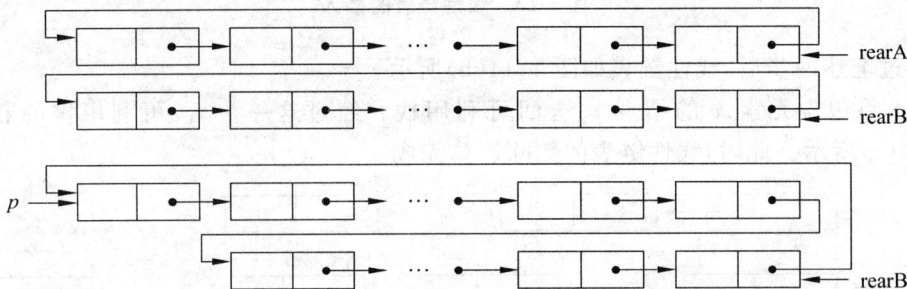

图 1-16　将两个线性表链接成一个线性表

4. 顺序表示和链式表示比较

线性表有两种存储结构：顺序存储结构和链式存储结构，它们各有千秋。在实际应用中要根据具体问题的要求来选择合适的存储结构。下面从空间和时间方面对线性表的两种存储结构进行比较。

1）基于空间的考虑

顺序表的存储空间是静态分配的，在程序运行之前必须明确规定它的存储规模。如果线性表的长度 n 变化较大，则存储规模难于预先确定：估计过大将造成空间浪费，过小又将使空间溢出机会增多。

动态链表的存储空间是动态分配的，在程序运行之中，只要内存空间有空闲，就不会产生溢出。链表中的每个结点，除了数据域外，还要额外设置指针域从存储来讲是不经济的。

　　所以,在线性表的长度变化较大,预先难以确定的情况下,最好采用动态链表作为存储结构;当线性表的长度变化不大,易于事先确定其大小时,最好采用顺序表作为存储结构,这样比较节省存储空间。

　　2)基于时间的考虑

　　顺序表是随机存储结构,表中任一数据元素都可以通过计算直接得到地址进行存取,时间复杂度为 $O(1)$。在顺序表中进行插入和删除数据元素时,平均要移动近一半的元素,尤其是当每个数据元素包含的信息量较大时,移动元素所花费的时间就相当可观。

　　动态链表是顺序存储结构,表中的任一结点都需要从头指针起顺链扫描才能取得,时间复杂度为 $O(n)$(n 为表长)。在动态链表中进行插入和删除结点时,不需要移动结点,只需要修改指针。

　　因此,若线性表的操作主要是查找和读取时,采用顺序存储结构为宜;若线性表的操作主要是插入和删除时,采用链式存储结构为宜。

1.1.5　栈和队列

1. 栈及其基本运算

　　1)什么是栈

　　栈实际上也是线性表,只不过是一种特殊的线性表。在这种特殊的线性表中,其插入与删除运算都只在线性表的一端进行。即在这种线性表的结构中,一端是封闭的,不允许进行插入与删除元素;另一端是开口的,允许插入与删除元素。在顺序存储结构下,对这种类型线性表的插入与删除运算是不需要移动表中其他数据元素的。这种线性表称为栈。

　　栈(stack)是限定在一端进行插入与删除的线性表。

　　在栈中,允许插入与删除的一端称为栈顶,而不允许插入与删除的另一端称为栈底。栈顶元素总是最后被插入的元素,从而也是最先能被删除的元素;栈底元素总是最先被插入的元素,从而也是最后才能被删除的元素。即栈是按照"先进后出"(First In Last Out,FILO)或"后进先出"(Last In First Out,LIFO)的原则组织数据的,因此,栈也称为"先进后出"表或"后进先出"表。由此可以看出,栈具有记忆作用。

　　通常用指针 top 来指示栈顶的位置,用指针 bottom 指向栈底。

　　往栈中插入一个元素称为入栈运算,从栈中删除一个元素(即删除栈顶元素)称为退栈运算。栈顶指针 top 动态反映了栈中元素的变化情况。

　　图 1-17 是栈的示意图。

　　栈这种数据结构在日常生活中也是常见的。例如,子弹夹是一种栈的结构,最后压入的子弹总是最先被弹出,而最先压入的子弹在最后才能被弹出。又如,在用一端为封闭另一端为开口的容器装物品时,也是遵循"先进后出"或"后进先出"原则的。

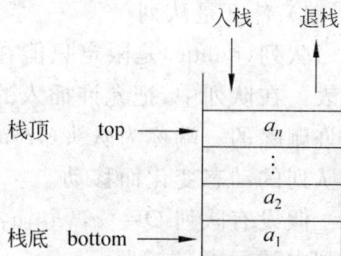

图 1-17　栈示意图

2）栈的顺序存储及其运算

栈的顺序存储结构(简称顺序栈)是利用一组连续的存储单元,依次存放自栈底到栈顶的数据元素,同时附设指针 top 指示栈顶元素在顺序栈中的位置(参见图 1-18)。

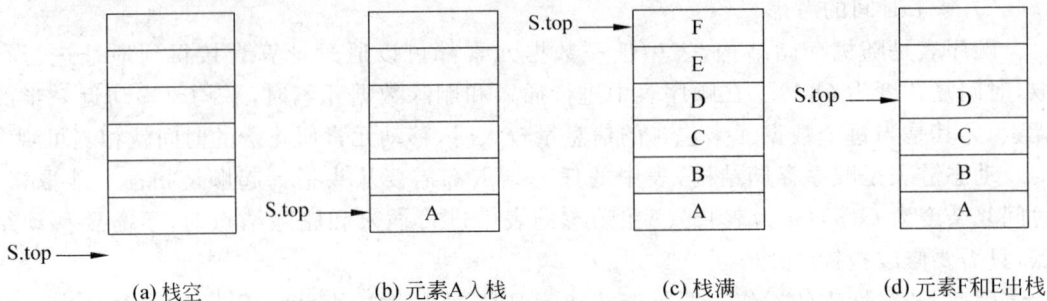

图 1-18 顺序栈中栈顶指针和栈中元素之间的关系

由于栈在使用过程中所需要的最大空间的大小很难估计,因此,一般来说,在初始化设空栈时不应该限定栈的最大容量。一个比较合理的做法是:先为栈分配一个基本容量,然后在应用过程中,当栈的空间不够使用时再逐段扩大。

栈的基本运算有 3 种:入栈、退栈与读栈顶元素。下面分别介绍在顺序存储结构下栈的这 3 种运算。

(1) 入栈运算。入栈运算是指在栈顶位置插入一个新元素。这个运算有两个基本操作:首先将栈顶指针进一(即 top 加 1),然后将新元素插入栈顶指针指向的位置。当栈顶指针已经指向存储空间的最后一个位置时,说明栈空间已满,不可能再进行入栈操作。这种情况称为栈"上溢"错误。

(2) 退栈运算。退栈运算是指取出栈顶元素并赋给一个指定的变量。这个运算有两个基本操作:首先将栈顶元素(栈顶指针指向的元素)赋给一个指定的变量,然后将栈顶指针退一(即 top 减 1)。当栈顶指针为 0 时,说明栈空,不可能进行退栈操作。这种情况称为栈"下溢"错误。

(3) 读栈顶元素。读栈顶元素是指将栈顶元素赋给一个指定的变量。必须注意,这个运算不删除栈顶元素,只是将它的值赋给一个变量,因此,在这个运算中,栈顶指针不会改变。当栈顶指针为 0 时,说明栈空,读不到栈顶元素。

2. 队列及其基本运算

1）什么是队列

队列(queue)是限定只能在表的一端进行插入,而在表的另一端进行删除操作的线性表。在队列中,把允许插入的一端称为队尾(rear),通过队尾指针指明队尾的位置;把允许删除的一端称为队头(front),通过队头指针指明队头的位置。队头和队尾指针将随着队列的动态变化而移动。

假设有队列 $Q=(a_1,a_2,a_3,\cdots,a_{n-2},a_{n-1},a_n)$,则 a_1 就是队头元素,a_n 就是队尾元素。队列中的元素是按照 $a_1,a_2,a_3,\cdots,a_{n-2},a_{n-1},a_n$ 的顺序进队的,而第 1 个出队的元素是 a_1,第 2 个出队的元素是 a_2,只有在 a_{i-1} 出队后 a_i 才可以出队($1\leqslant i\leqslant n$)。当队列中没有

元素时称为空队列。队列示意图如图 1-19 所示。

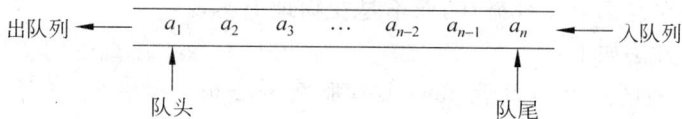

出队列 ← | a_1 a_2 a_3 … a_{n-2} a_{n-1} a_n | ← 入队列

队头　　　　　　　　　队尾

图 1-19　队列的示意图

由此可知,队列的操作规则是"先进先出"。队列又称为先进先出(fast in first out)的线性表(简称 FIFO 结构)。

2) 队列的顺序存储表示与实现

与顺序栈相类似,在队列的顺序存储结构中,除了利用一组连续的存储单元依次存放从队列头到队列尾的数据元素之外,还需要附设两个指针:队头指针 front 和队尾指针 rear,分别指示队列头元素和队列尾元素的位置。

初始化构建空队列时,令 front＝rear＝0;每当插入新的队列尾元素时,先将新元素插入队尾指针所指位置,再使队尾指针 rear 加 1;每当删除旧的队列头元素时,先使队头指针所指位置的元素取出,再使队头指针 front 加 1。因此,在非空队列中,队头指针始终指向队列头元素,而队尾指针始终指向队列尾元素的"下一个"位置。

图 1-20 给出了顺序队列 Q 的队头指针、队尾指针和队列中元素之间的关系。

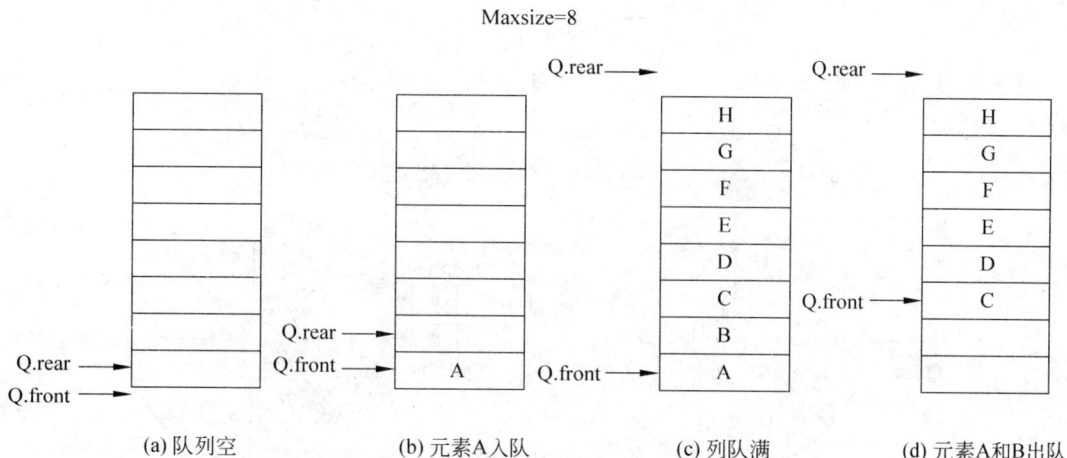

Maxsize=8

图 1-20　队头指针、队尾指针和队列中元素之间的关系

3) 循环队列及其运算

在顺序队列中,由于不断插入新的元素,队尾很快会超出数组 Q[]的边界(如图 1-20(c)所示),这样会因数组越界而使程序代码被破坏。由于不断删除数据元素,数组 Q[]的开始空位(如图 1-20(d)所示),使队列的实际可用空间并未被占满。为了调剂余缺,有下面两种解决办法。

(1) 将顺序队列中的所有数据元素均向数组 Q[]的最前端的位置移动,并且修改队头指针和队尾指针,显然这种方法是很浪费时间的。

(2) 将数组 Q[]的"尾"与 Q[]的"头"接起来,形成循环队列。这是一种比较巧妙的解决办法，也是本书采用的解决办法，如图 1-21 所示。

循环队列是在逻辑上实现循环，而不是在物理上实现循环。具体实现方法如下：

假设循环队列的最大空间为 maxsize，那么 maxsize－1 的下一个位置就是 0。因此，利用数学中的取模（MOD）运算就很容易在逻辑上实现这种循环队列的运算。

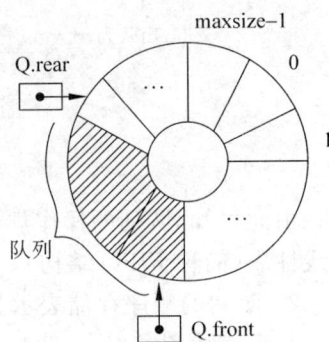

图 1-21 循环队列示意图

（队头指针＋1）MOD 队列的最大空间 ＝ 实际队头指针
（队尾指针＋1）MOD 队列的最大空间 ＝ 实际队尾指针
在循环队列中，当不断插入新的数据元素，使队尾指针 Q. rear 追上队头指针 Q. front 时，队列满，如图 1-22（b）所示；反之，当不断删除旧的数据元素，使队头指针 Q. front 赶上尾指针 Q. rear 时，队列空，如图 1-22（c）所示。这样，队列空和队列满的条件都同为 Q. front＝Q. rear，就给程序判别队列空或者队列满带来不便。

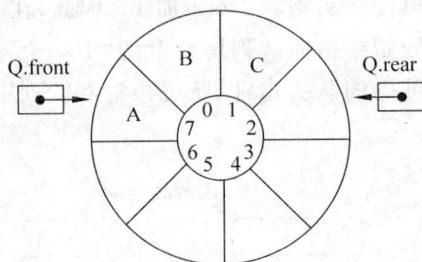

(a) 循环队列的一般情况

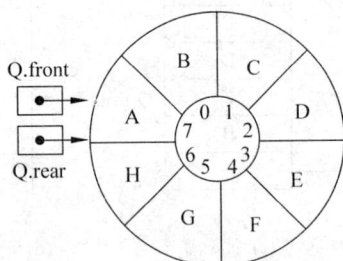

(b) 循环队列满

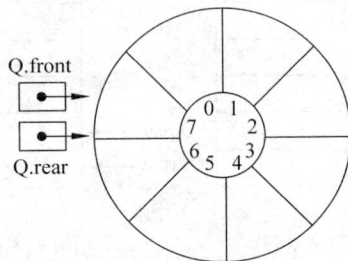

(c) 循环队列空

图 1-22 循环队列中的头指针和尾指针

为了区别循环队列空或队列满，可以有两种处理方法：

（1）另设立一个标志位，以区别循环队列是"空"还是"满"。

（2）在循环队列中少用一个数据元素的空间，并约定以"队头指针在队尾指针的下一位置（指环状的下一位置）上"作为队列呈"满"状态的标志，如图 1-23 所示。因此有：

循环队列的队列满条件（Q. rear＋1）MOD maxsize ＝ Q. front

循环队列的队列空条件 Q. front ＝＝ Q. rear

(a) 呈"满"状态的循环队列　　　　(b) 呈"空"状态的循环队列

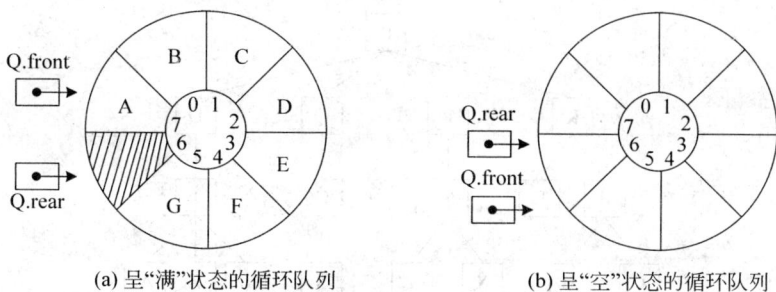

图 1-23　少用一个数据元素空间的循环队列

3. 栈与队列的链式存储

栈与队列也是线性表,也可以采用链式存储结构,如图 1-24 所示。

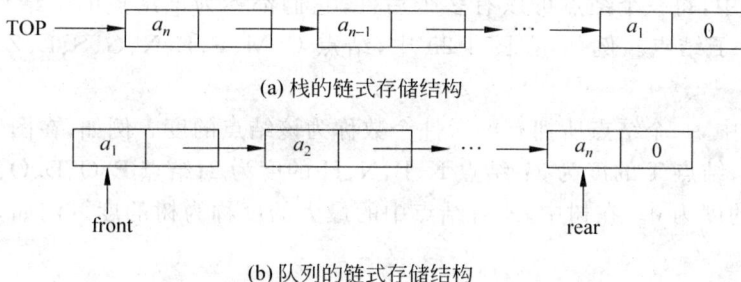

(a) 栈的链式存储结构

(b) 队列的链式存储结构

图 1-24　栈和队列的链式存储结构示意图

1.1.6　树与二叉树

1. 树的基本概念

树(tree)是一种简单的非线性结构。在树这种数据结构中,所有数据元素之间的关系具有明显的层次特性。图 1-25 表示了一棵一般的树。由图 1-25 可以看出,在用图形表示树这种数据结构时,很像自然界中的树,只不过是一棵倒长的树,因此,这种数据结构就用"树"来命名。

在树的图形表示中,总是认为在用直线连起来的两端结点中,上端结点是前件,下端结点是后件,这样,表示前后件关系的箭头就可以省略。

在现实世界中,能用树这种数据结构表示的例子有很多。例如,学校行政关系结构、一本书的层次结构。由于树具有明显的层次关系,因此,具有层次关系的数据都可以用树这种数据结构来描述。在所有的层次关系中,人们最熟悉的是血缘关系,按血缘关系可以很直观地理解树结构中各数据元素结点之间的关系,因此,在描述树结构时,也经常使用血缘关系中的一些术语。

下面介绍树这种数据结构中的一些基本特征,同时介绍有关树结构的基本术语。

在树结构中,每一个结点只有一个前件,称为父结点,没有前件的结点只有一个,称

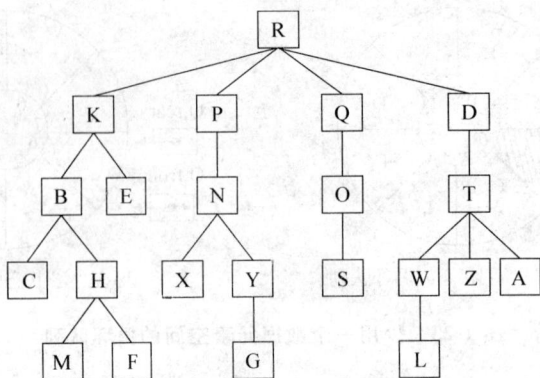

图 1-25　一般的树

为树的根结点,简称为树的根。例如,在图 1-25 中,结点 R 是树的根结点。

在树结构中,每一个结点可以有多个后件,它们都称为该结点的子结点。没有后件的结点称为叶子结点。例如,在图 1-25 中,结点 C、M、F、E、X、G、S、L、Z、A 均为叶子结点。

在树结构中,一个结点所拥有的后件个数称为该结点的度。例如,在图 1-25 中,根结点 R 的度为 4;结点 T 的度为 3;结点 K、B、N、H 的度为 2;结点 P、Q、D、O、Y、W 的度为 1。叶子结点的度为 0。在树中,所有结点中的最大的度称为树的度。例如,图 1-25 所示的树的度为 4。

前面已经说过,树结构具有明显的层次关系,即树是一种层次结构。在树结构中,一般按如下原则分层:

根结点在第 1 层。

同一层上所有结点的所有子结点都在下一层。例如,在图 1-25 中,根结点 R 在第 1 层;结点 K、P、Q、D 在第 2 层;结点 B、E、N、O、T 在第 3 层;结点 C、H、X、Y、S、W、Z、A 在第 4 层;结点 M、F、G、L 在第 5 层。

树的最大层次称为树的深度。例如,图 1-25 所示的树的深度为 5。

在树中,以某结点的一个子结点为根构成的树称为该结点的一棵子树。例如,在图 1-25 中:结点 R 有 4 棵子树,它们分别以 K、P、Q、D 为根结点;结点 P 有 1 棵子树,其根结点为 N;结点 T 有 3 棵子树,它们分别以 W、Z、A 为根结点。

在树中,叶子结点没有子树。

在计算机中,可以用树结构来表示算术表达式。

在一个算术表达式中,有运算符和运算对象。一个运算符可以有若干个运算对象。例如,取正（＋）与取负（－）运算符只有一个运算对象,称为单目运算符;加（＋）、减（－）、乘（＊）、除（/）、乘幂（＊＊）运算符有两个运算对象,称为双目运算符;三元函数 f(x,y,z) 中的 f 为函数运算符,它有三个运算对象,称为三目运算符。一般来说,多元函数运算符有多个运算对象,称为多目运算符。算术表达式中的一个运算对象可以是子表达式,也可以是单变量（或单变数）。例如,在表达式 a＊b＋c。中,运算符＋有两个运算对象,其中 a＊b 为子表达式,c 为单变量;而在子表达式 a＊b 中,运算符 ＊ 有两个运算对象 a 和 b,

它们都是单变量。

用树来表示算术表达式的原则如下：

（1）表达式中的每一个运算符在树中对应一个结点，称为运算符结点。

（2）运算符的每一个运算对象在树中为该运算符结点的子树（在树中的顺序为从左到右）。

（3）运算对象中的单变量均为叶子结点。

根据以上原则，可以将表达式

$$a * (b + c/d) + e/h - g * f(s, t, x + y)$$

用如图 1-26 所示的树来表示。表示表达式的树通常称为表达式树。由图 1-26 可以看出，表示一个表达式的表达式树是不唯一的，如上述表达式可以表示成如图 1-26(a)和图 1-26(b)两种表达式树。

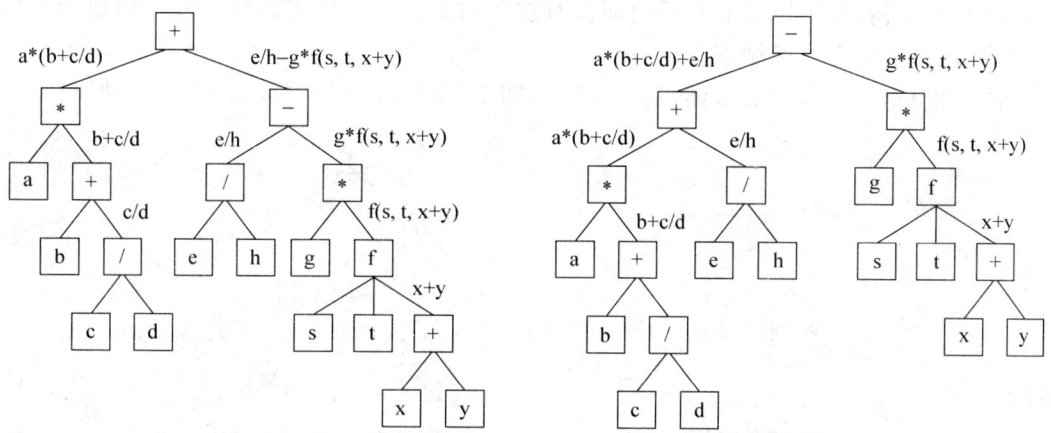

(a) 表达式树之一　　　　　　　　　　　　　(b) 表达式树之二

图 1-26　a * (b+c/d)+e/h−g * f(s,t,x+y)的两种表达式树

树在计算机中通常用多重链表表示。多重链表中的每个结点描述了树中对应结点的信息，而每个结点中的链域（即指针域）个数将随树中该结点的度而定，其一般结构如图 1-27 所示。

Value(值)	Degree(度)	link$_1$	link$_2$	...	link$_n$

图 1-27　树链表中的结点结构

在表示树的多重链表中，由于树中每个结点的度一般是不同的，因此，多重链表中各结点的链域个数也就不同，这将导致对树进行处理的算法很复杂。如果用定长的结点来表示树中的每个结点，即取树的度作为每个结点的链域个数，这就可以使对树的各种处理算法大大简化。但在这种情况下，容易造成存储空间的浪费，因为有可能在很多结点中存在空链域。后面将介绍用二叉树来表示一般的树，会给处理带来方便。

2．二叉树及其基本性质

1) 二叉树的定义

二叉树（binary tree）是一种很有用的非线性结构。二叉树不同于前面介绍的树结构，但它与树结构很相似，并且，树结构的所有术语都可以用到二叉树这种数据结构上。

二叉树具有以下两个特点：

(1) 非空二叉树只有一个根结点；

(2) 每一个结点最多有两棵子树，且分别称为该结点的左子树与右子树。

由以上特点可以看出，在二叉树中，每一个结点的度最大为 2，即所有子树（左子树或右子树）也均为二叉树，而树结构中的每一个结点的度可以是任意的。另外，二叉树中的每一个结点的子树被明显地分为左子树与右子树。在二叉树中，一个结点可以只有左子树而没有右子树，也可以只有右子树而没有左子树。当一个结点既没有左子树也没有右子树时，该结点即是叶子结点。

图 1-28(a) 是一棵只有根结点的二叉树，图 1-28(b) 是一棵深度为 4 的二叉树。

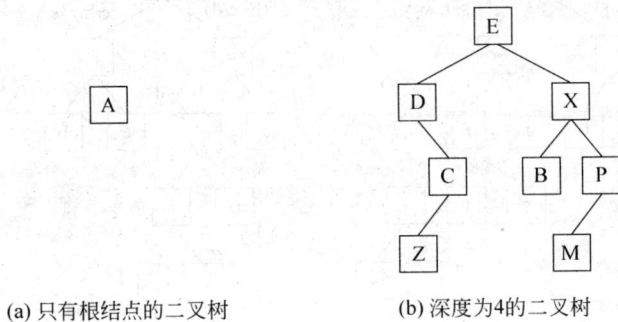

(a) 只有根结点的二叉树　　　　(b) 深度为4的二叉树

图 1-28　二叉树示例

2) 二叉树的基本性质

二叉树具有以下几个性质：

性质 1　在二叉树的第 k 层上，最多有 $2^{k-1}(k \geqslant 1)$ 个结点。

根据二叉树的特点，这个性质是显然的。

性质 2　深度为 m 的二叉树最多有 $2^m - 1$ 个结点。

深度为 m 的二叉树是指二叉树共有 m 层。

根据性质1，只要将第 1 层到第 m 层上的最大的结点数相加，就可以得到整个二叉树中结点数的最大值，即

$$2^{1-1} + 2^{2-1} + \cdots + 2^{m-1} = 2^m - 1$$

性质 3　在任意一棵二叉树中，度为 0 的结点（即叶子结点）总是比度为 2 的结点多一个。

对于这个性质说明如下：

假设二叉树中有 n_0 个叶子结点，n_1 个度为 1 的结点，n_2 个度为 2 的结点，则二叉树中总的结点数为

$$n = n_0 + n_1 + n_2 \qquad (1\text{-}1)$$

由于在二叉树中除了根结点外，其余每一个结点都有唯一的一个分支进入。设二叉树中所有进入分支的总数为 m，则二叉树中总的结点数为

$$n = m + 1 \qquad (1\text{-}2)$$

又由于二叉树中这 m 个进入分支是分别由非叶子结点射出的。其中度为 1 的每个结点射出 1 个分支，度为 2 的每个结点射出 2 个分支。因此，二叉树中所有度为 1 与度为 2 的结点射出的分支总数为 $n_1 + 2n_2$。而在二叉树中，总的射出分支数应与总的进入分支数相等，即

$$m = n_1 + 2n_2 \qquad (1\text{-}3)$$

将(式 1-3)代入式(1-2)有

$$n = n_1 + 2n_2 + 1 \qquad (1\text{-}4)$$

最后比较式(1-1)和式(1-4)有

$$n_0 + n_1 + n_2 = n_1 + 2n_2 + 1$$

化简后得

$$n_0 = n_2 + 1$$

即在二叉树中，度为 0 的结点(即叶子结点)总是比度为 2 的结点多一个。

例如，在图 1-28(b)所示的二叉树中，有 3 个叶子结点，有 2 个度为 2 的结点，度为 0 的结点比度为 2 的结点多一个。

性质 4　具有 n 个结点的二叉树，其深度至少为 $[\log_2^n] + 1$，其中 $[\log_2^n]$ 表示取 $\log_2^n$ 的整数部分。

这个性质可以由性质 2 直接得到。

3) 满二叉树与完全二叉树

满二叉树与完全二叉树是两种特殊形态的二叉树。

(1) 满二叉树。

所谓满二叉树是指这样的一种二叉树：除最后一层外，每一层上的所有结点都有两个子结点。这就是说，在满二叉树中，每一层上的结点数都达到最大值，即在满二叉树的第 k 层上有 2^{k-1} 个结点，且深度为 m 的满二叉树有 $2^m - 1$ 个结点。

图 1-29(a)和图 1-29(b)分别是深度为 3 和 4 的满二叉树。

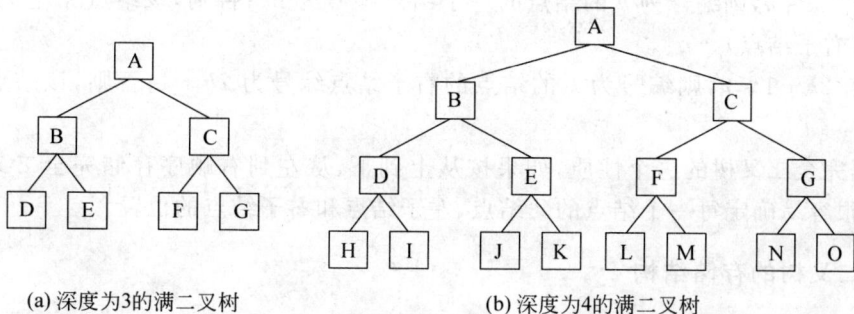

(a) 深度为3的满二叉树　　　　(b) 深度为4的满二叉树

图 1-29　满二叉树

（2）完全二叉树。

所谓完全二叉树是指这样的二叉树：除最后一层外，每一层上的结点数均达到最大值；在最后一层上只缺少右边的若干结点。

更确切地说，如果从根结点起，对二叉树的结点自上而下、自左至右用自然数进行连续编号，则深度为 m，且有 n 个结点的二叉树，当且仅当其每一个结点都与深度为 m 的满二叉树中编号从 1 到 n 的结点一一对应时，称之为完全二叉树。

图 1-30(a) 和图 1-30(b) 分别是深度为 3、4 的完全二叉树。

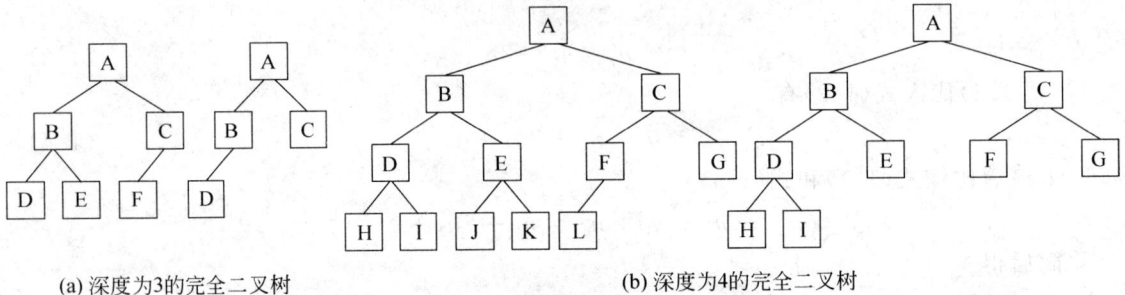

(a) 深度为3的完全二叉树　　　　　　　(b) 深度为4的完全二叉树

图 1-30　完全二叉树

对于完全二叉树来说，叶子结点只可能在层次最大的两层上出现；对于任何一个结点，若其右分支下的子孙结点的最大层次为 p，则其左分支下的子孙结点的最大层次或为 p，或为 $p+1$。

由满二叉树与完全二叉树的特点可以看出，满二叉树也是完全二叉树，而完全二叉树一般不是满二叉树。

完全二叉树还具有以下两个性质：

性质 5　具有 n 个结点的完全二叉树的深度为 $[\log_2^n]+1$。

性质 6　设完全二叉树共有 n 个结点。如果从根结点开始，按层序（每一层从左到右）用自然数 $1,2,\cdots,n$ 给结点进行编号，则对于编号为 $k(k=1,2,\cdots,n)$ 的结点有以下结论：

① 若 $k=1$，则该结点为根结点，它没有父结点；若 $k>1$，则该结点的父结点编号为 $\text{INT}(k/2)$。

② 若 $2k\leqslant n$，则编号为 k 的结点的左子结点编号为 $2k$；否则，该结点无左子结点（显然也没有右子结点）。

③ 若 $2k+1\leqslant n$，则编号为 k 的结点的右子结点编号为 $2k+1$；否则，该结点无右子结点。

根据完全二叉树的这个性质，如果按从上到下、从左到右顺序存储完全二叉树的各结点，则很容易确定每一个结点的父结点、左子结点和右子结点的位置。

3. 二叉树的存储结构

在计算机中，二叉树通常采用链式存储结构。

与线性链表类似，用于存储二叉树中各元素的存储结点也由两部分组成：数据域与指针域。但在二叉树中，由于每一个元素可以有两个后件（即两个子结点），因此，用于存储二叉树的存储结点的指针域有两个：一个用于指向该结点的左子结点的存储地址，称为左指针域；另一个用于指向该结点的右子结点的存储地址，称为右指针域。图 1-31 为二叉树存

Lchild	Value	Rchild
$L(i)$	$V(i)$	$R(i)$

图 1-31　二叉树存储结点的结构

储结点的示意图。其中，$L(i)$ 为结点 i 的左指针域，即 $L(i)$ 为结点 i 的左子结点的存储地址；$R(i)$ 为结点 i 的右指针域，即 $R(i)$ 为结点 i 的右子结点的存储地址；$V(i)$ 为数据域。

　　由于二叉树的存储结构中每一个存储结点有两个指针域，因此，二叉树的链式存储结构也称为二叉链表。图 1-32(a)、图 1-32(b) 和图 1-32(c) 分别表示了一棵二叉树、二叉链表的逻辑状态、二叉链表的物理状态。其中 BT 称为二叉链表的头指针，用于指向二叉树根结点（即存放二叉树根结点的存储地址）。

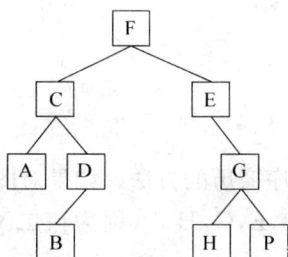

(a) 二叉树

(b) 二叉链表的逻辑状态

i	$L(i)$	$V(i)$	$R(i)$
1	0	B	0
2	0	A	0
3	6	F	9
4			
5	13	G	11
6	2	C	8
7			
8	1	D	0
9	0	E	5
10			
11	0	P	0
12			
13	0	H	0

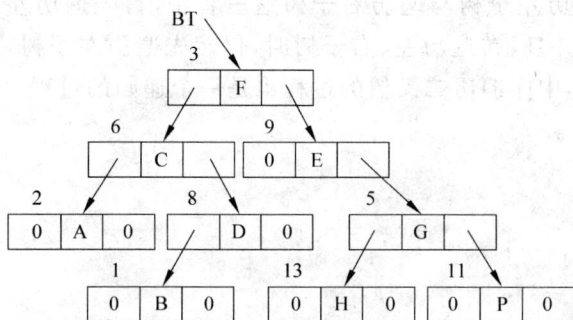

(c) 二叉链表的物理状态

图 1-32　二叉树的链式存储结构

　　对于满二叉树与完全二叉树来说，根据完全二叉树的性质 6，可以按层序进行顺序存储，这样，不仅节省了存储空间，又能方便地确定每一个结点的父结点与左右子结点的位置，但顺序存储结构对于一般的二叉树不适用。

4. 二叉树的遍历

　　二叉树的遍历是指不重复地访问二叉树中的所有结点。
　　由于二叉树是一种非线性结构，因此，对二叉树的遍历要比遍历线性表复杂得多。在遍历二叉树的过程中，当访问到某个结点时，再往下访问可能有两个分支，那么先访问

哪一个分支呢？对于二叉树来说，需要访问根结点、左子树上的所有结点、右子树上的所有结点，在这三者中，究竟先访问哪一个？也就是说，遍历二叉树的方法实际上是要确定访问各结点的顺序，以便不重不漏地访问到二叉树中的所有结点。

在遍历二叉树的过程中，一般先遍历左子树，然后再遍历右子树。在先左后右的原则下，根据访问根结点的次序，二叉树的遍历可以分为 3 种：前序遍历、中序遍历、后序遍历。下面分别介绍这 3 种遍历的方法。

1）前序遍历（DLR）

所谓前序遍历是指在访问根结点、遍历左子树与遍历右子树这三者中，首先访问根结点，然后遍历左子树，最后遍历右子树；并且，在遍历左、右子树时，仍然先访问根结点，然后遍历左子树，最后遍历右子树。因此，前序遍历二叉树的过程是一个递归的过程。

下面是二叉树前序遍历的简单描述：

若二叉树为空，则结束返回。

否则：（1）访问根结点；

（2）前序遍历左子树；

（3）前序遍历右子树。

在此特别要注意的是，在遍历左右子树时仍然采用前序遍历的方法。如果对图 1-32(a) 中的二叉树进行前序遍历，则遍历的结果为 F，C，A，D，B，E，G，H，P（称为该二叉树的前序序列）。

2）中序遍历（LDR）

所谓中序遍历是指在访问根结点、遍历左子树与遍历右子树这三者中，首先遍历左子树，然后访问根结点，最后遍历右子树；并且，在遍历左、右子树时，仍然先遍历左子树，然后访问根结点，最后遍历右子树。因此，中序遍历二叉树的过程也是一个递归的过程。

下面是二叉树中序遍历的简单描述：

若二叉树为空，则结束返回。

否则：（1）中序遍历左子树；

（2）访问根结点；

（3）中序遍历右子树。

在此也要特别注意的是，在遍历左右子树时仍然采用中序遍历的方法。如果对图 1-32(a) 中的二叉树进行中序遍历，则遍历结果为 A，C，B，D，F，E，H，G，P（称为该二叉树的中序序列）。

3）后序遍历（LRD）

所谓后序遍历是指在访问根结点、遍历左子树与遍历右子树这三者中，首先遍历左子树，然后遍历右子树，最后访问根结点，并且，在遍历左、右子树时，仍然先遍历左子树，然后遍历右子树，最后访问根结点。因此，后序遍历二叉树的过程也是一个递归的过程。

下面是二叉树后序遍历的简单描述：

若二叉树为空，则结束返回。

否则：（1）后序遍历左子树；

（2）后序遍历右子树；

（3）访问根结点。

在此也要特别注意的是，在遍历左右子树时仍然采用后序遍历的方法。如果对图 1-32(a)中的二叉树进行后序遍历，则遍历结果为 A,B,D,C,H,P,G,E,F（称为该二叉树的后序序列）。

1.1.7　查找技术

所谓查找是指在一个给定的数据结构中查找某个指定的元素。通常，根据不同的数据结构，应采用不同的查找方法。查找是数据处理领域中的一个重要内容，查找的效率将直接影响到数据处理的效率。

1. 顺序查找

顺序查找又称顺序搜索。顺序查找一般是指在线性表中查找指定的元素，其基本方法如下：

从线性表的第一个元素开始，依次将线性表中的元素与被查元素进行比较，如果线性表中的第一个元素就是被查找元素，则只需做一次比较就查找成功，查找效率最高；但如果被查的元素是线性表中的最后一个元素，或者被查元素根本不在线性表中，则为了查找这个元素需要与线性表中所有的元素进行比较，这是顺序查找的最坏情况。在平均情况下，利用顺序查找法在线性表中查找一个元素，大约要与线性表中一半的元素进行比较。

由此可以看出，对于大的线性表来说，顺序查找的效率是很低的。虽然顺序查找的效率不高，但在下列两种情况下也只能采用顺序查找：

（1）如果线性表为无序表（即表中元素的排列是无序的），则不管是顺序存储结构还是链式存储结构，都只能用顺序查找。

（2）即使是有序线性表，如果采用链式存储结构，也只能用顺序查找。

2. 二分法查找

二分法查找是一种效率较高的查找方法，但它要求查找表必须是按顺序结构存储且表中数据元素按关键码有序排列。

二分法查找的思想为：在有序表中，取中间元素作为比较对象，若给定值与中间元素的关键码相等，则查找成功；若给定值小于中间元素的关键码，则在中间元素的左半区继续查找；若给定值大于中间元素的关键码，则在中间元素的右半区继续查找。不断重复上述查找过程，直到查找成功，或所查找的区域无数据元素，查找失败。

例如，顺序存储的有序表关键码排列如下：

$$7,14,18,21,23,29,31,35,38,42,46,49,52$$

用二分法查找在表中查找关键码为 14 和 22 的数据元素。

（1）查找关键码为 14 的过程如下：

1	2	3	4	5	6	7	8	9	10	11	12	13
7	14	18	21	23	29	31	35	38	42	46	49	52

low=1   mid=7   high=13

14＜31，调整到左半区：high＝mid－1

1	2	3	4	5	6	7	8	9	10	11	12	13
7	14	18	21	23	29	31	35	38	42	46	49	52

low=1   mid=3   high=6

14＜18，调整到左半区：high＝mid－1

1	2	3	4	5	6	7	8	9	10	11	12	13
7	14	18	21	23	29	31	35	38	42	46	49	52

low=1   high=2   mid=1

14＞7，调整到右半区：low＝mid＋1

1	2	3	4	5	6	7	8	9	10	11	12	13
7	14	18	21	23	29	31	35	38	42	46	49	52

low=mid=high=2

14 与 mid 所指元素的关键码相等，查找成功，返回位置。

（2）查找关键码为 22 的过程如下：

1	2	3	4	5	6	7	8	9	10	11	12	13
7	14	18	21	23	29	31	35	38	42	46	49	52

low=1   mid=7   high=13

22＜31，调整到左半区：high＝mid－1

1	2	3	4	5	6	7	8	9	10	11	12	13
7	14	18	21	23	29	31	35	38	42	46	49	52

low=1   mid=3   high=6

22＞18，调整到右半区：low＝mid＋1

1	2	3	4	5	6	7	8	9	10	11	12	13
7	14	18	21	23	29	31	35	38	42	46	49	52

low=4　mid=5　high=6

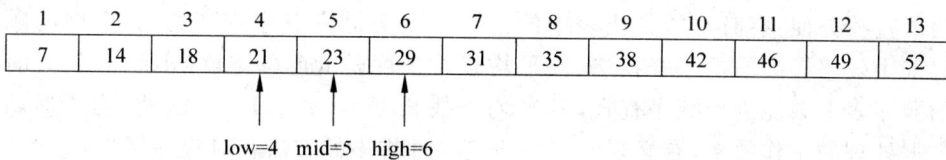

22＜23，调整到左半区：high＝mid－1

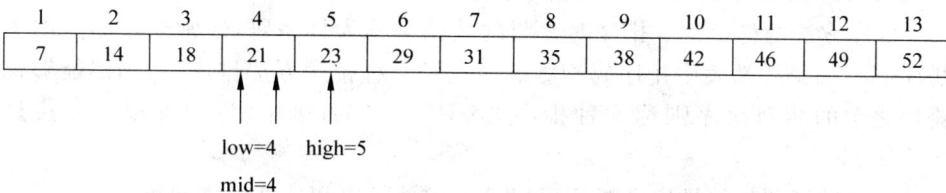

1	2	3	4	5	6	7	8	9	10	11	12	13
7	14	18	21	23	29	31	35	38	42	46	49	52

low=4　high=5
mid=4

22＞21，调整到右半区：low＝mid＋1

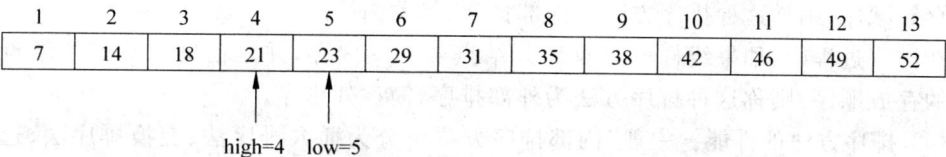

1	2	3	4	5	6	7	8	9	10	11	12	13
7	14	18	21	23	29	31	35	38	42	46	49	52

high=4　low=5

此时，low＞high，即查找区间为空，说明查找失败，返回查找失败信息。

性能分析：从二分法查找过程看，以表的中点为比较对象，并以中点将表分割为两个子表，对定位到的子表继续这种操作。所以，对表中每个数据元素的查找过程，可用二叉树来描述，称这个描述查找过程的二叉树为判定树，如图 1-33 所示。

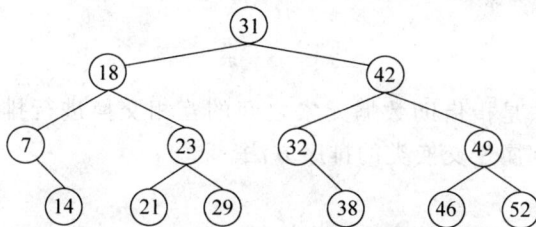

图 1-33　描述折半二分法查找过程的判定树

可以看到，查找表中任一元素的过程，即是判定树中从根到该元素结点路径上各结点关键码的比较次数，也即该元素结点在树中的层次数。对于 n 个结点的判定树，树高为 k，则有 $2^{k-1} < n <= 2^k - 1$，即 $k - 1 < \log_2(n+1) <= k$，所以 $k = \lceil \log_2(n+1) \rceil$。因此，二分法查找在查找成功时，所进行的关键码比较次数至多为 $\lceil \log_2(n+1) \rceil$。

二分法查找的时间效率为 $O(\log_2 n)$。

1.1.8　排序技术

排序（sorting）是计算机程序设计中的一种重要运算。它的功能是将一组数据元素（或记录）从任意序列排列成一个按关键字排序的序列。

　　为了查找方便，有时希望查找表中的记录是按关键字有序排列的，在有序的顺序表上可以采用效率较高的折半查找法，其平均查找长度是 $\log_2(n+1)-1$（当 n 较大时），而无序的顺序表上只能进行顺序查找，其平均查找长度是 $(n+1)/2$。因此，为了提高计算机对数据处理的工作效率，有必要学习和研究各种排序的方法和对应的算法。

　　(1) 排序。对于有 n 个结点的线性表 $(e_0,e_1,\cdots,e_{n-1})$，按照结点某些数据项的关键字按递增或者递减的次序，重新排列线性表结点的过程称为排序。

　　(2) 排序方法的稳定性。排序时参照的数据项称为排序码，通常选择结点的关键字作为排序码。如果线性表中排序码相等的结点经某种排序方法排序后，仍然能够保持它们在排序之前的相对次序则称这种排序方法是稳定的；否则，称这种排序方法是不稳定的。

　　(3) 内部排序和外部排序。排序可以分为内部排序和外部排序两类。

　　在排序过程中，如果线性表的全部结点都在内存，并且在内存中调整它们在线性表中的存储顺序，则称这种排序方法为内部排序，简称内排序。

　　在排序过程中，如果线性表只有部分结点被调入内存，并且借助内存调整结点在外存中的存放顺序，则称这种排序方法为外部排序，简称外排序。

　　(4) 排序方法的性能。一般，内部排序方法可分为插入排序法、交换排序法、选择排序法等。排序的方法很多，每种方法都有各自的优点和缺点，适合不同的环境，比如记录的初始状态、记录数量的多少等。无论哪种排序方法，一般的性能评价标准主要有如下两条：一是执行排序算法所需要的时间，二是执行排序算法所需要的附加空间。

　　一般排序方法的时间代价以具体排序算法执行过程中的关键字之间比较次数和记录位置移动次数来反映。因此，排序所花费的时间代价大小是最重要的性能评价因素。

1. 交换类排序法

　　所谓交换类排序法是指借助数据元素之间的互相交换进行排序的一种方法。冒泡排序法与快速排序法都属于交换类的排序方法。

　　1）冒泡排序法

　　冒泡排序（bubble sort）是一种简单交换排序。

　　算法思想如下：

　　(1) 将第 n 个记录的关键字和第 $n-1$ 个记录的关键字进行比较，若为逆序则将两个记录进行交换，若为正序则保持原序；

　　(2) 将第 $n-1$ 个记录的关键字和第 $n-2$ 个记录的关键字进行比较，重复上述排序过程；

　　(3) 上述(1)和(2)的排序过程称作第一趟冒泡排序，其结果使得关键字最小的记录被安置到第 1 个记录的位置上，完成一趟冒泡排序；

　　(4) 进行第二趟冒泡排序，从第 n 个记录开始至第 2 个记录进行同样的操作，其结果是使得关键字次小的记录被安置到第 2 个记录的位置上。

　　以此类推，第 i 趟冒泡排序是从第 n 个记录到第 i 个记录之间依次比较和交换。设有 n 个关键字，需要经过 $n-1$ 趟比较和交换，就使得 n 个记录的关键字从小到大，自上而下的排好序了,整个过程就像气泡一个个地往上冒一样,故称为冒泡排序。

显然,判别冒泡排序结束的一个条件应该是"在一趟排序过程中没有进行过交换记录的操作"。

例如,已知一组记录的关键字初始排列如下:

　　　　13　　49　　38　　65　　97　　76　　27　　49

图 1-34 给出了冒泡排序的过程示意图。

因为在第 4 趟的排序过程中没有进行交换记录的操作,所以冒泡排序结束。

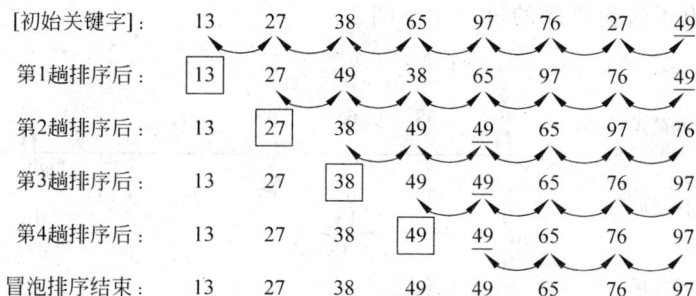

图 1-34　冒泡排序示例

算法分析如下:

(1) 冒泡排序的效率与排序前记录的次序有关,如果排序前记录为正序,则冒泡排序只需要进行一趟排序,在排序过程中进行 $n-1$ 次关键字比较,且不移动记录;反之,如果排序前记录为逆序,则冒泡排序需要进行 $n-1$ 趟排序,在排序过程中需要进行 $n(n-1)/2$ 次关键字比较,且进行等量级的记录移动。因此,总的时间复杂度为 $O(n^2)$。

(2) 冒泡排序是稳定的。冒泡排序适用于记录基本有序的场合。

2) 快速排序法

快速排序法是对冒泡排序的一种改进。快速排序是目前内部排序中速度较快的一种方法。

算法思想如下:

通过一趟排序将待排序的 n 个记录分割成独立的两部分,其中一部分记录的关键字均比另一部分记录的关键字小,则可以分别对这两部分记录继续进行排序,以达到整个序列有序。具体操作如下:

(1) 设待排序的记录序列存于 $\{r[s],r[s+1],\cdots,r[t]\}$ 中,首先选取一个记录(通常选取第一个记录 $r[s]$)作为"枢轴(pivot)";

(2) 按以下原则重新排列其余记录:将所有关键字比"枢轴"记录小的记录都安置在其位置之前,将所有关键字比"枢轴"记录大的记录都安置在其位置之后,由此,可以该"枢轴"记录最后所落的位置 i 作为分界线,将待排序记录 $\{r[s],r[s+1],\cdots,r[t]\}$ 分割成两个子序列 $\{r[s],r[s+1],\cdots,r[i-1]\}$ 和 $\{r[i+1],\cdots,r[t]\}$,这个过程称作一趟快速排序;

(3) 对所分割的两部分别重复上述过程,直至每个部分内只剩下一个记录排序。快速排序完成。

一趟快速排序的具体做法是：附设两个指针 low 和 high,初始时,它们分别是 s 和 t,设"枢轴"记录的关键字为 pivotkey。首先从 high 所指位置起向前搜索找到第一个关键字小于 pivotkey 的记录和"枢轴"记录互相交换,然后从 low 所指位置起向后搜索,找到第一个关键字大于 pivotkry 的记录和"枢轴"记录互相交换。重复这两步,直至 low ＝ high 时为止。

例如,已知一组记录的关键字值初始排列如下：

$$49 \quad 38 \quad 65 \quad 97 \quad 76 \quad 13 \quad 27 \quad \underline{49}$$

图 1-35 给出了快速排序的过程示意图。

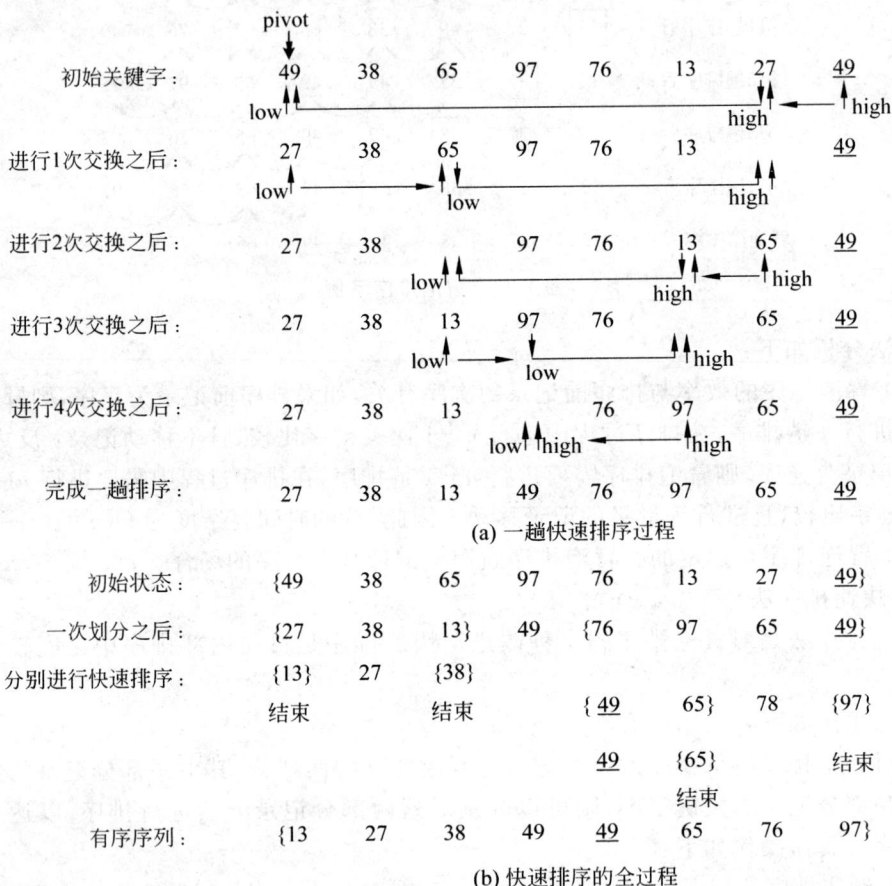

(a) 一趟快速排序过程

初始状态:	{49	38	65	97	76	13	27	<u>49</u>}
一次划分之后:	{27	38	13}	49	{76	97	65	<u>49</u>}
分别进行快速排序:	{13}	27	{38}					
	结束		结束		{ <u>49</u>	65}	78	{97}
					<u>49</u>	{65}		结束
						结束		
有序序列:	{13	27	38	49	<u>49</u>	65	76	97}

(b) 快速排序的全过程

图 1-35　快速排序示例

算法分析如下：

(1) 快速排序在一般情况下是效率很高的排序方法。可以推导证明：快速排序的平均时间复杂度为 $O(n\log_2 n)$。快速排序目前被认为是同数量级（$O(n\log_2 n)$）中最快的内部排序方法,这是由于对区域不断"一分为二"所带来的效益,但这仅就平均性能而言。如果待排序的记录序列已按关键字有序或"基本有序"排列时,排序工作最长。这时,第一趟排序经过 $n-1$ 次比较后,将第一个记录仍然定位在它原来的位置上;第二趟排序经

过 $n-2$ 次比较后,将第二个记录仍然定位在它原来的位置上……依次类推。所以,总的比较次数为 $(n-1)+(n-2)+\cdots+1=n(n-2)/2$,记为 $O(n^2)$。因此,在待排序记录基本有序的情况下,将蜕化为冒泡排序,时间复杂度为 $O(n^2)$。

(2) 快速排序是不稳定的。快速排序不适用于记录基本有序的场合。

2. 插入类排序法

插入排序的基本方法是:每步将一个待排序的记录,按其关键字的大小插到前面已经排序的文件中的适当位置,直到插入完为止。插入类排序法包括直接插入排序和希尔排序。

1) 直接插入排序法

直接插入排序法(straight insertion sort)是一种最简单的排序方法。

算法思想如下:

逐个处理待排序列中的记录,将其与前面已经排好序的子序中的记录按关键字进行比较,确定要插入的位置,并将记录插入子序中。具体做法如下:

(1) 开始时,把第一个记录看成是已经排好序的子序,这时子序中只有一个记录;

(2) 从第二个记录起到最后一个记录,依次将其和前面子序中的记录按关键字比较,确定记录插入的位置;

(3) 将记录插入到子序中,子序记录个数加 1,直至子序长度和原来待排序列长度一致时结束。

例如,已知一组记录的关键字值初始排列如下:

$$49 \quad 38 \quad 65 \quad 97 \quad 76 \quad 13 \quad 27 \quad \underline{49}$$

图 1-36 给出了直接插入排序的过程示意图。

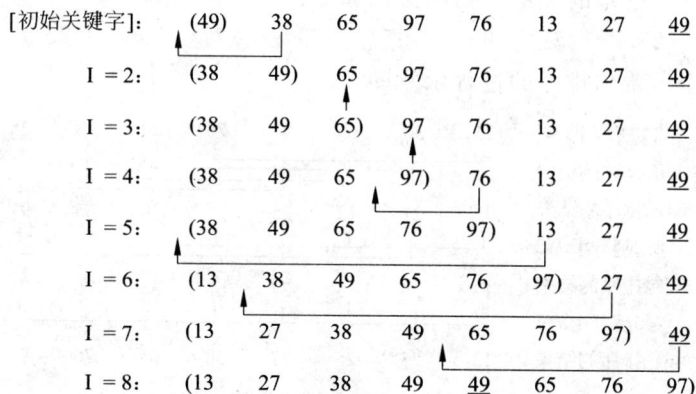

```
[初始关键字]:   (49)    38    65    97    76    13    27    49
      I = 2:   (38    49)    65    97    76    13    27    49
      I = 3:   (38    49    65)    97    76    13    27    49
      I = 4:   (38    49    65    97)    76    13    27    49
      I = 5:   (38    49    65    76    97)    13    27    49
      I = 6:   (13    38    49    65    76    97)    27    49
      I = 7:   (13    27    38    49    65    76    97)    49
      I = 8:   (13    27    38    49    49    65    76    97)
```

图 1-36 直接插入排序示例

算法分析如下:

(1) 假定待排序记录有 n 个,当待排序列中的记录按关键字非递减有序排列(简称正序)时,所需要进行关键字之间比较的次数达最小值 $n-1$,记录不需要移动;反之,当待排序列中的记录按关键字非递增有序排列(简称逆序)时,所需要进行关键字之间比较的次

数达最大值

$$\sum_{i=2}^{n} i = (n-2)(n-1)/2$$

记录移动次数也达最大值

$$\sum_{i=2}^{n} i + 1 = (n+4)(n-1)/2$$

如果待排序记录是随机的，即待排序列中的记录可能出现的各种排列的概率相同，则可以取上述最小值和最大值的平均值，作为直接插入排序时所需要进行关键字之间的比较次数和移动记录的次数，约为 $n^2/4$。由此，直接插入排序的时间复杂度为 $O(n^2)$。

（2）直接插入排序是稳定的。直接插入排序适用于记录个数较少的场合。

2）希尔排序法

D. L. shell 在 1959 年提出了希尔排序（shell sort），又称缩小增量排序（diminishing increment sort），是对直接插入排序的一种改进。

算法思想如下：

先将 n 个待排记录序列分割成若干个子序列，然后对各子序列分别进行排序，当整个序列中的记录"基本有序"时，再对全体记录进行一次直接插入排序。具体做法如下：

（1）取定一个正整数 $d_1 < n$，把全部记录按此间隔值，从第一个记录起进行分组，所有距离为 kd_1 倍数的记录放一组中，在各组内进行直接插入排序；

（2）取定一个正整数 $d_2 < d_1$，重复上述分组和排序工作，直至取 $d_i = 1$ 为止，即所有记录在一个组中进行直接插入排序。

希尔提出的 d_i 取法为：$d_1 = \lfloor n/2 \rfloor$，$d_{i+1} = \lfloor d_i/2 \rfloor$。

例如，已知一组记录的关键字初始排列如下：

$$25 \quad 38 \quad 65 \quad 97 \quad 76 \quad 27 \quad 13 \quad \underline{25}$$

图 1-37 给出了希尔排序的过程示意图。

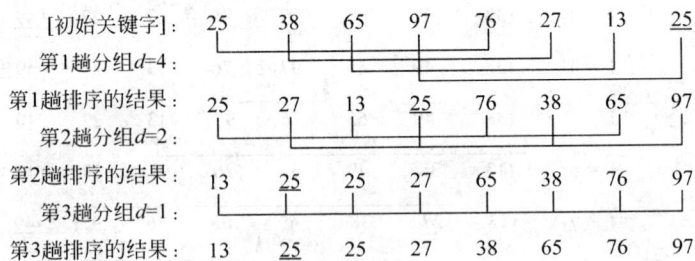

[初始关键字]:	25	38	65	97	76	27	13	$\underline{25}$
第1趟分组d=4:								
第1趟排序的结果:	25	27	13	$\underline{25}$	76	38	65	97
第2趟分组d=2:								
第2趟排序的结果:	13	$\underline{25}$	25	27	65	38	76	97
第3趟分组d=1:								
第3趟排序的结果:	13	$\underline{25}$	25	27	38	65	76	97

图 1-37　希尔排序示例

算法分析如下：

（1）希尔排序的性能分析是一个复杂的问题，因为它的时间是所取"增量"序列的函数，到目前为止增量的选取无一定论。但是无论增量序列如何取，最后一个增量值必须等于1。如果按照 $d_1 = n/2$，$d_{i+1} = \lfloor d_i/2 \rfloor$ 来取，每次后一个增量是前一个增量的 $1/2$，则经过 $t = \log_2(n-1)$ 次以后，$d_i = 1$，这时该算法的时间复杂度为 $O(n\log_2 n)$。希尔排序的速度一般要比直接插入排序快。

（2）希尔排序是不稳定的。

3. 选择类排序法

选择排序的基本方法是：每一趟在 $n-i+1(i=1,2,\cdots,n-1)$ 个记录中选取关键字最小的记录作为有序序列中第 i 个记录。

1）简单选择排序法

简单选择排序（simple selection sort）是一种最简单，且最为广大读者熟悉的选择排序法。

算法思想如下：

设 n 个待排序的记录存放在 $r[1\cdots n]$ 中，对 n 个待排序记录进行 $n-1$ 趟扫描：

（1）第一趟扫描选出 n 个记录中关键字值最小的记录，并与 $r[1]$ 记录交换位置；

（2）第二趟扫描选出余下的 $n-1$ 个记录中关键字值次最小的记录，并与 $r[2]$ 中记录交换位置。

以此类推，直至第 $n-1$ 趟扫描结束，所有记录有序为止。

例如，已知一组记录的关键子值初始排列如下：

$$49 \quad 38 \quad 65 \quad \underline{49} \quad 76 \quad 13 \quad 27 \quad 52$$

图 1-38 给出了简单选择排序的过程示意图。

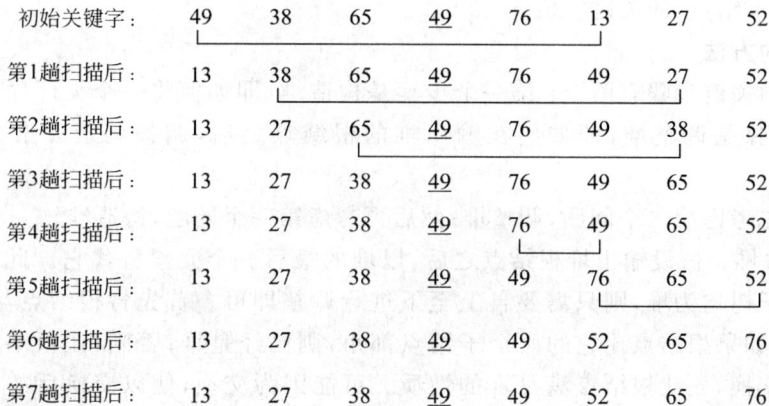

初始关键字：	49	38	65	$\underline{49}$	76	13	27	52
第1趟扫描后：	13	38	65	$\underline{49}$	76	49	27	52
第2趟扫描后：	13	27	65	$\underline{49}$	76	49	38	52
第3趟扫描后：	13	27	38	$\underline{49}$	76	49	65	52
第4趟扫描后：	13	27	38	$\underline{49}$	76	49	65	52
第5趟扫描后：	13	27	38	$\underline{49}$	49	76	65	52
第6趟扫描后：	13	27	38	$\underline{49}$	49	52	65	76
第7趟扫描后：	13	27	38	$\underline{49}$	49	52	65	76

图 1-38 简单选择排序示例

算法分析如下：

（1）简单选择排序时间复杂度为 $O(n^2)$。

（2）简单选择排序是稳定的。

2）堆排序法

用直接选择排序从 n 个记录中选出关键字值最小的记录要进行 $n-l$ 次比较，然后从其余 $n-1$ 个记录中选出最小者要进行 $n-2$ 次比较……以此类推。显然，相邻两趟中某些比较是重要的。为了避免重复比较，可以采用堆排序方法。

堆的定义

堆的一般定义是一棵有 n 个记录的线性序列 $\{R_1, R_2, \cdots, R_n\}$，其关键字序列 $\{k_1, k_2, \cdots, k_n\}$ 满足以下关系时，称之为堆。

$$\begin{cases} k_i \leqslant k_{2i} \\ k_i \leqslant k_{2i+1} \end{cases} \quad 或 \quad \begin{cases} k_i \geqslant k_{2i} \\ k_i \geqslant k_{2i+1} \end{cases} \quad (i = 1, 2, \cdots, \lfloor n/2 \rfloor)$$

如果用一维数组依次存放该序列，并把这个一维数组看成是一棵完全二叉树的顺序存储表示。堆的含义可以认为是在这个二叉树中，所有的非叶子结点的关键字值 k_i 均不大于或不小于其左右两个分支结点（即左右孩子结点）的关键字值 k_{2i} 和 k_{2i+1}。

图 1-39 是堆的示例。

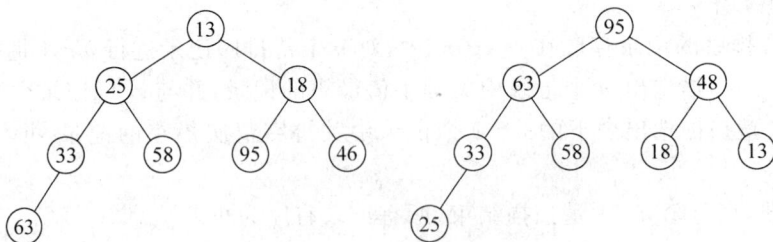

图 1-39　堆排序示例

在本节中考虑的堆是：所有的非叶子结点的关键字值 k_i 均不大于其左右两个分支结点（即左右孩子结点）的关键字值 k_{2i} 和 k_{2i+1}。

堆排序的方法

堆排序的关键步骤有两个：第一个步骤是构造堆，即如何将一个无序序列建成初始堆；第二个步骤是调整堆，即如何在输出堆的根结点之后，调整剩余元素成为一个新的堆。

这里首先考虑第二个问题，调整堆；然后再考虑第一个问题，构造堆。

（1）调整堆。假设输出堆根结点之后，以堆的最后一个元素替代它。此时根结点的左子树和右子树均为堆，则只需要自上至下进行调整即可。首先将根结点与它的左、右子结点比较，如果根结点比它的两个子结点都小，则已经是堆；否则，让根结点与其中较小的子结点交换，先让根结点满足堆的性质。可能因为交换，使以交换后的结点为根的子树不再满足堆的性质，则重复向下调整。当调整使新的更小子树依旧满足堆的性质时，重新建堆过程结束；当交换使新的更小的子树不再满足堆的性质时，继续按上述方法调整被破坏的更小子树。最坏的情况是直至调整到叶结点才结束。这种自上而下调整建堆的过程称为结点向下"筛选"。调整堆的过程如图 1-40 所示。

（2）构造堆。为构造初始堆，可以在已是堆的两个子序列上面加上它们的根结点，并且进行必要的调整使之成为更大的堆。加上根结点后，可能不满足堆的定义，则可以用前述的"筛选"方法，使之成为堆。所以，从一个无序序列构造堆的过程就是反复"筛选"的过程。如果将 n 个待排序记录的关键字序列看成是一个完全二叉树，则最后一个非叶子结点是第 $\lfloor n/2 \rfloor$ 个元素。首先，将 n 个叶子结点看成 n 个堆，然后从第 $\lfloor n/2 \rfloor$ 个结开始，依次将第 $\lfloor n/2 \rfloor$ 个结点，第 $\lfloor n/2 \rfloor - 1$ 个结点……第 1 个结点按照堆的定义逐一加到它们的子结点上,直到建成一个完全的堆。

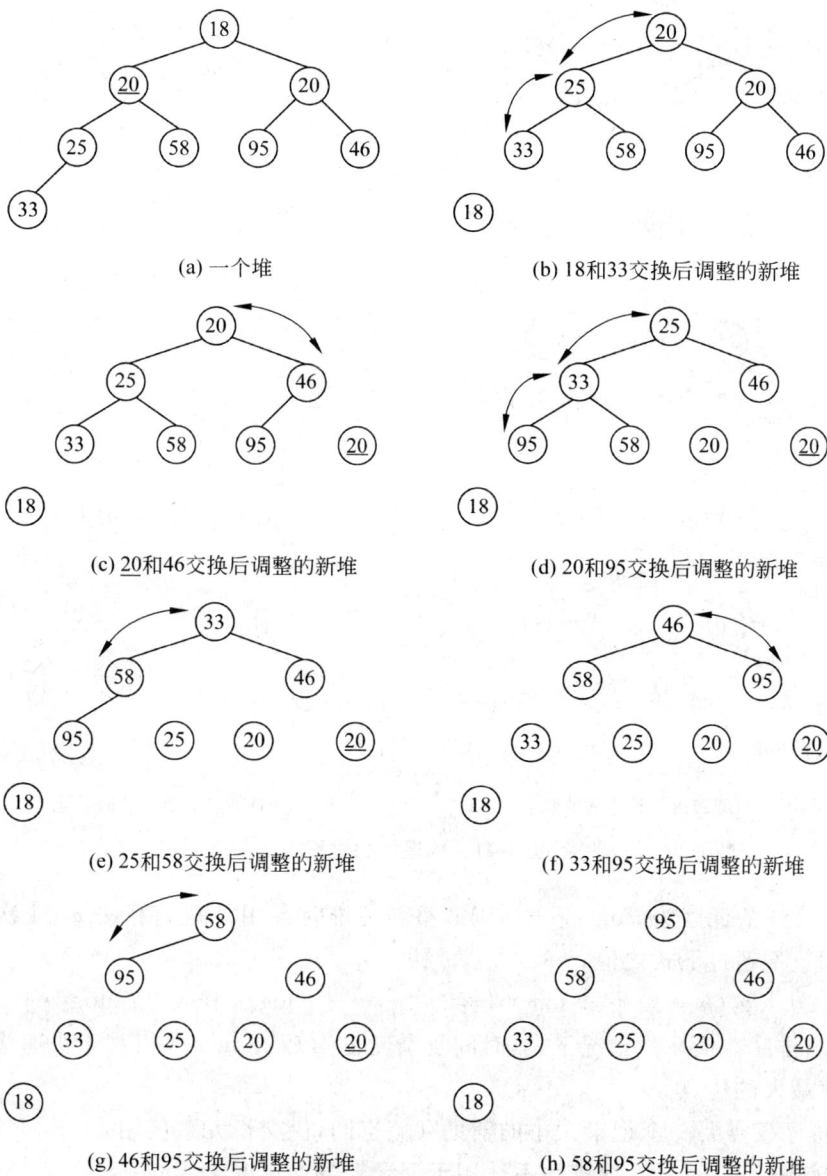

(a) 一个堆

(b) 18和33交换后调整的新堆

(c) 20和46交换后调整的新堆

(d) 20和95交换后调整的新堆

(e) 25和58交换后调整的新堆

(f) 33和95交换后调整的新堆

(g) 46和95交换后调整的新堆

(h) 58和95交换后调整的新堆

经过堆排序后输出的结点序列: 13, 20, 20, 25, 33, 46, 58, 95

图 1-40　输出堆顶元素并调整新建堆的过程

例如,有 n 个待排序记录的关键字序列

　　　20　　25　　18　　33　　58　　95　　46　　20

构造堆的过程如图 1-41 所示。

算法分析

　　堆排序算法的运行时间主要耗费在构造初始堆和调整新建堆时进行的反复"筛选"上。对深度为 k 的堆,"筛选"算法中进行的关键字比较次数至多为 $2(k-1)$ 次。n 个结

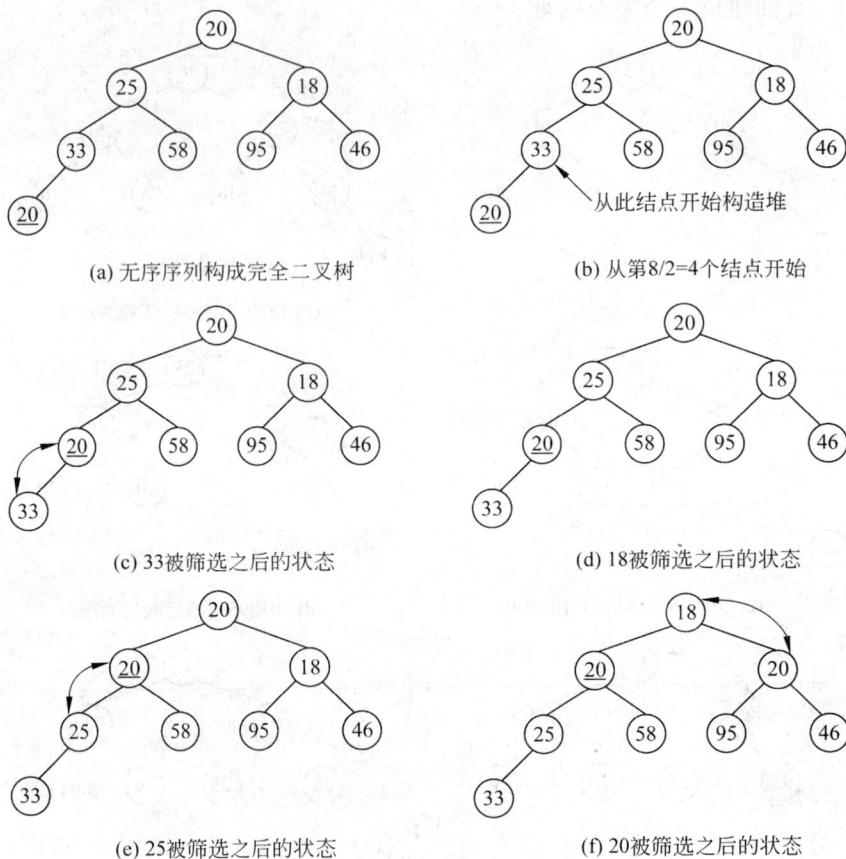

(a) 无序序列构成完全二叉树

(b) 从第8/2=4个结点开始

(c) 33被筛选之后的状态

(d) 18被筛选之后的状态

(e) 25被筛选之后的状态

(f) 20被筛选之后的状态

图 1-41　构造堆的过程

点的完全二叉树的深度为 $\lfloor \log_2 n \rfloor + 1$，则调整新建堆时调用"筛选"算法 $n-1$ 次，总共进行的比较次数不超过下式之值，

$$2(\lfloor \log_2 (n-1) \rfloor + \lfloor \log_2 (n-2) \rfloor + \cdots + \lfloor \log_2 2 \rfloor) < 2n \lfloor \log_2 n \rfloor$$

由此，堆排序在最坏的情况下，其时间复杂度也为 $O(n\log_2 n)$，相对于快速排序来说，这是堆排序最大的优点。

- 堆排序仅需要一个记录大小的辅助存储空间，供交换元素使用。
- 堆排序是不稳定的，堆排序不适用于记录较少的情况。

1.2　练　习

1.2.1　选择题

1. 计算机算法指的是解决问题的有限运算序列，它具备_____和足够的情报。

　　A. 可行性、可移植性和可扩充性　　　　B. 易读性、稳定性和安全性

　　C. 确定性、有穷性和稳定性　　　　　　D. 可行性、确定性和有穷性

答案：D。作为一个算法，一般应具备可行性、确定性、有穷性和拥有足够的情报 4 个特征。算法是一组严谨定义的运算顺序的规则，并且每一个规则都是有效且明确的，此顺序将在有限的次数内终止。

2. 在算法正确的前提下，评价一个算法的标准是_____。
　　A. 时间复杂度和空间复杂度　　　　B. 空间复杂度
　　C. 时间复杂度　　　　　　　　　　D. 以上都不对

答案：A。算法在正确的前提下，应考虑时间量度和空间量度。

3. 在数据结构中，从逻辑上可以把数据结构分成_____。
　　A. 动态结构和静态结构　　　　　　B. 线性结构和非线性结构
　　C. 紧凑结构和非紧凑结构　　　　　D. 内部结构和外部结构

答案：B。数据的逻辑结构主要分为线性结构和非线性结构。

4. 以下关于数据结构概念的叙述中，错误的是_____。
　　A. 数据元素是数据结构的基本单位，它可由若干个数据项组成
　　B. 数据项是有独立含义的数据最小单位
　　C. 数据的逻辑结构分为线性结构和非线性结构
　　D. 数据结构概念包含的主要内容是数据的逻辑结构和数据的存储结构

答案：D。数据结构的概念一般包括 3 个方面的内容：数据的逻辑结构、存储结构和运算。

5. 下面关于线性结构与非线性结构的叙述中，错误的是_____。
　　A. 两者是根据数据结构中各数据元素之间前后件关系的复杂程度划分的
　　B. 线性结构即线性表
　　C. 一个线性结构中插入或删除一个结点后可能变成非线性结构
　　D. 一个空的数据结构既可以是线性结构，也可以是非线性结构

答案：C。一个非空线性结构有且只有一个根结点，每个结点最多只有一个前件和一个后件，其前后件关系比较简单，当删除或插入任一个结点后，还应该是一个线性结构，线性结构又称为线性表。

6. 对于存储同样一组数据元素而言，_____。
　　A. 顺序结构比链接结构易于扩充空间
　　B. 顺序结构与链接结构相比，更有利于对元素的插入、删除运算
　　C. 顺序结构占用整块空间，而链接结构不要求整块空间
　　D. 顺序结构比链接结构多占存储空间

答案：C。顺序结构中，元素之间的关系通过存储单元的邻接关系来表示，其存储空间必须占用整块空间；连接结构中，结点之间的关系通过指针来表示，不要求整块空间。

7. 在数据结构的图形表示中，对于数据集合 D 中的每一个数据元素用中间标有元素值的方框表示，一般称之为数据结点，并简称结点，为了进一步表示各数据元素之间的前后件关系，对于关系中的每一个二元组，用_____。
　　A. 一条带双向箭头的线段连接前后件结点
　　B. 一条有向线段从前件结点指向后件结点

　　C. 一条线段连接前后结点

　　D. 一条有向线段从后件结点指向前件结点

答案：B。如题所述，可以用图形法直观地表示一个数据结构，并且为了表示数据元素之间的前后件关系，对于关系中的每一个二元组，用一条有向线段从前件结点指向后件结点。

8. 以下_____不是栈的运算。

　　A. 删除栈顶元素　　　　　　　　　B. 将栈置为空栈

　　C. 判断栈是否为空　　　　　　　　D. 删除栈底元素

答案：D。栈是一种特殊的线性表，它规定只能在表的一端进行插入或删除操作。栈的基本运算有插入栈顶元素、删除栈顶元素、将栈置为空栈、判断栈是否为空、读栈顶元素到变量中5种。删除栈底元素将删除该栈，不属于栈的运算。

9. 以下关于队列的叙述中，不正确的是_____。

　　A. 队列是允许在两端插入的线性

　　B. 队列既能用顺序方式存储，也能用连接方式存储

　　C. 队列的特点是先进先出

　　D. 队列适用于树的层次次序列遍历算法的实现

答案：A。队列是允许在一端插入，而另一端删除的线性表，即先进先出（FIFO）的线性表。

10. 循环队列的基本运算是_____。

　　A. 插入运算　　　　　　　　　　　B. 入队运算和退队运算

　　C. 入队运算　　　　　　　　　　　D. 退队运算

答案：B。循环队列主要有两种基本运算：入队运算和退队运算。每进行一次入队运算，队尾指针加一；每进行一次退队运算，排头指针进一。

11. 以下关于顺序存储结构的叙述中，不正确的是_____。

　　A. 可以通过计算机直接确定第 i 个结点的存储地址

　　B. 存储密度大

　　C. 逻辑上相邻的结点物理上不必邻接

　　D. 插入、删除运算操作不方便

答案：C。顺序存储最基本的特点是逻辑上相邻的结点物理上必相邻，即前后件两元素在存储空间中是相邻的，且前件元素一定存储在后件元素前面。

12. 设线性表的顺序存储结构中，每个元素占用 k 个存储单元，表的第一个元素的存储地址为 d，则第 i 个元素（$1 \leqslant i \leqslant n$，$n$ 为表长）的存储地址为_____。

　　A. $d+ik-1$　　　　B. $d+ik$　　　　C. $d+(i+1)k$　　　　D. $d+(i-1)k$

答案：D。线性表的顺序存储结构是用一组地址连续的存储单元依次存储线性表的元素。因此，在给出表的起始地址 $ADR(a_1)$ 和每个元素占用的存储单元数 k 后，就可以计算出表中某个元素 a_i 的存储地址 $ADR(a_i)$，其中表的起始地址也就是表的第一个元素的存储地址，即 $ADR(a_i)=ADR(a_1)+(i-1)k$。若 $ADR(a_1)=d$，则 $ADR(a_i)=d+(i-1)k$。

13. 下面关于线性表的叙述中,错误的是_____。

    A. 线性表采用顺序存储,便于进行插入和删除操作

    B. 线性表采用顺序存储,必须占用一片连续的存储单元

    C. 线性表采用链接存储,不必占用一片连续的存储单元

    D. 线性表采用链接存储,便于进行插入和删除操作

答案:A。顺序存储是存储在连续的存储空间中,不便于插入和删除操作(因需移动元素),而链接存储与顺序存储的特点刚好相反。

14. 以下关于链接式存储结构的叙述中,不正确的是_____。

    A. 结点除自身信息外还包括指针域

    B. 可以通过计算直接确定第 i 个结点的存储地址

    C. 逻辑上相邻的结点物理上不必邻接

    D. 插入、删除运算操作方便,不必移动结点

答案:B。链式存储结构就是在每个结点中至少包括一个指针域,用指针来体现数据元素之间逻辑上的联系。由于链式结构不是存储在一整块连续的存储空间内,所以无法通过计算直接确定第 i 个结点的存储地址。

15. 用链表表示线性表的优点是_____。

    A. 便于随机存取　　　　　　　　　B. 元素的物理顺序与逻辑顺序相同

    C. 花费的存储空间较顺序存储少　　D. 便于插入和删除操作

答案:D。用链表方式存储的线性表,其插入和删除操作只需要修改对应结点的指针,无须移动其他元素,便于插入和删除。

16. 对于 n 个结点的单向链表(无表头结点),需要指针单元的个数至少为_____。

    A. $n+1$　　　　　　B. n　　　　　　C. $n-1$　　　　　　D. $2n$

答案:A。在 n 个结点的单向链表(无表头结点)中,每个结点都有一个指针单元(即指针域),加上头指针,至少需要 $n+1$ 个指针单元。

17. 双向链表是一种对称结构,它既有前向链又有后向链,这些特性使其_____。

    A. 插入比删除操作方便　　　　　　B. 插入与删除操作同样不方便

    C. 插入与删除操作同样方便　　　　D. 插入没有删除操作方便

答案:C。双向链表的对称性体现在:若结点的前件和后件均存在,则该结点的存储位置既存放在其前驱结点的直接后续指针域中,也存放在它的后继结点的直接前驱指针域中,因此使得双向链表的插入和删除操作同样方便。

18. 树 L 中度为 1,2,3,4,5,6 的结点个数为 6,4,3,3,5,1,则 L 中叶子的个数是_____。

    A. 47　　　　　　　B. 46　　　　　　　C. 44　　　　　　　D. 45

答案:D。树的度是树中结点的度的最大值,结点的度是一个结点的子树的个数。树中的结点总个数等于叶子结点的个数和分支结点的个数之和。

    树中的结点总数为:$1×6+2×4+3×3+4×3+5×5+6×1+$(1 个根结点)$=67$。

    树中非叶子结点数:$6+4+3+3+5+1=22$。

    树中的叶子结点数:$67-22=45$。

19. 一棵非空二叉树(第 0 层为根结点)，其第 i 层上至多包含的结点数为 _____。

　　A. $2^i - 1$　　　　　B. 2^i　　　　　C. $2^i + 1$　　　　　D. i

答案：B。在二叉树的性质中，"二叉树中第 i 层上至多有 2^{i-1} 个结点 $(i \geq 1)$"中，层数是从 1 开始的，即二叉树根结点在第 1 层，本题二叉树根结点在第 0 层，因此结点数计算公式应修改为 2^i。

20. 下列关于二叉树存储结构的叙述中，错误的是 _____。

　　A. 顺序存储结构对于一般的二叉树不适用

　　B. 满二叉树与完全二叉树按层次进行顺序存储，可以节省存储空间

　　C. 采用链接式存储结构的二叉树，结点之间的关系通过指针表示

　　D. 每一个存储结点的指针域有 0、1 或 2 个指针域，分别对应该结点不同的子结点数目

答案：D。二叉树的每个结点可以有两个子结点，因此用于存储二叉树的存储结点的指针域也有两个，分别用于指向该结点的左右子结点的存储地址(左右指针域)，若某个子结点不存在，则该指针域为空，而不是不存在该指针域。

21. 下列关于二叉树的叙述中，正确的是 _____。

　　A. 二叉树不是树的特殊形式

　　B. 二叉树是特殊的树

　　C. 二叉树是两棵树的总称

　　D. 二叉树是只有两个根结点的树状结构

答案：A。二叉树不是树的特殊形式，尽管树和二叉树之间有许多关系，但它们是两个概念。树和二叉树的主要区别有两点：第一，树有且只有一个根结点，二叉树可以有一个或没有根结点；第二，二叉树的结点的子树要区分为左子树和右子树，即使在结点只有一棵子树的情况下，也要明确指出该子树是左子树还是右子树。

22. 若某二叉树结点的前序序列为 E、A、C、B、D、G、F 中序序列为 A、B、C、D、E、F、G。则该二叉树结点的后序序列为 _____。

　　A. EGACDFB　　　B. BDCFAGE　　　C. EGFACD　　　D. BDCAFGE

答案：D。由前序遍历的规则可知，前序序列的第 1 个结点(E)为树的根结点；再由中序遍历的规则和中序序列可知，树根结点 E 前的结点(A、B、C、D)为左子树结点，后面的结点(F、G)为右子树结点。以此类推，逐渐推知树的结构。再由后序遍历的规则，可知本题的答案为 D。

23. 如果有一棵二叉树结点的前序序列是 ABC，后序序列是 CBA，则该二叉树结点的中序序列为 _____。

　　A. 必为 ABC　　　B. 必为 ACB　　　C. 必为 BCA　　　D. 不能确定

答案：D。由前序序列和后序序列可知树根结点为 A，但无法确定 BC 两结点是分别为 A 左右子树，还是全部是 A 的左子树或右子树。因此该二叉树结点的中序序列无法确定。

24. 通常查找线性表数据元素的方法有顺序查找和二分法查找两种方法，其中 _____ 是对顺序和链式存储结构均适用的方法。

　　A. 二分法查找　　　　B. 随机查找　　　　C. 顺序查找　　　　D. 块查找

答案：C。顺序存储和链式存储都只能用顺序查找，即使是有序线性表，如果采用链式存储结构也只能用顺序查找。二分法查找适合于按键值排序的存储结构。

25. 若采用冒泡排序的方法对字母列(D,W,A,J,C,Z,K,S,P)进行升序排序，则需要进行扫描的次数是_____趟。

　　A. 2　　　　　　　　B. 4　　　　　　　　C. 3　　　　　　　　D. 5

答案：B。对初始序列进行冒泡排序，在第 i 趟扫描中，从序列的第 1 个元素开始到 $n-i+1$ 个元素的范围内对相邻的关键字进行比较，一旦遇到两个相邻的字母逆序排列就交换二者位置。本题中，前三趟扫描都有关键码交换，第四趟没有交换关键码，则至此冒泡排序结束。

原序列	D	W	A	J	C	Z	K	S	P
第一趟扫描	D	A	J	C	W	K	S	P	Z
第二趟扫描	A	D	C	J	K	S	P	W	Z
第三趟扫描	A	C	D	J	K	P	S	W	Z
第四趟扫描	A	C	D	J	K	P	S	W	Z

26. 对关键字序列(49,38,65,97,16)用快速排序法按递增进行排序，以第一个元素作为划分标准，在第一趟划分后数据的排序是_____。

　　A. 16,38,65,97,49　　　　　　　　B. 16,97,65,38,49

　　C. 16,38,49,97,65　　　　　　　　D. 16,38,49,65,97

答案：C。根据快速排序的基本思路，先自右至左找到第一个关键字小于 49 的元素，将它移到关键字为 49 的元素的位置，在自左至右找到第一个关键字大于 49 的元素，将它移到上面空出的位置，重复上面的步骤，直到左右移动位置重叠，则该位置即关键字为 49 的元素的位置。

$$49\quad 38\quad 65\quad 97\quad 16$$
$$16\quad 38\quad 65\quad 97\quad \boxed{}$$
$$16\quad 38\quad \boxed{49}\quad 97\quad 65$$

27. 设有关键码序列(16,9,4,25,15,2,13,18,17,5,8,24)，要按关键码值递增的次序排序，采用初始增量为 4 的希尔排序法，一趟扫描后的结果为_____。

　　A. (9,16,4,25,2,15,13,18,5,17,8,24)

　　B. (2,9,4,25,15,16,13,18,17,5,8,24)

　　C. (9,4,16,15,2,13,18,17,5,8,24,25)

　　D. (15,2,4,18,16,5,8,24,17,9,13,25)

答案：D。希尔排序是按增量的倍数对序列进行分组，在组内进行插入排序，然后减小增量，继续分组排序，直到增量为 1 为止。第一趟分组情况为(16,15,17)(9,2,5)(4,13,8)(25,18,24)，组内排序为(15,16,17)(2,5,9)(4,8,13)(18,24,25)，所以结果为 A。

28. 若采用简单选择排序法对字母序列(WSELXGI)进行排序，则第一趟排序的结果为_____。

    A. XGIESWL   B. ESWLXGI   C. ELXGISW   D. SEXGIWL

答案：B。采用简单选择排序法进行排序，将序列分成有序序列和无序序列两部分，其中在初始状态下有序序列为空。若要使序列按升序排列，则需在排序过程中不断从无序序列中寻找关键字最小的元素，并将其与无序序列的第一个元素交换位置，从而使有序序列不断向后延伸，最终所有元素都进入到有序序列中。下面划线部分为有序序列。

原序列	W	S	E	L	X	G	I
第一趟排序	E	S	W	L	X	G	I
第二趟排序	E	G	W	L	X	S	I
第三趟排序	E	G	I	L	X	S	W
第四趟排序	E	G	I	L	X	S	W
第五趟排序	E	G	I	L	S	X	W
最终结果	E	G	I	L	S	W	X

29. 对 n 个记录的文件进行堆排序，最坏情况下的执行时间为_____。

    A. $O(n\log_2 n)$ B. $O(n)$ C. $O(\log_2 n)$ D. $O(n^2)$

答案：A。堆排序实际上是不断进行筛运算的过程，在建堆过程中，共进行 $\lfloor n/2 \rfloor$ 次筛运算；在堆排序过程中，共进行 $n-1$ 次筛运算，而每一次筛运算进行比较和移动结点的次数不会超过树的高度 $\lfloor \log_2(n+1) \rfloor$，所以总的时间复杂度为 $O(n\log_2 n)$。

30. 数据的存储结构是指_____。

（此题为2005年4月的全国二级考题）

    A. 存储在外存中的数据   B. 数据所占的存储空间量

    C. 数据在计算机中的顺序存储方式   D. 数据的逻辑结构在计算机中的表示

答案：D。这里是对数据的存储结构定义的考核。

31. 下列关于栈的描述中错误的是_____。

（此题为2005年4月的全国二级考题）

    A. 栈是先进后出的线性表

    B. 栈只能顺序存储

    C. 栈具有记忆作用

    D. 对栈的插入与删除操作中，不需要改变栈底指针

答案：B。这里是对栈性质的考核，栈还可以链式存储。

32. 对于长度为 n 的线性表，在最坏情况下，下列各排序法所对应的比较次数中正确的是_____。**（此题为2005年4月的全国二级考题）**

    A. 冒泡排序为 $n/2$ B. 冒泡排序为 n

    C. 快速排序为 n D. 快速排序为 $n(n-1)/2$

答案：D。冒泡和快速排序法对长度为 n 的线性表的查询，最坏情况下时间复杂度应该是 $O(n^2)$ 数量级，这里可以看出只有D在此级上。

33. 对长度为 n 的线性表进行顺序查找，在最坏情况下所需要的比较次数为_____。

（此题为 2005 年 4 月的全国二级考题）

    A. $\log_2 n$ B. $n/2$ C. n D. $n+1$

答案：C。长度为 n 的线性表，顺序查找法的时间复杂度为 n。

34．下列对于线性链表的描述中正确的是_____。

（此题为 2005 年 4 月的全国二级考题）

    A. 存储空间不一定是连续，且各元素的存储顺序是任意的

    B. 存储空间不一定是连续，且前件元素一定存储在后件元素的前面

    C. 存储空间必须连续，且前件元素一定存储在后件元素的前面

    D. 存储空间必须连续，且各元素的存储顺序是任意的

答案：A。这里是对线性链表概念和性质的考核。

35．算法具有 5 个特性，以下选项中不属于算法特性的是_____。

（此题为 2005 年 4 月的全国二级考题）

    A. 有穷性   B. 简洁性   C. 可行性   D. 确定性

答案：B。算法也可以分为 5 个特性：有穷性、确定性、可行性、输入和输出。

1.2.2 填空题

1．下面程序段的算法时间复杂度为_____。

```
for(j=1; j<=n;++j)
  for(k=1; k<=n;++k)
    A[j,k]:=0
```

答案：$O(n^2)$。在算法中，语句 A[j,k]:=0;执行的次数为 n^2，根据时间复杂度的概念可以得该算法的时间复杂度为 $O(n^2)$。

2．对 n 个记录的文件进行快速排序，最坏情况下的执行时间为_____。

答案：$O(n^2)$。快速排序时间复杂度与每次划分的结果有关。如果每次划分的两个子表长度都相等，则时间复杂度最小为 $O(\log_2 n)$，如果每次划分的结果总有一个子表的长度为 0，则时间复杂度最大为 $O(n^2)$。

3．栈是一种运算操作限制在同一端进行的_____结构，是软件中常用的数据结构。

答案：线性。栈是一种特殊的线性表，其插入与删除都只在线性表的一端进行，即一端是封闭的，不允许插入与删除元素；另一端是开口的，允许插入与删除元素。

4．队列是限制插入只能在表的一端，而删除在表的另一端进行的线性表，其特点是_____。

答案：先进先出。这是队列的基本特点。

5．在运算过程中，能够使空表与非空表的运算统一的结构是_____。

答案：循环链表。在链表的运算过程中，采用链接方式即循环链表的结构把空表与非空表的运算统一起来。

6．在计算机中，可以用树状结构来表示算术表达式。而在一个算术表达式中，有运

算符和_____。

答案：运算对象。在一个算术表达式中，有运算符和运算对象，一个运算符可以有若干个运算对象，算术表达式中的一个运算对象可以是子表达式，也可以是单变量。

7. 当线性表的元素总数基本稳定，且很少进行插入和删除操作，但要求以最快的速度存取线性表中的元素时，应采用_____存储结构。

答案：顺序。顺序存储的特点是不利于元素个数的动态变化，不便于插入和删除，但可以随机存储元素。

8. 在完全二叉树的顺序存储中，若结点 i 有左子数，则其左子树是结点_____。

答案：$2i$。树各结点的编号规则是：如果某个结点的编号为 i，若有左子树，左树编号为 $2i$；若有右子树，右子树编号为 $2i+1$。

9. 在顺序表 $(8,11,15,19,25,26,30,33,42,48,50)$ 中，用二分法查找关键码值 20，需要做的关键码比较次数为_____。

答案：4。二分法查找时，中间比较元素依次为 26、15、19、25，当比较到 25 时，比较区间为空，查找结束，共比较了 4 次。

10. 某二叉树中，度为 2 的结点有 18 个，则该二叉树中有_____个叶子结点。

（此题为 2005 年 4 月的全国二级考题）

答案：19。二叉树基本性质之一：叶子结点的个数总比度为 2 的结点多一个。

11. 问题处理方案的正确而完整的描述称为_____。

（此题为 2005 年 4 月的全国二级考题）

答案：算法。这里是对算法基本概念的考核。

第 2 章

chapter 2

程序设计基础知识

知识要点

- 程序设计方法与风格；
- 结构化程序设计；
- 面向对象的程序设计、对象、方法、属性及继承与多态性。

2.1 内 容 概 述

2.1.1 程序设计方法与风格

程序设计是一门技术，需要有相应的理论、技术、方法和工具支持。就程序设计方法和技术的发展而言，主要经历了结构化程序设计和面向对象的程序设计阶段。

除了好的程序设计方法和技术之外，程序设计风格也是很重要的。因为程序设计风格会深刻地影响软件的质量和可维护性，良好的程序设计风格可以使程序结构清晰合理，使程序代码便于维护，因此，程序设计风格对保证程序的质量是很重要的。

一般来讲，程序设计风格是指编写程序时所表现出的特点、习惯和逻辑思路。程序是由人来编写的，为了测试和维护程序，往往还要阅读和跟踪程序，因此程序设计的风格总体而言应该强调简单和清晰，程序必须是可以理解的。可以认为，"清晰第一，效率第二"已成为当今主导的程序设计风格。

要形成良好的程序设计风格，主要应注重和考虑下述一些因素。

1. 源程序文档化

源程序文档化应考虑如下几点：

（1）标识符应按意取名。

（2）程序应加注释。注释是程序员与日后读者之间通信的重要工具，用自然语言或伪码描述。它说明了程序的功能，特别在维护阶段，对理解程序提供了明确指导。注释分序言性注释和功能性注释。

序言性注释应置于每个模块的起始部分，主要内容有：

① 说明每个模块的用途、功能。

② 说明模块的接口　　调用形式、参数描述及从属模块的清单。

③ 数据描述　　重要数据的名称、用途、限制、约束及其他信息。

④ 开发历史　　设计者、审阅者姓名及日期，修改说明及日期。

功能性注释嵌入在源程序内部，说明程序段或语句的功能以及数据的状态。注意以下几点：

① 注释用来说明程序段，而不是每一行程序都要加注释。

② 使用空行或缩格或括号，以便很容易区分注释和程序。

③ 修改程序也应修改注释。

（3）视觉组织：为使程序的结构一目了然，可以在程序中利用空格、空行、缩进等技巧使程序层次清晰。

2. 数据说明的方法

为了使数据定义更易于理解和维护，有以下指导原则：

（1）数据说明顺序应规范，使数据的属性更易于查找，从而有利于测试、纠错与维护。例如按以下顺序：常量说明、类型说明、全程量说明、局部量说明。

（2）一个语句说明多个变量时，各变量名按字典序排列。

（3）对于复杂的数据结构，要加注释，说明在程序实现时的特点。

3. 语句的结构

程序应该简单易懂，语句构造应该简单直接，不应该为提高效率而把语句复杂化。一般应注意如下：

（1）在一行内只写一条语句；

（2）程序编写应优先考虑清晰性；

（3）除非对效率有特殊要求，程序编写要做到清晰第一，效率第二；

（4）首先要保证程序正确，然后才要求提高速度；

（5）避免使用临时变量而使程序的可读性下降；

（6）避免不必要的转移；

（7）尽可能使用库函数；

（8）避免采用复杂的条件语句；

（9）尽量减少使用"否定"条件的条件语句；

（10）数据结构要有利于程序的简化；

（11）要模块化，使模块功能尽可能单一化；

（12）利用信息隐蔽，确保每一个模块的独立性；

（13）从数据出发去构造程序；

（14）不要修补不好的程序，要重新编写。

4. 输入和输出

输入和输出信息是用户直接关心的，输入和输出方式和格式应尽可能方便用户的使用,因为系统能否被用户接受,往往取决于输入和输出的风格。无论是批处理的输入和输出方式,还是交互式的输入和输出方式,在设计和编程时都应该考虑如下原则:

(1)对所有的输入数据都要检验数据的合法性;

(2)检查输入项的各种重要组合的合理性;

(3)输入格式要简单,以使得输入的步骤和操作尽可能简单;

(4)输入数据时,应允许使用自由格式;

(5)应允许默认值;

(6)输入一批数据时,最好使用输入结束标志;

(7)在以交互式输入输出方式进行输入时,要在屏幕上使用提示符明确提示输入的请求,同时在数据输入过程中和输入结束时,应在屏幕上给出状态信息;

(8)当程序设计语言对输入格式有严格要求时,应保持输入格式与输入语句的一致性;给所有的输出加注释,并设计输出报表格式。

5. 效率

效率指处理机时间和存储空间的使用,对效率的追求明确以下几点:

(1)效率是一个性能要求,目标在需求分析给出。

(2)追求效率建立在不损害程序可读性或可靠性基础上,要先使程序正确,再提高程序效率,先使程序清晰,再提高程序效率。

(3)提高程序效率的根本途径在于选择良好的设计方法、良好的数据结构算法,而不是靠编程时对程序语句做调整。

2.1.2 结构化程序设计

1969年,荷兰学者迪克斯特拉(E. W. dijkstra)首先提出了结构化程序设计的概念。以后经过几年的争论、探索和实践,逐步取得了成效,为广大的软件开发人员所认可。实践证明,使用这种方法编写的程序不仅结构良好,易写易读,而且易于证明其正确性。

到了20世纪70年代末至80年代初,为了便于大型软件的开发和不同层次人们的需求,出现了面向对象的程序设计(Object Oriented Programming,OOP)。由于其高效和实用性,近年来得到了迅速的发展。目前,已初步成为新的设计方法和软件开发技术。但是,结构化程序设计仍然是各种大型程序设计的基础。

1. 结构化程序设计及其基本结构

1)结构化程序设计的原则

结构化程序设计方法的主要原则可以概括为自顶向下,逐步求精,模块化,限制使用goto语句。

(1)自顶向下:程序设计时,应先考虑总体,后考虑细节;先考虑全局目标,后考虑局部目标。不要一开始就过多追求众多的细节,先从最上层总目标开始设计,逐步使问题具体化。

(2)逐步求精:对复杂问题,应设计一些子目标作过渡,逐步细化。

（3）模块化：一个复杂问题，肯定是由若干稍简单的问题构成。模块化是把程序要解决的总目标分解为分目标，再进一步分解为具体的小目标，把每个小目标称为一个模块。

（4）限制使用 goto 语句。

1974 年 Knuth 证实了：

① 滥用 goto 语句确实有害，应尽量避免；

② 完全避免使用 goto 语句也并非是个明智的方法，有些地方使用 goto 语句，会使程序流程更清楚、效率更高；

③ 争论的焦点不应该放在是否取消 goto 语句，而应该放在用什么样的程序结构上。

其中最关键的是，肯定以提高程序清晰性为目标的结构化方法。

2）结构化程序设计的基本结构

计算机科学家 Boehm 和 Jacopini 证明了这样的事实：任何简单或复杂的算法都可以由顺序结构、选择结构和循环结构这 3 种基本结构组合而成。所以，这 3 种结构就称为程序设计的 3 种基本结构，也是结构化程序设计必须采用的结构。

（1）顺序结构。

顺序结构表示程序中的各操作是按照它们出现的先后顺序执行的，其流程如图 2-1 所示。图中的 S1 和 S2 表示两个处理步骤，这些处理步骤可以是一个非转移操作或多个非转移操作序列，甚至可以是空操作，也可以是 3 种基本结构中的任一结构。整个顺序结构只有一个入口点 a 和一个出口点 b。这种结构的特点是：程序从入口点 a 开始，按顺序执行所有操作，直到出口点 b 处，所以称为顺序结构。事实上，不论程序中包含了什么样的结构，而程序的总流程都是顺序结构的。

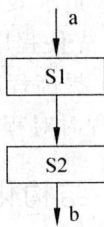

图 2-1　顺序结构

（2）选择结构。

选择结构表示程序的处理步骤出现了分支，它需要根据某一特定的条件选择其中的一个分支执行。选择结构有单选择、双选择和多选择 3 种形式。双选择是典型的选择结构形式，其流程如图 2-2（b）所示，图中的 S1 和 S2 与顺序结构中的说明相同。由图中可见，在结构的入口点 a 处是一个判断框，表示程序流程出现了两个可供选择的分支，如果条件满足执行 S1 处理，否则执行 S2 处理。值得注意的是，在这两个分支中只能选择一条且必须选择一条执行，但不论选择了哪一条分支执行，最后流程都一定到达结构的出口点 b 处。

当 S1 和 S2 中的任意一个处理为空时，说明结构中只有一个可供选择的分支，如果条件满足执行 S1 处理，否则顺序向下到流程出口 b 处。也就是说，当条件不满足时，什么也没执行，所以称为单选择结构，如图 2-2（a）所示。

多选择结构是指程序流程中遇到如图 2-2（c）所示的 S1、S2……Sn 等多个分支，程序执行方向将根据条件确定。如果满足条件 1 则执行 S1 处理，如果满足条件 n 则执行 Sn 处理，总之要根据判断条件选择多个分支的其中之一执行。不论选择了哪一条分支，最后流程要到达同一个出口处。如果所有分支的条件都不满足，则直接到达出口。

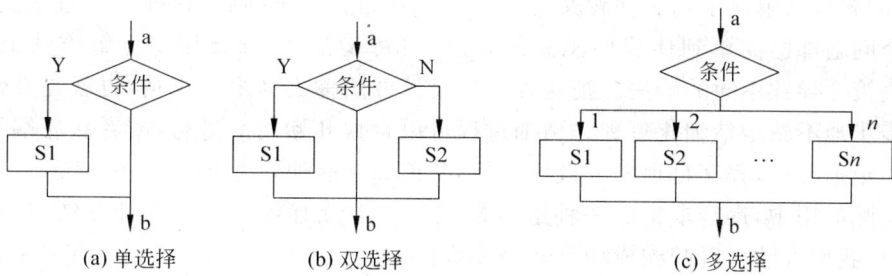

(a) 单选择　　　　　(b) 双选择　　　　　(c) 多选择

图 2-2　选择结构

（3）循环结构。

循环结构表示程序反复执行某个或某些操作，直到某条件为假（或为真）时才可终止循环。在循环结构中最主要的是：什么情况下执行循环？哪些操作需要循环执行？循环结构的基本形式有两种：当型循环和直到型循环，其流程如图 2-3 所示。循环体是指从循环入口点 a 到循环出口点 b 之间的处理步骤，这就是需要循环执行的部分。而什么情况下执行循环则要根据条件判断。

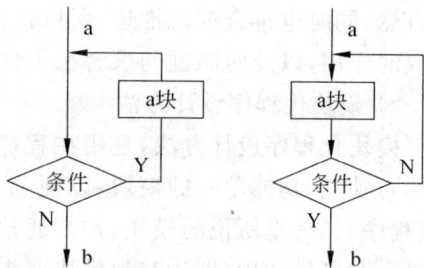

(a) 当型循环结构　　　(b) 直到型循环结构

图 2-3　循环结构

当型结构：表示先判断条件，当满足给定的条件时执行循环体，并且在循环终端处流程自动返回循环入口；如果条件不满足，则退出循环体直接到达流程出口处。因为是"当条件满足时执行循环"，即先判断后执行，所以称为当型循环。其流程如图 2-3（a）所示。

直到型循环：表示从结构入口处直接执行循环体，在循环终端处判断条件，如果条件不满足，返回入口处继续执行循环体，直到条件为真时再退出循环到达流程出口处，是先执行后判断。因为是"直到条件为真时为止"，所以称为直到型循环。其流程如图 2-3（b）所示。

总之，遵循结构化程序的设计原则，按结构化程序设计方法设计出的程序具有明显的优点，其一，程序易于理解、使用和维护。程序员采用结构化编程方法，便于控制、降低程序的复杂性，因此容易编写程序。便于验证程序的正确性，结构化程序清晰易读，可理解性好，程序员能够进行逐步求精、程序证明和测试，以确保程序的正确性，程序容易阅读并被人理解，便于用户使用和维护。其二，提高了编程工作的效率，降低了软件开发成本。由于结构化编程方法能够把错误控制到最低限度，因此能够减少调试和查错时间。结构化程序是由一些为数不多的基本结构模块组成，这些模块甚至可以由机器自动生成，从而极大地减轻了编程工作量。

2. 结构化程序设计方法

1）逐步求精方法

将一个完整的问题分解成若干相对独立的问题，只要这些问题能分别得到正确的解决，整个问题也就解决了。子问题又可进一步分解为若干子问题，这样可一直重复下去，直到每个问题都已简单到使我们满意的程度，对每步分解，都要做出分解方法的决策。不同的决策会导致不同的解法。把这种程序设计方法称之为逐步求精，也就是在编写程序时一步步地不断地精细化过程。精细过程可以自顶开始向下进行，或者从底端开始向上进行。根据经验，程序自顶向下设计，再不断精细化这种处理办法，效果较好。

在实际应用中，逐步求精是一种适应性很强又十分有效的程序设计方法，用它来解决问题时，我们大致可以归纳成如下几个要点：

- 对实际问题要进行全局性分析、决策及数学模型的确定。
- 要确定程序的总体结构，将整个问题分解成若干相对独立的子块。
- 要确定子块的功能及相互间的关系。
- 在抽象的基础上，将各子块逐一精细化，直到能用确定的高级语言描述，得到完整的程序系统。

采用逐步求精的思想和方法，符合人们一般思维习惯。它的过程清楚，条理分明，方便自然，同时也符合逻辑推理，所以在编制程序时引入逐步求精方法，对结构程序设计与函数的应用，以及对问题的求解都带来不少方便和好处。

2）模块化程序设计方法

模块化程序设计方法，是指在程序设计中，将一个复杂的算法（或程序）分解成若干个相对独立、功能单一的模块，以便利用这些模块即可适当地组合成所需要的全局算法（或程序）。这里所说的模块，是与通常子算法、子程序或过程极为相似的一个重要概念，这是一个可供调用（即让其他模块调去使用）的相对独立的某操作块（或程序段），每个模块必须是由 M 种基本结构组成的结构化模块，如图 2-4 所示。

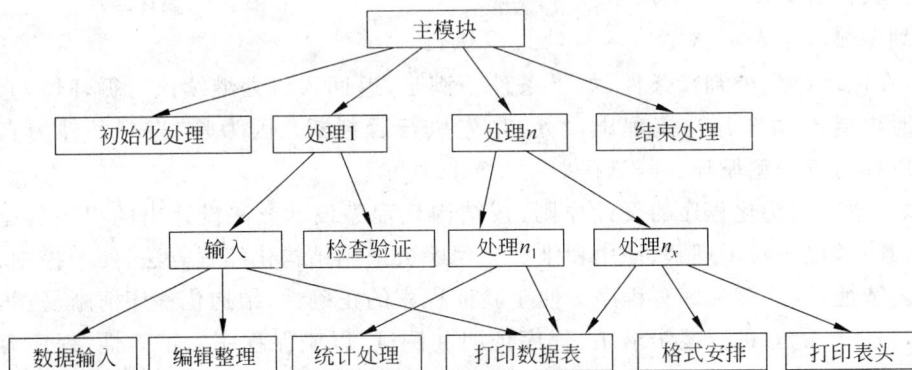

图 2-4　模块化结构的系统结构示意图

（1）模块划分方法。

模块化设计方法的中心环节是适当划分模块。划分模块不能随心所欲把整个算法（或程序）简单地分解成一个个操作块（或程序段），而必须按照一定的方法。

一个好的模块必须具有高度的相对独立性且功能相对较强。模块独立性的大小，通常用"耦合度"和"内聚度"这两个指标从不同侧面加以度量。所谓耦合度，是指模块之间相互依赖性大小的度量，耦合度越小，模块的相对独立性越大。所谓内聚度，是指模块内各成分之间相互依赖性大小的度量,内聚度越大,模块内各成分中联系越紧密,其功能相对越强,因此模块划分中,应做到"耦合度尽量小,内聚度力求大"。

① 减小耦合度的方法。

耦合度的大小取决于模块间的接口形式,即模块间的联系方式,以及跨越接口界面进行传输的信息类别、性质和数量,常用的减少耦合度方法有如下几种:

- 少用或不用直接存取方式。
- 采取模块调用方式。
- 避免模块间传输控制信息。
- 限制模块的传输参数个数。
- 模块内的变量应局部化。

② 增大内聚度的方法。

增大内聚度,就是增强模块内各成分间的联系程度,从而使该模块所具备的功能相对较强,这也是模块化设计方法的重要内容,增大内聚度的常用方法有:

- 模块规模小而精。
- 尽量采用功能性联系方法。

模块的中心任务是实现某个功能,这就要求模块中各成分必须紧紧围绕为实现这个功能而协同工作。因此,根据模块功能,将模块各成分紧密地联系起来,构成一个完整的有机统一体,无疑是增大内聚度的合理、自然而可靠的方法。事实上,这种功能联系法是各种增大内聚度方法中最好的方法。

- 慎用偶然性联系法、逻辑性联系法和顺序性联系法。

所谓偶然性联系法是指为节省存储空间,将若干个模块公用的操作块抽出来构成一个偶然性模块,这种方法的优点是构造模块非常容易,但有两个严重缺点:其一,难于使模块功能单一化;其二,容易造成模块间的牵扯,使得调试、修改、维护较困难。

所谓逻辑性联系法是指为了处理方便,节省内存,将若干个逻辑上相似的功能模块集中到一起,而构成一个逻辑性模块,这种方法优点是构造模块较容易,但其缺点同于偶然性联系法。

所谓顺序性联系法是指将若干项有松散联系的任务集中起来,一起构成一个顺序性模块,优点是构成模块方便、简单,但难于修改和维护,易出现牵一发而动全身,造成块内各成分间相互干扰的缺点,改善方法是使之功能化,即把各任务分离开来,各自构成相应模块。

(2) 模块结构分层化

在模块结构中,各模块的地位并不是平等的,而是把各模块分为级别不同的若干层次,在各层次模块之间,高层模块可自由调用低层模块(即它的子模块),但反之则不行。因此模块化结构实际上是有如金字塔式的分层结构。实现模块结构分层化,通常可采用自顶向下设计方法、逐步求精方法。模块结构的分层化,实施时将受到所用计算机本身与计算机语言的制约,即不得超过它们所规定的模块(它所对应的是过程或子程序)嵌套的最高层数,但递归调用例外。

2.1.3 面向对象的程序设计

1. 面向对象方法概述

面向对象（object oriented）的软件开发方法在 20 世纪 60 年代后期首次提出，以 20 世纪 60 年代末挪威奥斯陆大学和挪威计算中心共同研制的 SIMULA 语言为标志，面向对象方法的基本要点首次在 SIMULA 语言中得到了表达和实现。后来一些著名的面向对象语言（如 Smalltalk、C++、Java、Eiffel）的设计者都曾从 SIMULA 得到启发。随着 20 世纪 80 年代美国加州的 Xerox 研究中心推出 Smalltalk 语言和环境，使面向对象程序设计方法得到比较完善的实现。Smalltalk-80 等一系列描述能力较强、执行效率较高的面向对象编程语言的出现，标志着面向对象的方法与技术开始走向实用。

面向对象方法之所以日益受到人们的重视和应用，成为流行的软件开发方法，是源于面向对象方法的以下主要优点。

1) 与人类习惯的思维方法一致

面向对象的设计方法与传统的面向过程的方法有本质不同，这种方法的基本原理是，使用现实世界的概念抽象地思考问题从而自然地解决问题。它强调模拟现实世界中的概念而不强调算法，它鼓励开发者在软件开发的绝大部分过程中都用应用领域的概念去思考。

2) 稳定性好

面向对象方法基于构造问题领域的对象模型，以对象为中心构造软件系统。它的基本做法是用对象模拟问题领域中的实体，以对象间的联系刻画实体间的联系。因为面向对象的软件系统的结构是根据问题领域的模型建立起来的，而不是基于对系统应完成的功能的分解，所以，当对系统的功能需求变化时并不会引起软件结构的整体变化，往往仅需要做一些局部性的修改。由于现实世界中的实体是相对稳定的，因此，以对象为中心构造的软件系统也是比较稳定的。而传统的软件开发方法以算法为核心，开发过程基于功能分析和功能分解。用传统方法所建立起来的软件系统的结构紧密地依赖于系统所要完成的功能，当功能需求发生变化时将引起软件结构的整体修改。事实上，用户需求变化大部分是针对功能的，因此，这样的软件系统是不稳定的。

3) 可重用性好

软件重用是指在不同的软件开发过程中重复使用相同或相似软件元素的过程。重用是提高软件生产率的最主要的方法。

传统的软件重用技术是利用标准函数库。但是，标准函数不能适应不同应用场合的不同需要，并不是理想的可重用的软件成分。

在面向对象方法中所使用的对象，其数据和操作是作为平等伙伴出现的。因此，对象具有很强的自含性，此外，对象所固有的封装性，使得对象的内部实现与外界隔离，具有较强的独立性。由此可见，对象提供了比较理想的模块化机制和比较理想的可重用的软件成分。

4) 易于开发大型软件产品

用面向对象范型开发软件时,可以把一个大型产品看作是一系列本质上相互独立的小产品来处理,这就不仅降低了开发的技术难度,而且也使得对开发工作的管理变得容易。这就是为什么对于大型软件产品来说,面向对象范型优于结构化范型的原因之一。

5) 可维护性好

用传统的开发方法和面向过程的方法开发出来的软件很难维护,是长期困扰人们的一个严重问题,是软件危机的突出表现。

由于下述因素的存在,使得用面向对象的方法开发的软件可维护性好。

(1) 用面向对象的方法开发的软件稳定性比较好。

(2) 用面向对象的方法开发的软件比较容易修改。

(3) 用面向对象的方法开发的软件比较容易理解。

(4) 易于测试和调试。

2. 面向对象方法的基本概念

现在我们定义并解释面向对象方法的主要概念。由于面向对象方法强调在软件开发过程中面向客观世界(问题域)中的事物,采用人类在认识世界的过程中普遍运用的思维方法,因此我们在介绍这些基本概念时,力求将客观世界和人的自然思维方式联系起来。

1) 对象

(1) 对象(object)。

对象是系统中用来描述客观事物的一个实体,它是构成系统的一个基本单位,一个对象由一组属性和对这组属性进行操作的一组服务构成。

(2) 属性(attribute)和服务(service)。

属性和服务,是构成对象的两个主要因素,其定义是:

属性是用来描述对象静态特征的一个数据项。

服务是用来描述对象动态特征(行为)的一个操作序列。

一个对象可以有多项属性和多项服务。一个对象的属性和服务被结合成一个整体,对象的属性值只能由这个对象的服务存取。

(3) 对象标识(object identifier)。

对象标识也就是对象的名字,且有"外部标识"和"内部标识"之分。

另外需要说明两点:一是对象只描述客观事物本质的、与系统目标有关的特征,而不考虑那些非本质的、与系统目标无关的特征。这就是说,对象是对事物的抽象描述。二是对象是属性和服务的结合体,两者是不可分的;而且对象的属性值只能由这个对象的服务来读取和修改,这就是后面要介绍的封装的概念。

2) 类

(1) 类(class)。

类是具有相同属性和服务的一组对象的集合,它为属于该类的全部对象提供了统一的抽象描述,其内部包括属性和服务两个主要部分。

例如，树木是一个抽象概念，它们是一些具有共同特征的事物的集合，被称作类。类的概念使我们能对属于该类的全部个体事物进行统一的描述。例如，树具有树根、树干、树枝和树叶，它能进行光合作用。这个描述适合所有的树，从而不必对每棵具体的树都进行一次这样的描述。

（2）实例（instance）。

类与对象的关系如同一个模具与用这个模具铸造出来的铸件之间的关系。类给出了属于该类的全部对象的抽象定义，而对象则是符合这种定义的一个实体。所以一个对象又称作类的一个实例。所谓"实例"、"实体"意味着什么呢？最现实的一件事是：在程序中，每个对象需要有自己的存储空间，以保存它们自己的属性。我们说同类对象具有相同的属性与服务，是指它们的定义形式相同，而不是说每个对象的属性值相同。

可以对照非 OO 语言中的类型（type）与变量（variable）之间的关系来理解类和对象之间的关系。二者十分相似，都是集合与成员、抽象描述与具体实例的关系。在多数情况下类型用于定义数据，类用于定义对象。

（3）一般类（general class）和特殊类（special class）。

如果类 A 具有类 B 的全部属性和全部服务，而且具有自己特有的某些属性或服务，则类 A 称为类 B 的特殊类，类 B 称为类 A 的一般类。

例如，考虑轮船和客轮两个类。轮船具有吨位、时速、吃水线等属性并具有行驶、停泊等服务；客轮具有轮船的全部属性和服务，又具有自己的特殊属性（如载客量）和服务（如供餐）。所以客轮是轮船的特殊类，轮船是客轮的一般类。

与一般类/特殊类等价的其他术语有超类/子类、基类/派生类、祖先类/后裔类等。

3）封装

（1）封装（encapsulation）。

封装是面向对象方法的一个重要原则。它有两个含义：第一是把对象的全部属性和全部服务结合在一起，形成一个不可分割的独立单位（即对象）。第二也称作"信息隐蔽"，即尽可能隐蔽对象的内部细节，对外形成一个界面，只保留有限的对外接口使之与外部发生联系。这主要指对象的外部不能直接地存取对象的属性，只能通过几个外部允许使用的服务与对象发生联系。用比较简练的语言给出封装的定义：

封装就是把对象的属性和服务结合成一个独立的系统单位，并尽可能隐蔽对象的内部细节。

例如，用"售报亭"对象描述现实中的一个售报亭。它的属性是亭内各种报刊（其名称、定价）和钱箱（总金额），它有两个服务——报刊零售和货款清点。

封装意味着这些属性和服务结合成一个不可分割的整体——售报亭对象。它对外有一道边界，即亭子的隔板，并留一个接口，即售报窗口，在这里提供报刊零售服务。顾客只能从这个窗口要求提供服务，而不能自己伸手到亭内拿报纸和找零钱。款货清点是一个内部服务，不向客户开放。

封装原要求使对象以外的部分不能随意地存取对象内部数据（属性），从而有效地避免了外部错误对它的"交叉感染"，使软件错误能够局部化，因而大大减少了查错和排错的难度。另外，当对象的内部需要修改时，由于它只通过少量的服务接口对外提供服务，因此大大减少了内部的修改对外部的影响,即减少修改引起的"波动效应"。

（2）封装机制（encapsulation mechanism）。

封装是面向对象方法的一个原则,也是面向对象技术必须提供的一种机制。例如在面向对象的语言中,要求把属性和服务结合起来定义成一个程序单位,并通过编译系统保证对象的外部不能直接存取对象的属性或调用它的内部服务。这种机制就称为封装机制。

（3）可见性（visibility）。

可见性是指对象的属性和服务允许对象外部存取和引用的程度。

我们已经讨论了封装的好处,然而封装也有它的副作用。如果强调严格的封装,则对象的任何属性都不允许外部直接存取,因此增加了许多没有其他意义、而只负责读或写的服务。这为程序设计工作增加了负担,增加了运行开销,并且使程序显得臃肿。为了避免这一点,语言往往采取一种比较现实的灵活态度——允许对象有不同程度的可见性。

4）继承

（1）继承（inheritance）。

特殊类的对象拥有其一般类的全部属性与服务,称作特殊类对一般类的继承。

继承意味着特殊类中不必重新定义已在它的一般类中定义过的属性和服务,而是自动地、隐含地拥有一般类的所有属性与服务。OO 方法的这种特性称作对象的继承性。从一般类和特殊类的定义可以看到,后者对前者的继承在逻辑上是必然的。继承的实现则是通过 OO 系统的继承机制来保证的。

继承具有重要的实际意义,它简化了人们对事物的认识和描述。比如我们认识了轮船的特征后,在考虑客轮时只要我们知道客轮也是一种轮船这个事实,那就认为它理所当然地具有轮船的全部一般特征,只需要把精力用于发现和描述客轮独有的那些特征。在软件开发过程中,在定义特殊类时,无须把它的一般类所定义过的属性和服务重复地书写一遍,只需要声明它是某个类的特殊类并定义它自己的特殊属性和服务。这样就能明显地减轻开发工作的强度。继承对软件复用是很有益的。在开发一个系统时,使特殊类继承一般类,这本身就是软件复用,然而其复用意义不仅如此。如果把 OO 方法开发的类作为可复用构件提交到构件库,那么在开发新系统时不仅可直接复用这个类,还可以把它作为一般类,通过继承来实现复用,从而大大扩展了复用范围。

（2）多继承（multiple inheritance）。

一个类可以是多个一般类的特殊类,它从多个一般类中继承了属性和服务,这种继承模式称为多继承。

这种情况是常常可以遇到的。例如我们有了轮船和客运工具两个一般类,在考虑客轮这个类时就可以发现,客轮既是一种轮船,又是一种客运工具。所以它可以同时作为客轮和客运工具这两个类的特殊类。在开发这个类时,如果能让它同时继承轮船和客运工具这两个类的属性和服务,则需要为它新增加的属性和服务就更少了,这无疑将进一步提高开发效率。但在实现时能不能做到这一点取决于程序设计语言是否支持多继承。继承是任何一种 OOPL 必须具备的功能,多继承则未必,现在许多 OOPL 只能支持继承而不能支持多继承。

5）消息

（1）消息（message）。

对象通过它对外提供的服务在系统中发挥自己的作用。当系统中的其他对象（或其他系统成分）请求这个对象执行某个服务时，它就响应这个请求，完成指定的服务所应完成的职责。在 OO 方法中把面向对象发出的服务请求称作消息。通过消息进行对象之间的通信，也是 OO 方法的一个原则，它与封装的原则有密切的关系。封装使对象成为一些各司其职、互不干扰的独立单位；消息通信则为它们提供了唯一动态联系的途径，使它们的行为能够互相配合，构成一个有机的运动整体。

消息就是面向对象发出的服务请求，它应该含有下述信息：提供服务的对象标识、输入信息和回答信息。

（2）消息协议（message protocol）。

消息接收者是提供服务的对象。在设计时，它对外提供的每个服务应规定消息的格式，这种规定称作消息协议。

消息的发送者要求提供服务的对象或其他成分。在它的每个发送点上需要一个完整的消息，其内容包括接收者（对象标识）、服务标识和符合消息协议要求的参数。

在某些 OO 语言中，消息其实就是函数（或过程、例程）调用。之所以采用"消息"这个术语至少有以下好处：第一，更接近人们日常思维所采用的术语；第二其含义更具有一般性，而不限制采用何种实现技术。在分布式技术和客户/服务器技术快速发展的今天，对象可以在不同的网络结点上实现并相互提供服务。在这种背景下可以看到，"消息"这个术语确实有更强的适应性。

6）结构与连接

为了使系统能够有效地映射问题域，系统开发者需要认识并描述对象之间的以下几种关系：

* 对象的分类关系：
* 对象之间的组成关系；
* 对象之间的静态联系；
* 对象行为之间的动态联系。

OO 方法运用一般/特殊结构、整体/部分结构、实例连接和消息连接描述对象之间的以上 4 种关系。以下分别加以介绍。

（1）一般/特殊结构：一般/特殊结构是由一组具有一般/特殊关系（继承关系）的类所组成的结构。它是一个以类为结点，以继承关系为边的连通有向图。

（2）整体/部分结构：整体/部分结构描述对象之间的组成关系，即一个（或一些）对象是另一个对象的组成部分。客观世界中存在许多这样的现象，例如，发动机是汽车的一个组成部分。一个整体/部分结构由一组彼此之间存在着这种组成关系的对象构成。

（3）实例连接：实例连接反映对象与对象之间的静态联系。例如教师和学生之间的任课关系，单位的公用汽车和驾驶员之间的使用关系，等等。这种双边关系在实现中可以通过对象（实例）的属性表达出来，所以这种关系称作实例连接。

（4）消息连接：消息连接描述对象之间的动态联系，即若一个对象在执行自己的服务时，需要（通过消息）请求另一个对象为它完成某个服务，则说第一个对象与第二个对象之间存在消息连接。消息连接是有向的，从消息发送者指向消息接收者。

7）多态性（polymorphism）

对象的多态性是指在一般类中定义的属性或服务被特殊类继承后，可以具有不同的数据类型或表现出不同的行为。如果 OOPL 能支持对象的多态性，使同一个属性或服务名在一般类中及其各个特殊类中具有不同的语义，就可以为开发者带来不少方便。例如，在一般类"几何图形"中定义了一个服务"绘图"，但并不确定执行时到底画一个什么图形。特殊类"椭圆"和"多边形"都继承了几何图形类的绘画服务，但其功能却不同：一个是画出一个椭圆，一个是画出一个多边形。进而在多边形类更下层的特殊类"矩形"中绘图服务又可以采用一个比画一般的多边形更高效的算法来画一个矩形。这样当系统其他部分请求画出任何一种几何图形时，消息中给出的服务名统一都是"绘图"（因而消息的书写方式可以统一），而椭圆、多边形、矩形等类的对象接收到这个消息时却各自执行不同的绘画算法。

2.2 练 习

2.2.1 选择题

1. 结构化程序设计是 20 世纪 70 年代提出的思想和方法，主要原则可以概括为_____、逐步求精、模块化和限制使用 goto 语句。

    A. 自顶向下   B. 平行设计

    C. 自底向上   D. 以数据为中心进行设计

答案：A。结构化程序设计方法的主要原则可以概括为自顶向下、逐步求精，模块化和限制使用 goto 语句等几条。

2. 在面向对象软件方法中，"类"是_____。

    A. 集合

    B. 具有相同操作的对象的集合

    C. 具有同类数据和相同操作的对象的定义

    D. 具有同类数据的对象的定义

答案：C。在面向对象软件方法中，每个对象都应有自己所属的类，类是一个或多个对象的描述，是某些对象的共同特征的表示，对象是对应类的实例。

3. 结构化程序设计只允许有 3 种基本结构来构成任何程序。下列选项中，_____不是结构化程序设计的基本结构。

    A. 选择结构   B. 可选结构   C. 重复结构   D. 顺序结构

答案：B。结构化程序设计语言中使用的 3 种基本控制结构：顺序结构、选择结构和重复结构。

4. 以下叙述中，不属于面向对象方法的优点的是_____。

　　A. 可重用性好　　　　　　　　　　　B. 与人类习惯的思维方法一致
　　C. 可维护性好　　　　　　　　　　　D. 有助于实现自顶向下逐步求精

答案：D。面向对象程序设计方法并不强调自顶向下构造程序，常常是自底向上的，而自顶向下、逐步求精是结构化程序设计的特点。

　　5. 在结构化程序设计中，限制使用 goto 语句的原因是＿＿＿＿＿。
　　A. 提高程序的执行效率　　　　　　　B. 该语句对任何结构的程序都不适用
　　C. 便于程序的合成　　　　　　　　　D. 提高程序的清晰性和可懂性

答案：D。尽管 goto 语句可以提高程序的执行效率，便于程序的合成，但其严重影响了程序的清晰性和可懂性，在程序设计中应遵循"清晰第一，效率第二"的原则。

　　6. 要形成良好的程序设计风格，需要考虑的因素主要有＿＿＿＿＿。
　　Ⅰ 源程序文档化　　Ⅱ 数据说明的方法　　Ⅲ 语句的结构　　Ⅳ 输入和输出
　　A. Ⅰ和Ⅳ　　　　　B. Ⅰ、Ⅱ和Ⅲ　　　　C. Ⅰ、Ⅱ和Ⅳ　　　　D. 全部

答案：D。要形成良好的程序设计风格，主要应注重下列因素：原程序文档化、数据说明的方法、语句的结构及输入和输出。

　　7. 下面的叙述中，不属于为形成良好的程序设计风格，应注重考虑的语句结构因素是＿＿＿＿＿。
　　A. 避免不必要的转移
　　B. 遇到不好的程序，要仔细分析研究，找出错误的地方修补使之完整
　　C. 利用信息隐蔽，确保每一个模块的独立性
　　D. 尽可能使用库函数

答案：B。在编写程序时，程序应该简单易懂，语句应该简单直接，遇到结构或风格不好的程序时，不要修补它，而要按良好的风格重新编写，以便于测试和维护。

　　8. 下列有关面向对象分析中所标识的对象的叙述，错误的是＿＿＿＿＿。
　　A. 对象是目标系统中环境场所的状态
　　B. 对象是与目标系统发生作用的人或组织的角色
　　C. 对象是目标系统运行中需要记忆的事件
　　D. 对象是与目标系统有关的物理实体

答案：A。在面向对象的分析过程中，通过识别与筛选而设立相应的对象，对象与外部实体、概念实体、事件、角色、位置、组织单位等有关，对象可以用来表示客观世界中的任何实体。某一应用领域中有意义的、与所要解决的问题有关系的任何事物都可以作为对象，它既可以是具体的物理实体的抽象，也可以是人为的概念，或者任何有明确边界和意义的东西。对象是对问题域中某个实体的抽象，设立某个对象就反映了软件系统保存有关它的信息并具有与它进行交互的能力。

　　9. 在设计和编程时，对输入和输出应该考虑的原则中，不包括＿＿＿＿＿。
　　A. 不应允许默认值，每一个数据项都要有明确的值
　　B. 交互式输入时，要在屏幕上使用提示符明确提示输入的请求
　　C. 对所有的输入数据都要检验合法性
　　D. 输入的格式要简单，以便于操作

答案：A。题中各项除了选项 A 外，均是进行输入输出设计时要遵循的原则。对于有些数据，应允许默认值，以使程序中的数据保持正确。

10. 程序设计的风格应该强调简单和清晰，程序必须是可以理解的，以下叙述中，已成为当今主导的程序设计风格的论点是_____。

    A. 清晰和效率同等重要　　　　　　B. 效率第一，清晰第二

    C. 清晰第一，效率第二　　　　　　D. 程序设计要模块化

答案：C。为了便于测试和维护，程序必须是可以理解的，"清晰第一，效率第二"的论点已成为当今主导的程序设计风格。

2.2.2　填空题

1. 在面向对象的方法中，类的实例称为_____。

（此题为 2005 年 4 月的全国二级考题）

答案：对象。如题所述，这里考查的是对象的概念。

2. 面向对象分析就是抽取和整理_____并建立问题与精确模型的过程。

答案：用户需求。通常，面向对象分析过程从分析陈述用户需求的文件开始，可能由用户单方面写出需求陈述，也可能要系统分析员配合用户共同写出需求陈述。

3. 在进行程序设计时，在语句结构方面，语句构造应该简单直接，不应该为提高效率而把语句复杂化。因此编程时在保证正确的前提下，应优先考虑_____而不是效率。

答案：清晰性。在进行程序设计时，应遵循"清晰第一，效率第二"的原则，首先要保证程序正确，然后才要求提高速度。

4. 面向对象设计时，对象信息的隐藏主要是通过对象的_____实现的。

答案：封装性。信息隐藏是面向对象设计的一条准则。在 OOD 模型中，一组数据和作用在其上的一组处理过程被封装为一个对象，实现了对象信息的隐藏。用户使用时只能见到对象封装界面上的信息，不必知道实现细节。

5. 在面向对象的软件技术中，_____是指子类对象可以像父类对象那样使用，同样的消息既可以发送给父类对象，也可以发送给子类对象。

答案：多态性。如题所述，这里考查的是多态性的概念。

6. 遵循结构化程序设计原则，按结构化程序设计方法设计出的程序具有易于理解、使用和_____，以及能提高编程工作效率等优点。

答案：维护。采用结构化编程方法，便于控制、降低程序的复杂性，因此容易编写程序，便于验证程序的正确性，便于测试，程序易于阅读和理解，便于使用和维护。同时降低了开发成本，减轻了编程工作量。

7. OOA 模型规定了一组对象如何协同才能完成软件系统所指定的工作。这种协同在模型中是以表明对象通信方式的一组_____连接来表示的。

答案：消息。为完成软件系统所指定的功能，在 OOA 模型中可以规定一组对象通过协同完成有关功能的要求，这种协同需要在对象之间进行通信。在 OOA 方法中，对象之间相互关联、通信是通过消息传送实现的。

8. 结构化程序设计的原则中，有一条是要求限制使用 goto 语句，但在用一

个_____程序设计语言去实现一个结构化的构造时可以使用该语句。

答案：非结构化。严格控制使用 goto 语句并不是不准使用，当一个非结构化程序设计语言去实现一个结构化的构造时，不使用该语句会使功能模糊时，或在某种可以改善而不是损害程序可读性的情况下可以使用 goto 语句。

9. 属于某类的对象除了具有该类所定义的特性外，还具有该类_____全部基类定义的特性。

答案：上层。继承是面向对象方法的一个主要特征，而继承具有传递性，故一个类实际上继承了它上层的全部基类的特性。

10. 类之间通常有一定的结构关系，一般可分为两种主要的结构关系，即一般具体（分类）结构关系和_____结构关系。

答案：整体成员（组装）。对客观世界中具有相同或相似性质对象的抽象就是类，在实际中的类有多种，这些类之间有一定的结构关系，通常分为两种，一般具体结构关系和整体成员结构关系，前者也称为分类结构，后者也称为组装结构。

第3章

chapter 3

软件工程基础知识

知识要点

- 软件工程基础概念、软件生命周期概念、软件工具与软件开发环境；
- 结构化分析方法、数据流图、数据字典、软件需求规格说明书；
- 结构化设计方法、总体设计与详细设计；
- 软件测试的方法、白盒测试与黑盒测试、测试用例设计、软件测试的实施、单元测试；集成测试和系统测试；
- 程序的调试：静态调试与动态调试。

3.1 内容概述

3.1.1 软件工程基本概念

1. 软件概述

1) 软件的定义

计算机系统是通过运行程序来实现各种不同应用的。把各种不同功能的程序,包括用户为自己的特定目的编写的程序、检查和诊断机器系统的程序、支持用户应用程序运行的系统程序、管理和控制机器系统资源的程序等,通常称为软件。它是计算机系统中与硬件相互依存的另一部分,与硬件合为一体完成系统功能。软件定义如下:

(1) 在运行中能提供所希望的功能和性能的指令集(即程序);

(2) 使程序能够正确运行的数据结构;

(3) 描述程序研制过程和方法所用的文档。

随着计算机应用的日益普及,软件变得越来越复杂,规模也越来越大,这就使得人与人、人与机器间相互沟通,保证软件开发与维护工作的顺利进行显得特别重要,因此,文档(即各种报告、说明、手册的总称)是不可缺少的。特别是在软件日益成为产品的今天,文档的作用就更加重要。

2) 软件的特点

软件在整个计算机系统中是一个逻辑部件,而硬件是一个物理部件。因此,软件相对硬件而言有许多特点。为了能全面、正确地理解计算机软件及软件工程的重要性，必须了解软件的特点。软件的特点可归纳如下：

（1）软件是一种逻辑实体，而不是具体的物理实体，因而它具有抽象性。这个特点使它与计算机硬件或其他工程对象有着明显的差别。人们可以把它记录在介质上，但却无法看到软件的形态，而必须通过测试、分析、思考、判断去了解它的功能、性能及其他特性。

（2）软件是通过人们的智力活动，把知识与技术转化成信息的一种产品，是在研制、开发中被创造出来的。一旦某一软件项目研制成功，以后就可以大量地复制同一内容的副本，即其研制成本远远大于其生产成本。软件故障往往是在开发时产生而在测试时没有被发现的问题，所以要保证软件的质量，必须着重于软件开发过程，加强管理。

（3）在软件的运行和使用期间，没有硬件那样的机械磨损、老化问题。软件维护比硬件维护要复杂得多，与硬件的维修有着本质的差别。

（4）软件的开发和运行经常受到计算机系统的限制，对计算机系统有着不同程度的依赖。为了解除这种依赖，在软件开发中提出了软件移植的问题，并且把软件的可移植性作为衡量软件质量的因素之一。

（5）软件的开发尚未完全摆脱手工的开发方式。由于传统的手工开发方式仍然占据统治地位，软件开发的效率受到很大的限制。因此，应促进软件技术的进展，提出和采用新的开发方法。例如近年来出现的充分利用现有软件的复用技术、自动生成技术和其他一些有效的软件开发工具或软件开发环境，既方便了软件开发的质量控制，又提高了软件开发的效率。

（6）软件的开发费用越来越高。软件的研制工作需要投入大量的、复杂的、高强度的脑力劳动，需要较高的成本。

（7）软件的开发是一个复杂的过程，例如银行管理系统涉及到安全等问题，因而管理是软件开发过程中必不可少的内容。

3）软件的分类

软件根据应用目标的不同，是多种多样的。软件按功能可以分为应用软件、系统软件、支撑软件（或工具软件）。应用软件是为解决特定领域的应用而开发的软件。例如，事务处理软件，工程与科学计算软件，实时处理软件，嵌入式软件，人工智能软件等应用性质不同的各种软件。系统软件是计算机管理自身资源，提高计算机使用效率并为计算机用户提供各种服务的软件，如操作系统、编译程序、汇编程序、网络软件、数据库管理系统等。支撑软件是介于系统软件和应用软件之间，协助用户开发软件的工具性软件，包括辅助和支持开发和维护应用软件的工具软件，如需求分析工具软件、设计工具软件、编码工具软件、测试工具软件、维护工具软件等，也包括辅助管理人员控制开发进程和项目管理的工具软件，如计划进度管理工具软件、过程控制工具软件、质量管理及配置管理工具软件等。

2. 软件危机

1）软件危机

软件危机是指在软件开发和维护过程中所遇到的一系列严重问题。总的来说包括两个方面,即如何满足日益增长的软件需求,以及如何维护数量不断膨胀的已有软件。
软件危机具体表现如下。

(1) 供求矛盾。

(2) 软件成本和开发进度难以估计。

(3) 软件产品不符合用户的实际需要。

(4) 软件的可靠性差。

(5) 软件的维护费急剧上升。

2) 软件危机产生的原因

产生软件危机的原因可以从内部与外部的角度来分析,就内因而言可归结为以下几个方面。

(1) 目标不清。在软件开发过程中,对整个组织的目标没有一个明确、全面和定量的概念。这种目标的不明确可能是组织本身的问题,也可能是开发方对于组织目标的理解不清楚,在软件开发过程中用自己的主观理解加以替代,导致软件目标与组织目标相背离。

(2) 情况不明。软件是为需求方服务的,需求决定了软件的结构和功能。因此,开发方必须与相应层次的人员进行认真调研,通过与用户的反复交流,全面了解情况,否则会导致结果和客观情况不符合。

(3) 通信误解。这是指需求方与开发方的工作人员的知识背景和工作经历不同,他们之间的交流会存在一定的难度。

(4) 步骤混乱。软件开发是一个长期复杂的过程,它的各个工作环节之间有着很强的逻辑关系,若不遵守这种关系,就会产生不良后果。例如,没有完成软件的全面设计就开始编写程序,这不仅无法保证各部分的正确衔接,而且肯定会造成返工。

(5) 不遵守统一的标准。软件本质上是一种产品,其生产过程必须与其他工业产品的生产过程一样有其一套标准,开发人员在实际工作过程中必须加以严格遵守。

上述的原因,使人们懂得探索软件研制工作的正确方法的必要性。同时也说明我们对软件本身的认识不够深刻,也缺乏科学的研制方法和工具。

3) 解决软件危机的途径

根据软件危机产生的原因,寻找解决软件危机的途径并归纳如下:

(1) 组织良好、管理严密、各类人员协同配合。

(2) 统一开发标准。

(3) 使用软件开发辅助工具,如 CASE。

3. 软件工程

为了消除软件危机,通过认真研究解决软件危机的方法,认识到软件工程是使计算机软件走向工程科学的途径,逐步形成了软件工程的概念,开辟了工程学的新兴领域——软件工程学。软件工程就是试图用工程、科学和数学的原理与方法研制、维护计算机软件的有关技术及管理方法。

1) 软件工程定义

软件工程学科是一门指导计算机软件开发和维护的工程学科。软件工程是一类求解软件的工程。它应用计算机科学、数学及管理科学等原理，借鉴传统工程的原则、方法来生产软件以达到提高质量，降低成本的目的。其中，计算机科学、数学用于构造模型与算法，工程科学用于制定规范设计范型、评估成本及确定权衡，管理科学用于计划、资源、质量、成本等控制。软件工程的方法、工具、过程构成了软件工程的三要素。

2) 软件工程的基本原理

著名的软件工程专家 B. W. Boehm 于 1983 年综合研究了软件工程的专家与学者们的意见并总结开发软件的经验，提出了软件工程的七条基本原理。这七条基本原理被认为是迄今为止软件工程准则的完美结合。

（1）用分阶段的生命周期计划严格管理。

把软件开发与维护的过程称为软件生命周期，B. W. Boehm 认为在软件整个生命周期应该分成 6 个步骤，即制订计划、需求分析、设计、程序编码、测试及运行维护。

（2）坚持进行阶段评审。

在每个阶段都进行严格的评审，及早发现软件开发过程中的错误，可以减少错误造成的损失，尤其是设计阶段的错误占软件错误的 63%。

（3）实行严格的产品控制。

依靠科学的产品控制技术来顺应用户提出的改变需求的要求，其中关键技术是实现基准配置管理，一切修改，特别是涉及对基准配置的修改，必须经过批准才能实施。

（4）采用现代程序设计技术。

20 世纪 60 年代末到 80 年代初，软件系统的规模、复杂性及在关键领域的广泛应用，促进了软件开发过程的管理及工程化开发。围绕软件项目，开展了有关开发模型、支持工具以及开发方法的研究。这一时期的主要特征可概括为：前期主要研究系统实现技术，后期则开始强调管理及软件质量。

（5）结果应能清楚地审查。

完成软件开发项目的总体目标，在给定成本、目标进度的前提下，规定开发组织的责任和产品标准，从而保证结果可以清楚地审查。

（6）开发小组的人员应该少而精。

开发小组的人员素质好可降低软件中的错误，开发小组人员数目的减少，使通信开销减少。

（7）承认不断改进软件工程实践的必要性。

不仅要积极主动地采纳新的软件技术，而且要不断总结经验，以供今后的软件开发借鉴。

4. 软件工程过程与软件生命周期

1) 软件工程过程（Software Engineering Process）

ISO 9000 定义：软件工程过程是把输入转化为输出的一组彼此相关的资源和活动。定义支持了软件工程过程的两方面内涵。

其一,软件工程过程是指为获得软件产品,在软件工具支持下由软件工程师完成的一系列软件工程活动。基于这个方面,软件工程过程通常包含 4 种基本活动。

(1) P(Plan)——软件规格说明,规定软件的功能及其运行时的限制。

(2) D(Do)——软件开发,产生满足规格说明的软件。

(3) C(Check)——软件确认,确认软件能够满足客户提出的要求。

(4) A(Action)——软件演进,为满足客户的变更要求,软件必须在使用的过程中演进。

通常把用户的要求转变成软件产品的过程也称为软件开发过程。此过程包括对用户的要求进行分析,解释成软件需求,把需求变换成设计,把设计用代码来实现并进行代码测试,有些软件还需要进行代码安装和交付运行。

其二,从软件开发的观点看,它就是使用适当的资源(包括人员、硬软件工具、时间等),为开发软件进行的一组开发活动,在过程结束时将输入(用户要求)转化为输出(软件产品)。

所以,软件工程的过程是将软件工程的方法和工具综合起来,以达到合理、及时地进行计算机软件开发的目的。软件工程过程应确定方法使用的顺序、要求交付的文档资料、为保证质量和适应变化所需要的管理、软件开发各个阶段完成的任务。

2) 软件生命周期(Software Life Cycle)

通常,将软件产品从提出、实现、使用维护到停止使用退役的过程称为软件生命周期。也就是说,软件产品从考虑其概念开始,到该软件产品不能使用为止的整个时期都属于软件生命周期。一般包括可行性研究与需求分析、设计、实现、测试、交付使用及维护等活动,如图 3-1 所示。这些活动可以有重复,执行时也可以有迭代,大致分为软件定义、软件开发及软件运行维护 3 个阶段。

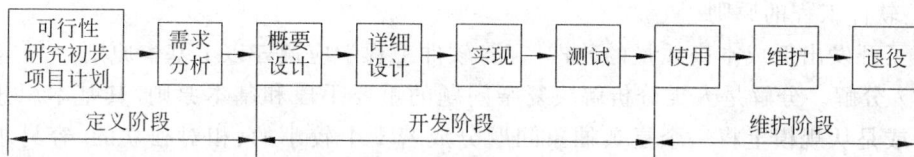

图 3-1　软件生命周期

各阶段的主要活动是:

(1) 可行性研究与计划制定。确定待开发软件系统的开发目标和总的要求,给出它的功能、性能、可靠性及接口等方面的可能方案,制定完成开发任务的实施计划。

(2) 需求分析。对待开发软件提出的需求进行分析并给出详细定义。编写软件规格说明书及初步的用户手册,提交评审。

(3) 软件设计。系统设计人员和程序设计人员应该在反复理解软件需求的基础上,给出软件的结构、模块的划分、功能的分配以及处理流程。在系统比较复杂的情况下,设计阶段可分解成概要设计阶段和详细设计阶段。编写概要设计说明书、详细设计说明书和测试计划初稿,提交评审。

(4) 软件实现。把软件设计转换成计算机可以接受的程序代码。即完成源程序的编码,编写用户手册、操作手册等面向用户的文档,编写单元测试计划。

(5) 软件测试。在设计测试用例的基础上,检验软件的各个组成部分。编写测试分析报告。

(6) 运行和维护。将已交付的软件投入运行,并在运行使用中不断地维护,根据新提出的需求进行必要而且可能的扩充和删改。

5. 软件工程的目标与原则

1) 软件工程的目标

从内容上划分,软件工程学可分为理论、结构、方法、工具、环境、管理、规范等。理论与结构是软件开发的技术基础,包括程序正确性证明理论、软件可靠性理论、软件成本估算模型、软件开发模型、模块划分原理等。软件开发技术包括软件开发方法学、软件工具和软件开发环境。良好的软件工具可促进方法的研制,而先进的软件开发方法能改进工具。软件工具的集成构成软件开发环境。管理技术是提高开发质量的保证,软件工程管理包括软件开发管理和软件经济管理,前者包括人员分配、制订计划、确定标准与配置,而后者的主要内容有成本估算和质量评价。

软件工程学研究的基本目标是:

(1) 定义良好的方法学,面向计划、开发维护整个软件生存周期的方法学;

(2) 确定的软件成分,记录软件生存周期每一步的软件文件资料,按步显示轨迹;

(3) 可预测的结果,在生存周期中,每隔一定时间可以进行复审。

软件工程学的最终目的,是以较少投资获得易维护、易理解、可靠、高效率的软件产品。软件工程学是研究软件结构、软件设计与维护方法、软件工具与环境、软件工程标准与规范、软件开发技术与管理技术的相关理论。

2) 软件工程的原则

为了开发出低成本高质量的软件产品,软件工程学应遵守以下基本原则。

(1) 分解。分解是人类分析解决复杂问题的重要手段和基本原则,其基本思想是从时间上或是从规模上将一个复杂抽象问题分成若干个较小的、相对独立的、容易求解的子问题,然后分别求解。例如,软件瀑布模型、结构化分析方法、结构化设计方法、Jackson方法、模块化设计等都运用了分解的原则。

(2) 抽象和信息隐蔽。尽量将可变因素隐藏在一个模块内,将怎样做的细节隐藏在下层,而将做什么抽象到上一层做简化,从而保证模块的独立性。这就是软件设计独立性要遵守的基本原则。模块化和局部性的设计过程使用了抽象和信息隐蔽的原则。

(3) 一致性。研究软件工程方法的目的之一,就是要使开发过程标准化、统一化,使软件产品设计有共同遵循的原则,要求软件文件格式一致,工作流程一致。

(4) 确定性。软件开发过程要用确定的形式表达需求,表达的软件功能应该是可预测的,用可测试性、易维护性、易理解性、高效率等指标来具体度量软件质量。

组织实施软件工程项目,主要要达到的目标有开发成本较低,软件功能要达到用户要求并具有较好的性能,要有良好的可移植性,易于维护且维护费用较低,能按时完成并及时交付实用。

6. 软件开发工具与软件开发环境

1) 软件开发工具

为了减少软件生产对人的依存度,可通过软件工具的开发来支撑软件人员的工作,这对于提高软件生产效率及可靠性是十分有效的。

软件工具是指可以用来帮助开发、测试、分析、维护其他计算机程序及其文档资料的一类程序。例如编辑程序、查错程序、诊断程序等。大规模计算机程序及其文档资料的生产所使用的软件工具则是指需求分析工具、设计工具、编码工具、确认工具和维护工具等一类较为复杂的软件工具,是一种自动化系统。软件工具在软件开发、维护和管理中起着重要的作用。

软件工具的种类繁多,且形式多种多样,但都只是用于软件生存周期中的某一阶段或某一环节。为了能够对软件生存周期提供支持,为此,提出了建立软件开发支撑环境的课题。

2) 软件开发环境

软件开发环境是指在基本硬件与软件的基础上,提供一组能支持软件生存周期的工具,也就是说,能支持软件开发、维护、管理和质量控制等各个方面,而且能适应多种用户的要求。

软件开发环境一般由数据库、一组工具和一组统一的命令或调用方式 3 部分组成。其建设规模取决于软件开发项目的一些特征,如开发周期、项目经费、系统寿命、开发人员、开发领域、代码行数、可靠性要求等。

3.1.2　结构化分析方法

软件开发方法是软件开发过程所遵循的方法和步骤,其目的在于有效地得到一些工作产品,即程序和文档,并且满足质量要求。软件开发方法包括分析方法、设计方法和程序设计方法。

结构化方法经过三十多年的发展,已经成为系统、成熟的软件开发方法之一。结构化方法包括已经形成了配套的结构化分析方法、结构化设计方法和结构化编程方法,其核心和基础是结构化程序设计理论。

1. 需求分析与需求分析方法

1) 需求分析

软件需求分析是在可行性研究基础上进行的更细致的分析工作,是对软件计划阶段建立的软件工作范围的求精和细化。即在对软件计划阶段确定的工作范围内进一步对目标对象和环境作细致、深入的调查分析。需求分析过程实际上是一个调查研究、分析综合的过程,是一个抽象思维、逻辑推理的过程。通过调查研究和分析,充分了解用户对软件系统的要求。在此基础上,把用户要求表达出来,解决软件系统"做什么"的问题,也就是建立起系统的逻辑模型,把软件功能和性能的总体概念描述成具体的软件规格说明书。这个规格说明书是软件开发的基础。

（1）需求分析的目标。

需求分析阶段所要达到的目标是以软件计划阶段确定的软件工作范围为指南，导出新系统的逻辑模型，即编制出软件规格说明书。具体目标是：

① 理清数据流或数据结构；

② 通过标识接口细节，深入描述功能，确定设计约束和软件有效性要求；

③ 构造一个完全、精致的目标系统逻辑模型。

（2）需求分析的任务。

需求分析阶段要完成下述任务。

① 认清问题。通过调查研究，分析员应根据软件工作范围，充分理解用户提出的每一项功能与性能要求。同时从软件系统特征，软件开发的全过程，以及软件计划中给出的资源和时间约束来确定软件开发总的策略，也就是说应把开发的软件作为整个计算机系统的一部分来全面考察、分析。

② 分析和综合。需求分析阶段，分析员对收集到的大量资料和数据，通过分析，透过现象看到本质，找出事物的内在联系及矛盾所在。同时还要综合删除那些非本质的东西，找出解决矛盾的办法。分析员要从现有系统的数据流或数据结构入手找出软件元素之间的联系，看它是否满足功能需要和是否合理，然后依据功能和性能要求删除其不合理部分，增加其需要部分。这样最终给出目标系统的逻辑模型、设计约束及其有效准则。

③ 导出软件系统的逻辑模型。软件系统的逻辑模型是通过软件需求规格说明书来描述的，该说明书是软件生命周期中一份极为重要的文档。它是对分析综合结果的描述，书写应当直观、清晰，易于理解和无二义性。描写需求规格说明书，一般采用图文结合的方式，目前，用于文字描述的语言有 3 种。

需求规格说明书的主要内容如下：

- 概述。软件要求的简要说明。
- 界面描述。描述软件系统与其他部分（硬件、软件、人等）的功能联系。
- 数据流分析。一套完整的分层数据流程图和一本完整的数据字典。
- 质量评审要求。
- 其他。

软件需求规格说明书的详细格式参看本节后面的实例。

④ 复审。对整个软件需求分析进行技术复审，这是软件需求分析的最后一个环节。复审通过是软件需求分析任务完成的标志。

复审环节的参与者有用户（需求者）、管理部门以及软件设计、编码和测试人员。复审结果可能引起修改，必要时甚至要修改软件计划以反映环境的变化。

2）需求分析方法

常见的需求分析方法有：

（1）结构化分析方法。主要包括面向数据流的结构化分析方法（Structured analysis，SA）、面向数据结构的 Jackson 方法（Jackson system development method，JSD）和面向数据结构的结构化数据系统开发方法（Data structured system development method，DSSD）。

（2）面向对象的分析方法（OOA-Object oriented method）。

从需求分析建立模型的特性来分，需求分析方法又分为静态分析方法和动态分析方法。

2. 结构化分析方法

结构化分析方法是由 Edward Yourdon，Tom DeMarco 等人于 20 世纪 70 年代中后期提出的一种系统化开发软件的方法，该方法基于模块化的思想，采用"自顶向下，逐步求精"的技术对系统进行划分。结构化分析方法是结构化分析、结构化设计和结构化编程的总称。结构化方法由于具有简单易懂、使用方便的特点，且出现较早，所以获得了广泛的应用。

结构化分析方法最初把整个系统表示成一张环境总图，标出系统边界及所有的输入输出；逐步对系统进行细化，每细化一次，就将某些复杂的功能分解成较简单的功能，并增加细节描述；继续这种细化，直到所有的功能都足够简单，不需要再继续细化为止。

数据流图（Data-Flow Diagram，DFD）是一种描述数据变换的图形工具，是结构化分析方法最普遍采用的表示手段，但数据流图并不是结构化分析模型的全部，数据字典和小说明为数据流图提供了补充，并用于验证图形表示的正确性、一致性和完整性，三者共同构成了结构化分析的模型。

本节就数据流图、数据字典和小说明分别进行阐述，同时讨论结构化分析的实施步骤。

1）数据流图

数据流图描绘系统的逻辑模型，图中没有任何具体的物理元素，只是描绘信息在系统中流动和处理的情况。数据流图的特点是：它是逻辑系统的图形表示，容易理解，是极好的通信工具，设计数据流图只需考虑系统必须完成的基本逻辑功能，不需要考虑如何实现这些功能，是软件设计很好的出发点。

（1）符号。数据流图有 4 种基本符号，如图 3-2 所示。

数据源点或终点：正方形（或立方体）。

变换数据处理：圆角矩形（或圆形）。

数据存储：开口矩形（或两条平行横线）。

数据流：箭头表示，即信息与数据的流动方向。

需要说明的是：

① 数据流图与程序流程图中用箭头表示的控制流有本质不同，不要混淆。在数据流图中应该描绘所有可能的数据流向，而不应该描绘出现某个数据流的条件。不可在数据流图中表示分支条件或循环，否则将造成混乱。

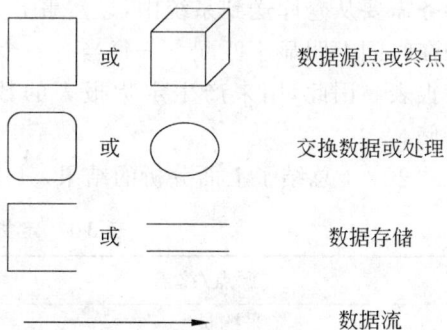

图 3-2　数据流图符号

② 处理不一定是一个程序。一个处理框可以代表一系列程序或一个模块，它甚至可以代表较为复杂的人工处理过程。

③ 一个数据存储也并不等同于一个文件，它可以表示一个文件的一部分、数据库的元素或记录的一部分等；数据可以存储在任何介质上（包括人脑）。

④ 有时数据源点和终点相同，如果只用一个符号代表数据源点和终点，则至少将有两个箭头和这个符号相连（一个进一个出）。另一种表示方法是再画一个同样的符号表示数据的终点。

⑤ 当数据存储需要重复，为了避免可能引起的误解，如果代表同一个事物的同样符号在图中出现在 n 个地方，则在这个符号的一个角上画 $n-1$ 条短斜线做标记。

除了上述 4 种基本符号之外，有时也使用几种附加符号。星号（＊）表示数据流之间是"与"关系（同时存在）；加号（＋）表示"或"关系；⊕号表示只能从中选一个（互斥的关系）。

（2）例子：

下面通过一个简单例子具体说明怎样画数据流图。

假设一家工厂的采购部每天需要一张定货报表，报表按零件编号排序，表中列出所有需要再次定货的零件。对于每个再次定货的零件应该列出下述数据：

零件编号，零件名称，定货数量，目前价格，主要供应者，次要供应者。

零件入库或出库称为事务，通过放在仓库中的 CRT 终端把事务报告给定货系统。当某种零件的库存数量少于库存量临界值时就应该再次定货。

怎样画出上述定货系统的数据流图呢？第一步从问题描述中提取数据流图的 4 种成分。

① 数据源点和终点。从上面对系统的描述可以知道"采购部每天需要一张定货报表"，"通过放在仓库中的显示终端把事务报告给定货系统"，所以采购员是数据终点，而仓库管理员是数据源点。

② 处理。任何改变数据的操作都是处理"采购部需要报表"，因此必须有一个用于产生报表的处理。事务的后果是改变零件库存量，因此对事务进行的加工是另一个处理。

③ 数据流和数据存储。系统把定货报表送给采购部，因此定货报表是一个数据流；事务需要从仓库送到系统中，显然事务是另一个数据流。产生报表和处理事务这两个处理在时间上明显不匹配——每当有一个事务发生时立即处理它，然而每天只产生一次定货报表。因此，用来产生定货报表的数据必须存放一段时间，也就是应该有一个数据存储。

表 3-1 总结了上面分析的结果，其中加星号标记的是在问题描述中隐含的成分。

表 3-1 定货系统的数据流图的成分

源点/终点	处　理
采购员	产生报表
仓库管理员	处理事务
数　据　流	**数　据　存　储**
订货报表	订货信息
零件编号	（订货报表）

续表

数　据　流	数　据　存　储
零件名称	库存清单*
订货数量	零件编号*
目前价格	库存量
主要供应者	库存量临界值
次要供应者	
事　务	
零件编号*	
事务类型	
数量*	

把数据流图的 4 种成分分离出来以后，就可以着手画数据流图了。

注意，数据流图是系统的逻辑模型，然而任何计算机系统实质是信息处理系统，也就是说计算机系统本质上都是把输入数据变换成输出数据。因此任何系统的基本模型也都由若干个源点/终点及一个处理组成，这个处理代表系统对数据加工变换的基本功能。

对于上述的定货系统可以画出图 3-3 这样的基本系统模型。

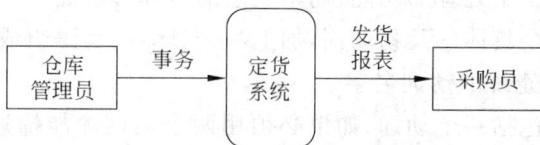

图 3-3　定货系统基本系统模型

但是，从图 3-3 上对定货系统了解到的信息非常有限。下一步应该把基本系统模型细化，描绘系统的主要功能。从表 3-1 可知，"产生报表"和"处理事务"是系统必须完成的两个主要功能，它们将代替图 3-3 中的"定货系统"（见图 3-4）。此外，细化后的数据流图中还增加了两个数据存储：处理事务需要"库存清单"数据；产生报表和处理事务在不同时间，因此需要存储"定货信息"。在表 3-1 中列出的两个数据流之外还有另外两个数据流，它们与数据存储相同。这是因为从一个数据存储中取出来，另一个随即存进去防止有效数据丢失，通常和原来存储的数据相同，也就是说，数据存储和数据流只不过是同样数据的两种不同形式。

在图 3-4 中给处理和数据存储都加了编号，这样做的目的是便于引用和追踪。当对数据流图分层细化时必须保持信息连续性，也就是说，当把一个处理分解为一系列处理时，分解前和分解后的输入输出数据流必须相同。

（3）命名：

数据流图中每个成分的命名是否恰当，直接影响数据流图的可理解性。因此，给这些成分起名字时应该仔细推敲。下面讲述在命名时应注意的问题：

为数据流＜或数据存储＞命名：

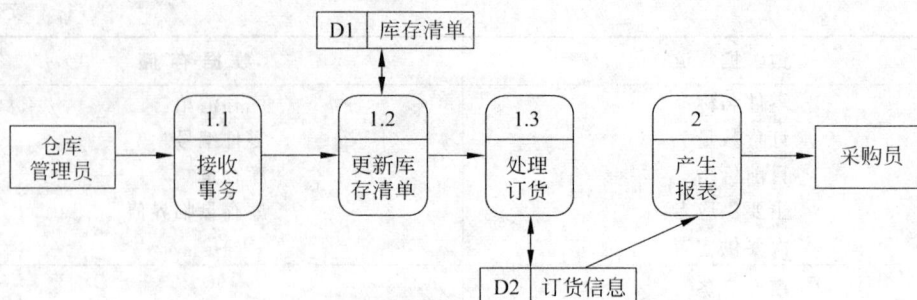

图 3-4　把处理事务功能进一步分解后的数据流图

① 名字应代表整个数据流（或数据存储）的内容，而不是仅仅反映它的某些成分。

② 不要使用空洞的、缺乏具体含义的名字（如"数据"、"信息"、"输入"之类）。

③ 如果在为某个数据流（或数据存储）起名字时遇到了困难，则很可能是因为对数据流图分解不恰当造成的，应该试试重新分解，看是否能克服这个困难。

为处理命名：

① 通常先为数据流命名，然后再为与之相关联的处理命名。这样命名比较容易，而且体现了人类习惯的"由表及里"的思考过程。

② 名字应该反映整个处理的功能，而不是它的一部分功能。

③ 名字最好由一个具体的及物动词，加上一个具体的宾语组成。应该尽量避免使用"加工"、"处理"等空洞笼统的动词名字。

④ 通常名字中仅包括一个动词，如果必须用两个动词才能描述整个处理的功能，则把它再分解成两个处理可能更恰当些。

⑤ 如果在为某个处理命名时遇到困难，则很可能是发现了分解不当的迹象，应考虑重新分解。

数据源点/终点并不需要在开发目标系统的过程中设计和实现，它并不属于数据流图的核心内容，只不过是目标系统的外围环境部分。通常，为数据源点/终点命名时采用它们在问题域中习惯使用的名字（如"采购员"、"仓库管理员"等）。

（4）用途：

画数据流图的基本目的是利用它作为交流信息的工具。分析员把他对现有系统的认识或对目标系统的设想用数据流图描绘出来，供有关人员审查确认。由于在数据流图中通常仅仅使用 4 种基本符号，而且不包含任何有关物理实现的细节，因此，绝大多数用户都可以理解和评价它。

数据流图的另一个主要用途是作为分析和设计的工具。它着重描绘系统所完成的功能而不是系统的物理实现方案，数据流图对更详细的设计步骤也有帮助。本书后面将讲述从数据流图出发映射出软件结构的方法——面向数据流的设计方法。

2）数据字典

数据字典（Data Dictionary，DD）是结构化分析方法的核心。数据字典是对所有与系统相关的数据元素的一个有组织的列表，以及精确的、严格的定义，使得用户和系统分析员对于输入输出、存储成分和中间计算结果有共同的理解。数据字典把不同的需求文档和分析模型紧密地结合在一起,与各模型的图形表示配合,能清楚地表达数据处理的要求。

概括地说,数据字典的作用是对 DFD 中出现的被命名的图形元素的确切解释。通常数据字典包含的信息有名称、别名、何处使用/如何使用、内容描述、补充信息等。例如,对加工的描述应包括加工名。反映该加工层次的加工编号、加工逻辑及功能简述、输入输出数据流等。

在数据字典的编制过程中,常使用定义式方式描述数据结构。表 3-2 给出了常用的定义式符号。

表 3-2　数据字典定义式方式中出现的符号

符　　号	含　　义
=	表示"等于","定义为","由什么构成"
[…│…]	表示"或",即选择括号中用│号分隔的各项中的某一项
+	表示"与","和"
n{}m	表示"重复",即括号中的项要重复若干次,n、m 是重复次数的上下限
(…)	表示"可选",即括号中的项可以没有
**	表示"注释"
..	连接符

例如,银行取款业务的数据流图中,存储文件"存折"的 DD 定义如下:

存折 = 户名＋所号＋账户＋开户日＋性质＋(印密)＋1{存取行}50

户名 = 2{字母}24

所号 = 001..999

账号 = 00000001..99999999

开户日 = 年＋月＋日

性质 = 1..6

印密 = 0

存取行 = 日期＋(摘要)＋支出＋存入＋余额＋操作＋复核

日期 = 年＋月＋日

年 = 00..99

月 = 01..12

日 = 01..31

摘要 = 1{字母}4

支出 = 金额

金额 = 0000000.01..9999999.99

操作 = 00001..99999

3) 小说明

小说明是用来描述加工的。在一个分层的数据流图中,上层的加工通过细化分解为下层的加工。原则上,只要说明了最底层的基本加工,就可以理解上层的加工,对上层加工的说明是冗余的，所以小说明中可以只描述基本加工。当然，如果为了更便于理解，也可以在小说明中包括对上层加工的描述、总结和概括下层加工的功能。

小说明集中描述一个加工"做什么"，即加工逻辑，也包括其他一些和加工有关的信息，如执行条件、优先级、执行频率、出错处理等。加工逻辑是指用户对这个加工的逻辑要求，即这个加工的输入数据和输出数据的逻辑关系。小说明并不描述具体的加工过程。人们正在研究用来描述这种加工逻辑而不是加工过程的形式语言，遗憾的是目前尚无理想的结果。

所以，目前小说明一般还是用结构化语言、判定表和判定树等来描述。下面简要介绍这3种工具。

（1）结构化语言：结构化语言是一种书写"基本说明"的语言，它是介于自然语言和高级语言之间的一种语言，专门用来描述一个功能单元的逻辑要求，它是受到结构程序设计思想的启发而扩展出来的。结构化语言和自然语言的不同之处，在于它只用了极其有限的词汇和语句，同高级语言的不同在于它没有严格的语法规定。

以学校录取新生的数据处理问题为例，我们来看结构化语言的具体用途。

假定学校录取新生时主要考虑考生的两个条件，即考分和体格检查结果。首先检验考生的考分，其次再按体检的结果，分别作不同的处理。这一问题的结构化语言叙述如表 3-3 所示。

表 3-3 结构化语言举例

若成绩在录取分数线以上
　　若体格检查合格
　　　　则发出录取通知书
　　若体格检查不合格
　　　　则将考生档案转送下一志愿学校
若成绩在录取分数线以下
　　若体格检查合格
　　　　则将考生档案转送下一志愿学校
　　若体格检查不合格
　　　　则发出不录取通知书

（2）判定表。

在许多软件应用场合中，需要用一个模块去计算多种条件的复杂组合，并根据这些条件选择适当的动作。判定表把在加工说明中描述的各种动作和条件用表格列出。这种以表格形式给出的数据加工说明，比上述文字叙述形式更简明、直观，不容易被误解。甚至可以用来作为输入数据，直接读入机器，由计算机内的"表驱动"算法程序来处理。

判定表的结构如图 3-5 所示。粗线把这个表分成 4 个区。左上区列出所有的条件。左下区列出根据各种条件组合可能出现的各种动作。右侧两个区构成一个矩阵，给出各种条件组合及其相应的动作。因此，该矩阵的每一列可以看成是一条处理规则。

现仍以录取学生的数据处理问题为例，给出它的判定表，如表 3-4 所示。

判定表中满足某些条件组合下应做的动作，在相应的位置标以√符号。

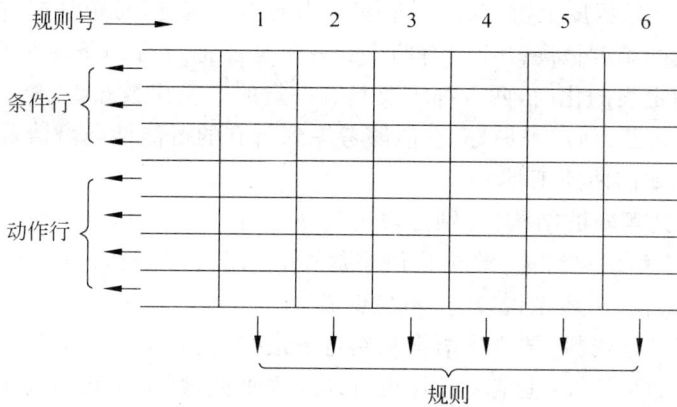

图 3-5　判定表的结构

表 3-4　判定表实例

	1	2	3	4
成绩在录取分数线	以上	以上	以下	以下
体检结果	合格	不合格	合格	不合格
录取	√			
转下一志愿学校		√	√	
不录取				√

上述例子表明,判定表是这个加工说明的简明的、无歧义的表示方法。但是,判定表还没有简单的办法能把其他一些处理特性,比如顺序、重复或者定时等包括进去。因此,作为一种通用的设计工具,判定表也有明显的缺点。

（3）判定树。

作为软件开发中系统设计的工具,判定树方法一直受到人们的重视,判定树结构用于表示数据、系统、程序和模块的逻辑。例如,表示系统结构的 HIPO 图,表示文件结构的 Jackson 方法、Warnier 图等,都属判定树结构。

在分析阶段,判定树结构可以用于表示问题的条件和动作。判定树可能比判定表更加直观,用它来描述具有多个条件的数据加工更容易被用户所接受。树状的分支表示着多种不同的条件。

仍以录取新生的数据处理系统为例,给出它的判定树如图 3-6 所示。

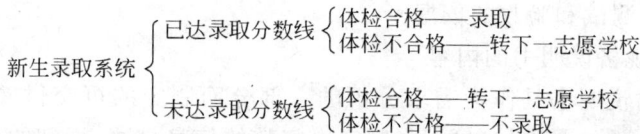

图 3-6　判定树实例

（4）3 种表达工具的比较。

结构化语言、判定表和判定树这 3 种工具各有优缺点,在不同的情况下要使用不同的工具。在表达一个加工的时候,这 3 种工具一般都要交替使用,互为补充。

① 从掌握的难易程度上讲，判定树最容易为初学者接受，易于掌握；结构化语言的难度居中；而判定表的难度最高。原因有两个：一个是要把所有的条件组合一个不漏地列出，另一个是对判定表的化简，两者都需要具有一定的逻辑代数知识。

② 对于逻辑验证，判定表最好，它能够考虑到所有的可能性和澄清疑问；结构化语言较好，而判定树不如前两项工具。

③ 从直观表达逻辑的结构，特别是表达判断逻辑结构来看，判定树最好，它用图形表达，一目了然，易于和用户讨论；结构化语言居中，它以文字表达，也易于使人看懂；而判定表的表达能力最低，一般来说，用户不易看懂。

④ 作为程序设计资料，结构化语言和判定表最好，而判定树则不如。

⑤ 对于机器的可读性，也就是计算机自动编程来说，判定表和结构化语言最好，而判定树却没有这种可读性。

⑥ 对于可修改性，结构化语言较好，判定树居中，而判定表的可修改性最低。因为当处理发生变化，例如要想增加一个条件或减少一个条件，增加某个条件的取值或减少某个条件的取值，就会改变所有的条件组合，判定表需要重新建立，所以其可修改性最低。

分析上述各种情况，可见：

① 对于一个不太复杂的判断逻辑，即条件只有两个或三个，条件组合最多只有15个，相应的动作也只有10个左右；或者是作为判定表的图形表达要和用户共同讨论时，在这两种情况下，使用判定树最好。

② 对于一个复杂的判断逻辑，条件很多，组合也很多，相应的动作有任意多个，在这种情况下，使用判定表最好。

③ 在一个加工中，既包含了一般的顺序执行动作，又包含了判断或循环逻辑的时候，使用结构化语言最好。

3. 软件需求规格说明书

软件需求规格说明书（Software Requirement Specification，SRS）是需求分析阶段的最后成果，是软件开发中的重要文档之一。

1）软件需求规格说明书的作用

软件需求规格说明书的作用是：

（1）便于用户、开发人员进行理解和交流。

（2）反映出用户问题的结构，可以作为软件开发工作的基础和依据。

（3）作为确认测试和验收的依据。

2）软件需求规格说明书的内容

软件需求规格说明书是作为需求分析的一部分而制定的可交付文档。该说明把在软件计划中确定的软件范围加以展开，制定出完整的信息描述、详细的功能说明、恰当的检验标准及其他与要求有关的数据。

软件需求规格说明书所包括的内容和书写框架如下：

1. 概述

2. 数据描述

- 数据流图。
- 数据字典。
- 系统接口说明。
- 内部接口。

3. 功能描述

- 功能。
- 处理说明。
- 设计的限制。

4. 性能描述

- 性能参数。
- 测试种类。
- 预期的软件响应。
- 应考虑的特殊问题。

5. 参考文献目录

6. 附录

其中,概述是从系统的角度描述软件的目标和任务。

数据描述是对软件系统所必须解决的问题作出的详细说明。

功能描述中描述了为解决用户问题所需要的每一项功能的过程细节。对每一项功能要给出处理说明和在设计时需要考虑的限制条件。

在性能描述中说明系统应达到的性能和应该满足的限制条件,检测的方法和标准,预期的软件响应和可能需要考虑的特殊问题。

参考文献目录中应包括与该软件有关的全部参考文献,其中包括前期的其他文档、技术参考资料、产品目录手册及标准等。

附录部分包括一些补充资料,如列表数据、算法的详细说明、框图、图表和其他材料。

3) 软件需求规格说明书的特点

软件需求规格说明书是确保软件质量的有力措施,衡量软件需求规格说明书质量好坏的标准、标准的优先级及标准的内涵是:

(1) 正确性。体现待开发系统的真实要求。

(2) 无歧义性。对每一个需求只有一种解释,其陈述具有唯一性。

(3) 完整性。包括全部有意义的需求,功能的、性能的、设计的、约束的,属性或外部接口等方面的需求。

(4) 可验证性。描述的每一个需求都是可以验证的,即存在有限代价的有效过程验证确认。

(5) 一致性。各个需求的描述不矛盾。

(6) 可理解性。需求说明书必须简明易懂,尽量少包含计算机的概念和术语,以便用户和软件人员都能接受它。

(7) 可修改性。SRS 的结构风格在需求有必要改变时是易于实现的。

(8) 可追踪性。每一个需求的来源、流向是清晰的,当产生和改变文件编制时,可以方便地引证每一个需求。

软件需求规格说明书是一份在软件生命周期中至关重要的文件，它在开发早期就为尚未诞生的软件系统建立了一个可见的逻辑模型，它可以保证开发工作的顺利进行，因而应及时地建立并保证它的质量。

作为设计的基础和验收的依据，软件需求规格说明书应该是精确而无二义性的，需求说明书越精确，则以后出现错误、混淆、反复的可能性越小。用户能看懂需求说明书，并且发现和指出其中的错误是保证软件系统质量的关键，因而需求说明书必须简明易懂，尽量少包含计算机的概念和术语，以便用户和软件人员双方都能接受它。

3.1.3　结构化设计方法

1. 软件设计的基本概念

1）软件设计的基础

软件设计是软件工程的重要阶段，是一个把软件需求转换为软件表示的过程。软件设计的基本目标是用比较抽象概括的方式确定目标系统如何完成预定的任务，即软件设计是确定系统的物理模型。

软件设计的重要性和地位概括为以下几点：

（1）软件开发阶段（设计、编码、测试）占据软件项目开发总成本绝大部分，是在软件开发中形成质量的关键环节；

（2）软件设计是开发阶段最重要的步骤，是将需求准确地转化为完整的软件产品或系统的唯一途径；

（3）软件设计做出的决策，最终影响软件实现的成败；

（4）设计是软件工程和软件维护的基础。

从技术观点来看，软件设计包括软件结构设计、数据设计、接口设计和过程设计。其中，结构设计是定义软件系统各主要部件之间的关系；数据设计是将分析时创建的模型转化为数据结构的定义；接口设计是描述软件内部、软件和协作系统之间及软件与人之间如何通信；过程设计则是把系统结构部件转换成软件的过程性描述。

从工程管理角度来看，软件设计分两步完成：概要设计和详细设计。概要设计（又称结构设计）将软件需求转化为软件体系结构、确定系统级接口、全局数据结构或数据库模式；详细设计确立每个模块的实现算法和局部数据结构，用适当方法表示算法和数据结构的细节。

软件设计的一般过程是：软件设计是一个迭代的过程，先进行高层次的结构设计，后进行低层次的过程设计，穿插进行数据设计和接口设计。

2）软件设计的基本原理

软件设计经过多年发展，已经总结出一些基本的软件设计概念与原则，这些概念与原则经过时间的考验成为软件设计人员完成复杂设计问题的基础。主要内容包括：

- 将软件划分成若干独立成分的依据。
- 表示不同的成分内的功能细节和数据结构。

- 统一衡量软件设计的技术质量。

（1）模块化。

模块化就是把程序划分成若干个模块，每个模块具有一个子功能，把这些模块集合起来组成一个整体，可以完成指定的功能，实现问题的要求。

采用模块化原理可以使软件结构清晰，不仅容易实现设计，也使设计出的软件的可阅读性和可理解性大大增强。模块化有助于提高软件的可靠性和可修改性。同时，模块化也有助于软件开发工程的组织管理，一个复杂的大型程序可以由许多程序员分工编写不同的模块。

（2）抽象与逐步求精。

软件工程过程的每一步都是对软件解法的抽象层次的一次精化。在可行性研究阶段，软件作为系统的一个完整部件；在需求分析期间，软件解法是使用在问题环境内熟悉的方式描述的；当我们由总体设计向详细设计过渡时，抽象的程度也就随之降低了；最后，当源程序写出来以后，也就达到了抽象的最低层。

逐步求精与抽象是紧密相关的。随着软件开发工程的进展，在软件结构每一层中的模块，表示了对软件抽象层次的一次精化。层次结构的上一层是下一层的抽象，下一层是上一层的求精。事实上，软件结构顶层的模块，控制了系统的主要功能并且影响全局；在软件结构底层的模块，完成对数据的一个具体处理，用自上而下由抽象到具体的方式分配控制，简化了软件的设计和实现，提高了软件的可理解性和可测试性，并且使软件更容易维护。

（3）信息隐蔽和局部化。

应用模块化原理时自然会产生的一个问题是：为了得到最好的一组模块，应该如何分解软件？信息隐蔽原理指出：每一个模块的实现细节对于其他模块来说是隐蔽的，也就是说，模块中所包括的信息不允许其他不需要这些信息的模块调用。隐蔽意味着有效的模块化可以通过定义一组独立的模块而实现，这些独立的模块彼此间仅仅交换那些为了完成系统功能而必须交换的信息。

局部化的概念和信息隐蔽概念是密切相关的。所谓局部化是指把一些关系密切的软件元素物理地放得彼此靠近。在模块中使用局部数据元素是局部化的一个例子。显然，局部化有助于实现信息隐蔽。

（4）模块独立性。

模块独立性是软件系统中每个模块只涉及软件要求的具体子功能，而和软件系统中其他的模块接口是简单的。例如，如果一个模块只具有单一的功能，并且与其他模块没有太多的联系，则称此模块具有模块独立性。

模块独立的概念是模块化、抽象、信息隐蔽和局部化概念的直接结果。

模块的独立程度可以由两个定性标准度量，这两个标准分别称为耦合和内聚。耦合衡量不同模块彼此间互相依赖（连接）的紧密程度；内聚衡量一个模块内部各个元素彼此结合的紧密程度。

（5）耦合。

耦合是对一个软件结构内各个模块之间互连程度的度量。耦合强弱取决于模块间接口的复杂程度、调用模块的方式以及通过接口的信息。模块间的耦合程度强烈影响系统的可理解性、可测试性、可靠性和可维护性。

具体区分模块间耦合程度强弱的标准如下。

① 非直接耦合。

如果两个模块中的每一个都能独立地工作而不需要另一个模块的存在，那么它们彼此完全独立，这表明模块间无任何连接，耦合程度最低。

② 数据耦合。

如果两个模块彼此间通过参数交换信息，而且交换的信息仅仅是数据，那么这种耦合称为数据耦合。数据耦合是低耦合。

③ 控制耦合。

如果传递的信息中有控制信息，则这种耦合称为控制耦合，如图 4-3 所示。控制耦合是中等程度的耦合，它增加了系统的复杂程度。控制耦合往往是多余的，在把模块适当分解之后通常可以用数据耦合代替它。

④ 公共环境耦合。

当两个或多个模块通过一个公共数据环境相互作用时，它们之间的耦合称为公共环境耦合。公共环境可以是全程变量、共享的通信区、内存的公共覆盖区、任何存储介质上的文件、物理设备等。

⑤ 内容耦合。

最高程度的耦合是内容耦合。如果出现下列情况之一，两个模块间就发生了内容耦合：

- 一个模块访问另一个模块的内部数据；
- 一个模块不通过正常入口而转到另一个模块的内部；
- 两个模块有一部分程序代码重叠（只可能出现在汇编程序中）；
- 一个模块有多个入口（这表明一个模块有几种功能）。

⑥ 标记耦合。

如果一组模块通过参数表传递记录信息，也就是说，这组模块共享了这个记录，这就是标记耦合。在设计中应尽量避免这种耦合。

⑦ 外部耦合。

一组模块都访问同一全局简单变量而不是同一全局数据结构，而且不是通过参数表传递该变量的信息，则称之为外部耦合。

总之，耦合是影响软件复杂程度的一个重要因素。应该采取的原则是：尽量使用数据耦合，少用控制耦合，限制公共环境耦合的范围，完全不用内容耦合。

（6）内聚。

内聚标志一个模块内各个元素彼此结合的紧密程度，它是信息隐蔽和局部化概念的自然扩展。简单地说，理想内聚的模块只做一件事情。

内聚和耦合是密切相关的，模块内的高内聚往往意味着模块间的松耦合。内聚和耦合都是进行模块化设计的有力工具，但是实践表明内聚更重要，应该把更多注意力集中到提高模块的内聚程度上。

① 偶然内聚。

如果一个模块完成一组任务,这些任务彼此间即使有关系,关系也是很松散的,就称为偶然内聚。

② 逻辑内聚。

如果一个模块完成的任务在逻辑上属于相同或相似的一类,则称为逻辑内聚。

③ 时间内聚。

如果一个模块包含的任务必须在同一段时间内执行,就叫时间内聚。

④ 过程内聚。

如果一个模块内的处理元素是相关的,而且必须以特定次序执行,则称为过程内聚。

⑤ 通信内聚。

如果模块中所有元素都使用同一个输入数据和(或)产生同一个输出数据,则称为通信内聚。

⑥ 信息内聚。

信息内聚模块能完成多种功能,各个功能都在同一数据结构上操作,每一项功能有一个唯一的入口点。

⑦ 功能内聚。

如果模块内所有处理元素属于一个整体,完成一个单一的功能,则称为功能内聚。功能内聚是最高程度的内聚。

事实上,没有必要精确确定内聚的级别。重要的是设计时力争做到高内聚,并且能够辨认出低内聚的模块,有能力通过修改设计提高模块的内聚程度降低模块间的耦合程度,从而获得较高的模块独立性。

3) 结构化设计方法

与结构化需求分析方法相对应的是结构化设计方法。结构化设计就是采用最佳的可能方法设计系统的各个组成部分以及各成分之间的内部联系的技术。也就是说,结构化设计是这样一个过程,它决定用哪些方法把哪些部分联系起来,才能解决好某个具体有清楚定义的问题。

结构化设计方法的基本思想是将软件设计成由相对独立、单一功能的模块组成的结构。下面重点以面向数据流的结构化方法为例讨论结构化设计方法。

2. 概要设计简介

1) 概要设计

问题定义、可行性研究和需求分析构成了软件分析阶段,在这个阶段确定了需要做什么和系统需求规格,而软件开发阶段的任务是概括地回答系统如何实现的问题。软件开发阶段包括概要设计、详细设计、编码和测试等。在概要设计中有两个主要任务:

① 系统划分成物理元素,即程序、文件、数据库、文档等;

② 设计软件结构,即将需求规格转换为体系结构,划分出程序的模块组成,确定模块间的相互关系,并确定系统的数据结构。

（1）概要设计任务。

① 系统分析员审查软件可行性计划、软件需求分析提供的文档，提出候选的最佳推荐方案，以及系统流程图、组成系统的物理元素清单、成本效益分析和系统的进度计划供专家审定，审定后进入设计。

② 确定模块结构，划分功能模块，将软件功能需求分配给所划分的最小单元模块。确定模块间的联系，确定数据结构、文件结构、数据库模式，确定测试方法与策略。

③ 编写概要设计说明书、用户手册、测试计划，选用相关的软件工具来描述软件结构，选择分解功能与划分模块的设计原则。

④ 概要设计后转入详细设计（又称过程设计、算法设计），其主要任务是根据概要设计提供的文档，确定每一个模块的算法和内部的数据组织，选定工具清晰正确地表达算法。编写详细设计说明书，详细测试用例与计划。

（2）概要设计的过程。

概要设计的一般步骤如下：

① 设计系统方案。

为了实现要求的系统，系统分析员应该提出并分析各种可能的方案，并且从中选出最佳的方案。而在分析阶段提供的逻辑模型（用数据流图描述）是总体设计的出发点。

② 选取一组合理的方案。

分析员在通过问题定义、可行性研究和需求分析后，产生了一系列可供选择的方案，从中选取低成本、中成本和高成本 3 种方案，必要时再进一步征求用户意见。并准备好系统流程图，系统的物理元素清单，成本效益分析，实现系统的进度计划。

③ 推荐最佳实施方案。

分析员综合分析各种方案的优缺点；推荐最佳方案，并做详细的进度计划。用户与有关技术专家认真审查分析员推荐的方案，然后提交使用部门负责人审批，审批接受分析员推荐的最佳实施方案后，才能进入软件结构设计。

④ 功能分解。

软件结构设计，首先要把复杂的功能进一步分解成简单的功能，遵循模块划分独立性原则，使划分过的模块的功能对大多数程序员而言都是易懂的。功能的分解导致对数据流图的进一步细化，并选用相应图形工具来描述。

⑤ 软件结构设计。

功能分解后，用层次图（HC）、结构图（SC）来描述模块组成的层次系统，即反映了软件结构。当数据流图细化到适当的层次，由结构化的设计方法（SD）可以直接映射出结构图。

⑥ 数据库设计与文件结构设计。

系统分析员根据系统的数据要求，确定系统的数据结构、文件结构。对需要使用数据库的应用领域，分析员再进一步根据系统数据要求做数据库的模式设计，确定数据库物理数据的结构约束。进行数据库子模式设计，设计用户使用的数据视图。再做数据库完整性与安全性设计，改进与优化模式和子模式（用户使用的数据库视图）的数据存取。

⑦ 制订测试计划。

为保证软件的可测试性，软件设计一开始就要考虑软件测试问题。这个阶段的测试计划指黑盒法测试计划，详细设计时才能做详细的测试用例与计划。

⑧ 编写概要设计文档。

主要包括：

- 用户手册。对需求分析阶段编写的用户手册进一步修订。
- 测试计划。对测试的计划、策略、方法和步骤提出明确的要求。
- 详细项目开发计划。给出系统目标、概要设计、数据设计、处理方式设计、运行设计和出错设计等。
- 数据库设计结果。使用的数据库简介、数据模式设计和物理设计等。

⑨ 审查与复审概要设计文档。

根据概要设计阶段的结果，修改在需求分析阶段产生的初步用户手册。

概要设计过程如图 3-7 所示。

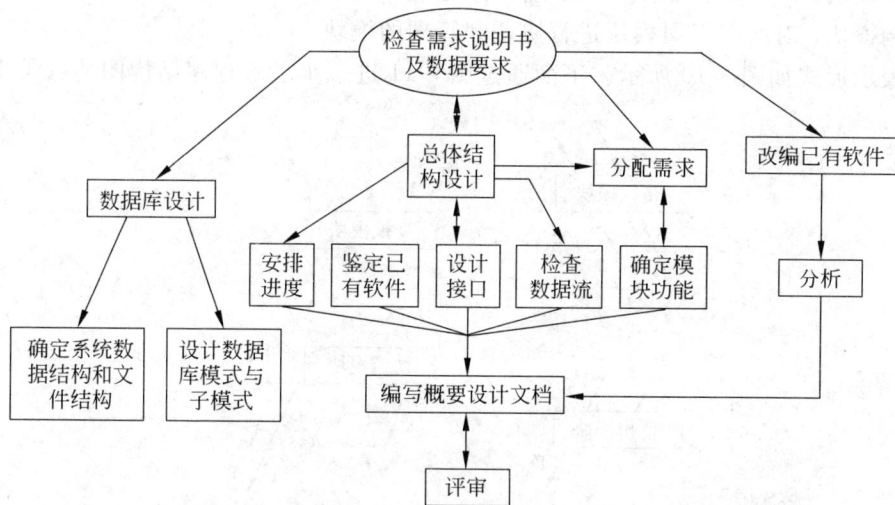

图 3-7　概要设计

2) 结构图

常用的软件结构设计工具是结构图（Structure Chart，SC），也称程序结构图。使用结构图描述软件系统的层次和分块结构关系，它反映了整个系统的功能实现以及模块与模块之间的联系与通信，是未来程序中的控制层次体系。

结构图是描述软件结构的图形工具，结构图的基本图符如图 3-8 所示。

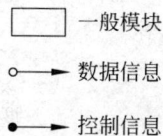

图 3-8　结构图基本图符

模块用一个矩形表示，矩形内注明模块的功能和名字；箭头表示模块间的调用关系。在结构图中还可以用带注释的箭头表示模块调用过程中来回传递的信息。如果希望进一步标明传递的信息是数据还是控制信息，则可用带实心圆的箭头表示传递的是控制信息，用带空心圆的箭心表示传递的是数据。

根据结构化设计思想，结构图构成的基本形式如图 3-9 所示。

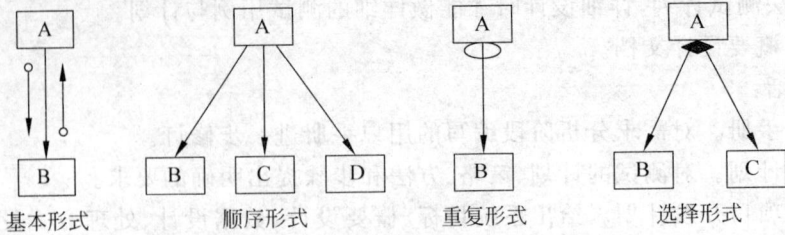

图 3-9　结构图构成的基本形式

经常使用的结构图有 4 种模块类型：传入模块、传出模块、变换模块和协调模块。

传入模块：从下属模块取得数据，经处理再将其传给上级模块。

传出模块：从上级模块取得数据，经处理再将其传给下属模块。

变换模块：从上级模块取得数据，进行特定的处理，转换成其他形式，再传给上级模块。

协调模块：对所有下属模块进行协调和管理的模块。

其表示形式如图 3-10 所示。下面通过图 3-11 进一步了解程序结构图的有关术语。

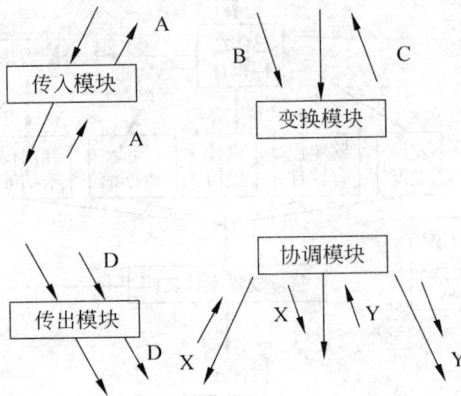

图 3-10　传入、传出、变换和协调模块的表示形式

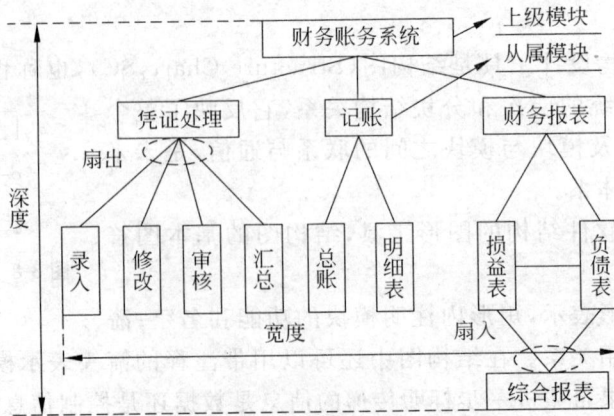

图 3-11　简单财务账务管理系统结构图

深度：表示控制的层数。

上级模块、从属模块：上、下两层模块 A 和 B，且有 A 调用 B，则 A 是上级模块，B 是从属模块。

宽度：整体控制跨度（最大模块数的层）的表示。

扇入：调用一个给定模块的模块个数。

扇出：一个模块直接调用的其他模块数。

原子模块：树中位于叶子结点的模块。

3）面向数据流的设计方法

在需求分析阶段，主要是分析信息在系统中加工和流动的情况。面向数据流的设计方法定义了一些不同的映射方法，利用这些映射方法可以把数据流图变换成结构图表示的软件结构。首先需要了解数据流图表示的数据处理的类型，然后针对不同类型分别进行分析处理。

（1）数据流类型。

典型的数据流类型有两种：变换型和事务型。

① 变换型。变换型是指信息沿输入通路进入系统，同时由外部形式变换成内部形式，进入系统的信息通过变换中心，经加工处理以后再沿输出通路变换成外部形式离开软件系统。变换型数据处理问题的工作过程大致分为 3 步，即取得数据、变换数据和输出数据，如图 3-12 所示。相应于取得数据、变换数据、输出数据的过程，变换型系统结构图由输入、中心变换和输出 3 部分组成，如图 3-13 所示。变换型数据流图映射的结构图如图 3-14 所示。

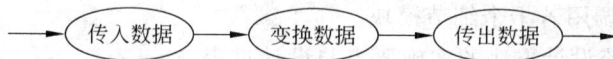

图 3-12　交换型数据流结构

输入　　　　　中心变换　　　　　输出

图 3-13　变换型数据流结构的组成

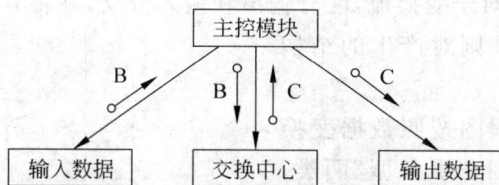

图 3-14　变换型数据流系统结构图

② 事务型。在很多软件应用中，存在某种作业数据流，它可以引发一个或多个处理，这些处理能够完成该作业要求的功能，这种数据流就称为事务。事务型数据流的特点是接受一项事务，根据事务处理的特点和性质，选择分派一个适当的处理单元（事务处理中

心），然后给出结果。这类数据流归为特殊的一类，称为事务型数据流，如图 3-15 所示。在一个事务型数据流中，事务中心接收数据，分析每个事务以确定它的类型，根据事务类型选取一条活动通路。事务型数据流图映射的结构图如图 3-16 所示。

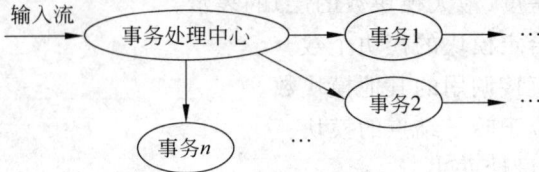

图 3-15　事务型数据流结构

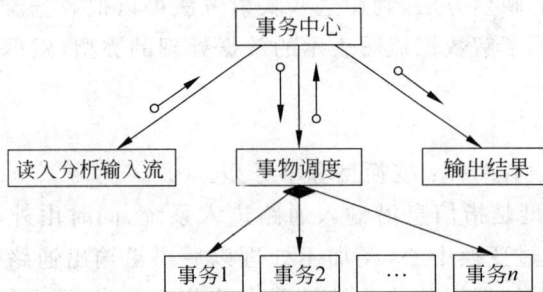

图 3-16　事务型数据流系统结构图

在事务型数据流系统结构图中，事务中心模块按所接受的事务类型，选择某一事务处理模块执行，各事务处理模块并列。每个事务处理模块可能要调用若干个操作模块，而操作模块又可能调用若干个细节模块。

（2）面向数据流设计方法的实施要点与设计过程。

结构化软件设计是面向数据流的设计方法，它是以数据流程图为基础设计软件的模块结构。

面向数据流的结构设计过程和步骤是：

第 1 步，分析、确认数据流图的类型，区分是事务型还是变换型。

第 2 步，说明数据流的边界。

第 3 步，把数据流图映射为程序结构。对于事务流区分事务中心和数据接收通路，将它映射成事务结构。对于变换流，区分输出和输入分支，并将其映射成变换结构。

第 4 步，根据设计准则对产生的结构进行细化和求精。

如上所述，数据流程图按照数据变换的性质可分为"变换型"和"事务型"两类。因此，结构化软件设计也分为变换设计和事务设计。

① 变换设计。变换设计就是从变换型数据流程图导出软件的初始模块结构的过程。为了讨论方便，以图 3-17 所示的变

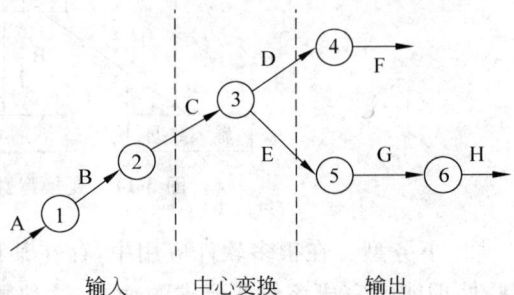

图 3-17　变换型数据流程图

换型数据流程图为例,介绍变换设计的步骤。

第 1 步,找出中心变换、逻辑输入和逻辑输出。

从物理输入端(即系统输入端的数据流)开始,一步一步向系统的输入为止。则这个数据流的前一个数据流就是系统的逻辑输入。也就是逻辑输入是离物理输入端最远的而仍被看作是系统的输入的那个数据流。

很自然,我们可以把逻辑输入之前的那些变换看作是"预交换"或"辅助交换"(相对于中心变换)。

相应地,从物理输出端(即系统输出端的数据流)开始逐步向系统内移动,也可以找出离物理输出端最远的仍被看作是系统的输出的那个数据流就是逻辑输出。同样地,可以把逻辑输出之后的那些变换看作是"辅助变换"。系统可以有一个或多个逻辑输入输出。都可以用上面的方法找到它们。只要找到逻辑输入或输出,位于它们之间的就是中心变换。

第 2 步,把数据流程图映射到软件结构,设计上层模块。

上层模块包括顶层模块(主模块)和第一层的输入模块、中心变换模块和输出模块等,结构化软件设计是采用自顶向下设计策略,关键是找出"顶"在哪里,通过第一步一旦确定了系统的中心变换也就确定了软件结构"顶"的位置。此时可以先设计一个主模块,将它画在与中心变换相应的位置上。"顶"设计好后,下面的结构就可以接输入、中心变换、输出等分支来处理,这样设计出标准上层模块如图 3-18(a)所示。

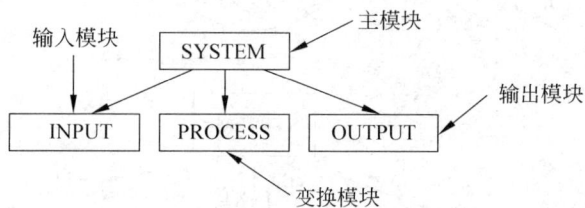

(a) 上层模块结构

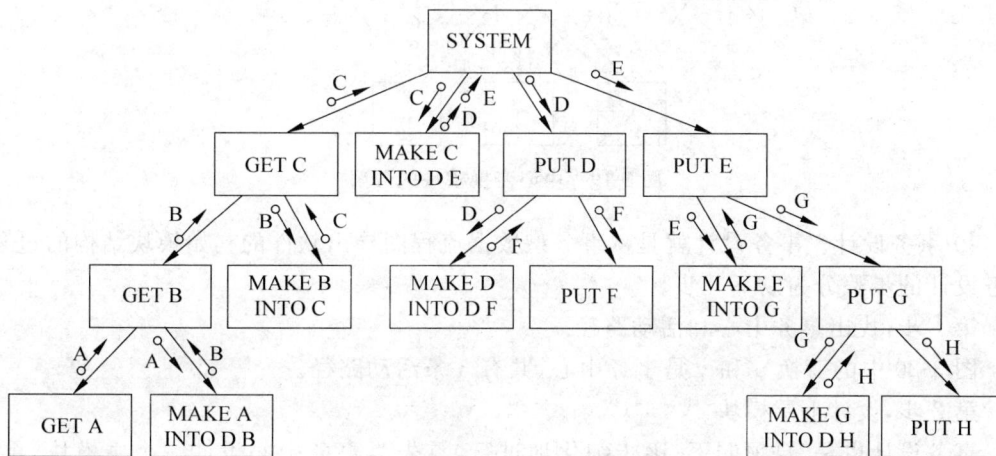

(b) 下层模块结构

图 3-18　相对于图 3-17 的软件结构

第 3 步，分解上层模块，设计中、下属模块。

这一步是自顶向下逐步细化地为每一个模块设计它的下层模块。

- 为输入模块设计下层模块。

输入模块可由两部分组成：一部分是接收数据，另一部分是将这些数据变换成其调用模块需要的数据，如图 3-18(b)所示。

- 为输出模块设计下层模块。

输出模块应该由两部分组成：一部分是将调用模块提供的数据变换成输出的形式，另一部分是输出，如图 3-18(b)所示。

- 为中心变换模块设计下层模块。

为中心变换模块设计下层模块没有一定的规则可遵循，此时需要研究数据流程图中相应变换的组成情况。在图 3-19 中，中心变换由子变换 x、y、z 组成，所以变化模块 MAKEB TNTO C 可以有 3 个下层模块分别与子变换 x、y、z 相对应。同时上述调用模块与被调用模块间传送的数据应与数据流程图相对应。

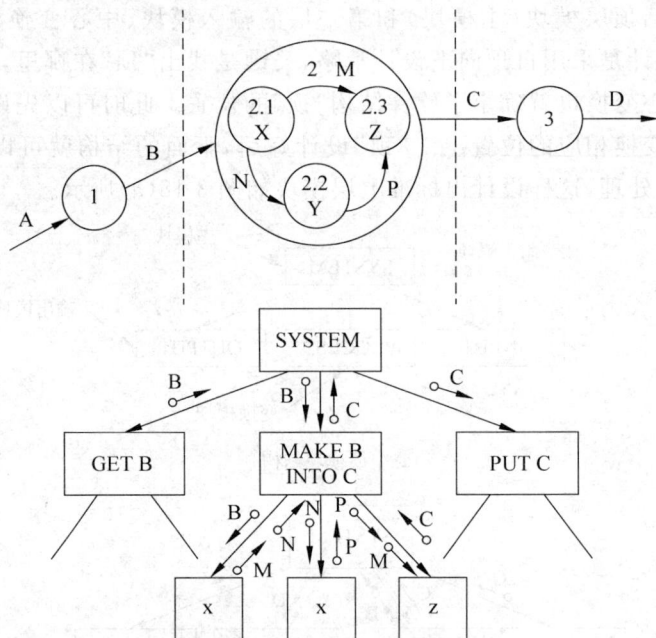

图 3-19　中心变换模块的分解

② 事务设计。事务设计就是从事务型数据流程图导出软件的初始模块结构的过程。事务设计的步骤分为以下几步。

第 1 步，找出事务中心和活动路径。

图 3-20 中的变换 u 和 v 是事务中心，共有 3 条活动路径。

第 2 步，设计上层模块。

事务设计也是"自顶向下"逐步细化地进行，首先为事务中心设计一个主模块，再为每一条活动路径设计一个事务处理模块。

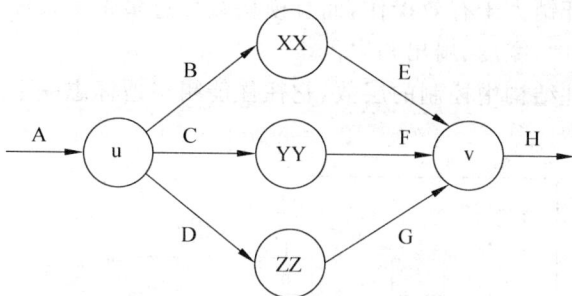

图 3-20　含有两个事务中心的数据流程图

第 3 步,分解上层模块,设计中、下层模块。

如果有输入模块和输出模块,则它们的下属模块的设计方法同变换设计。

为每一个事务处理模块设计它的下层操作模块,再为操作模块设计它的下层细节模块……直到设计完成。具体设计方法基本上与变换设计中变换模块的下属模块的设计方法相同。这一步得到的软件初始结构如图 3-21 所示。

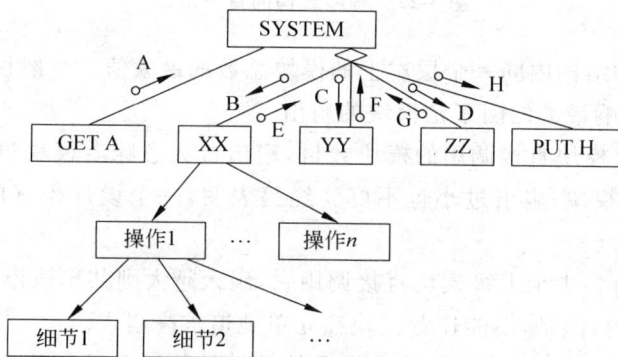

图 3-21　相对于图 3-20 的软件结构

4) 设计的准则

软件概要设计包括模块构成的程序结构和输入输出数据结构。其目标是产生一个模块化的程序结构,并明确模块间的控制关系,以及定义界面、说明程序的数据、进一步调整程序结构和数据结构。

改进软件设计、提高软件质量的原则如下。

(1) 提高模块独立性。

设计出软件的初步结构以后,应该进一步分解或合并模块,力求降低耦合提高内聚。

(2) 模块规模应该适中。

① 一个模块的规模不应过大,最好能写在一页纸内(通常不超过 60 行语句)。从心理学角度研究得知,当一个模块包含的语句数超过 30 以后,模块的可理解程度迅速下降。

② 过大的模块往往是由于分解不充分,但是进一步分解必须符合问题结构,一般说来,分解后不应该降低模块独立性。

③ 过小的模块开销大于有效操作，而且模块数目过多将使系统接口复杂。

（3）适当选择深度、宽度、扇出和扇入。

① 深度表示软件结构中控制的层数，它往往能粗略地标志一个系统的大小和复杂程度（参见图 3-22）。

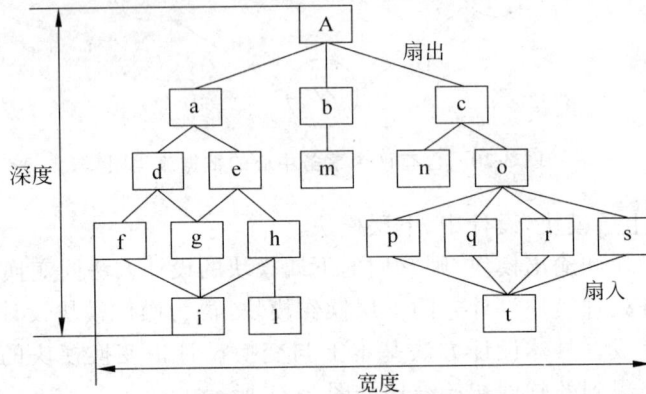

图 3-22　程序结构的有关术语

② 宽度是软件结构内同一个层次上的模块总数的最大值。一般说来，宽度越大系统越复杂。对宽度影响最大的因素是模块的扇出。

③ 扇出是一个模块直接调用的模块数目，扇出过大意味着模块过分复杂，需要控制和协调过多的下级模块；扇出过小也不好。经验表明，一个设计得好的典型系统的平均扇出通常是 3 或 4。

④ 扇入表明有多少个上级模块直接调用它，扇入越大则共享该模块的上级模块数目越多，这是有好处的，但是，不能违背模块独立单纯追求高扇入。

⑤ 观察大量软件系统后发现，设计优秀的软件结构通常顶层扇出比较高，中层扇出较少，底层扇入到公共的实用模块中。

（4）模块的作用域应该在控制域之内。

模块的作用域是指受该模块内一个判定影响的所有模块的集合。模块的控制域是这个模块本身以及所有直接或间接从属于它的模块的集合。

在一个设计得很好的系统中，所有受判定影响的模块应该都从属于做出判定的那个模块，最好局限于做出判定的那个模块本身及它的直属下级模块。

（5）力争降低模块接口的复杂程度。

模块接口复杂是软件发生错误的一个主要原因。应该仔细设计模块接口，使得信息传递简单并且和模块的功能一致。

接口复杂或不一致是紧耦合或低内聚的征兆，应该重新分析这个模块的独立性。

（6）设计单入口单出口的模块。

（7）模块功能可以预测。

如果一个模块可以当做一个黑盒子，也就是说，只要输入的数据相同就产生同样的输出，这个模块的功能就是可以预测的。

3. 详细设计

软件详细设计是指对软件模块的过程设计。其主要任务是对总体设计所产生的功能模块进行过程描述,开发一个可以直接转换成程序语言代码的软件表示。这种表示应当是无歧义性并且是高度结构化的。详细设计阶段不是具体地编写程序,而是设计出程序的"蓝图",程序员再根据这些蓝图进行编码。因此,详细设计的结果基本上决定了最终的程序代码的质量。衡量程序的质量不仅要看它在逻辑上是否正确地描述每个模块的功能,更重要的是要看它是否容易阅读、测试和维护。因此,要求详细设计表示的软件过程应具有高度的结构化构造。

所以结构化程序设计是完成上述任务的关键技术。

为了达到以上目标,详细设计应按下列步骤进行。

(1) 将总体设计产生的构成软件系统的各功能模块逐步细化,形成若干程序模块;

(2) 运用详细设计工具对程序模块进行过程描述;

(3) 确定各模块间的详细接口信息;

(4) 编写详细设计说明书;

(5) 详细设计评审。

1) 图形设计工具

常见的过程设计工具有:

• 图形工具　程序流程图、方块图、PAD、HIPO。

• 表格工具　判定表。

• 语言工具　PDL(伪码)。

下面讨论其中几种主要的工具。

(1) 程序流程图。

程序流程图又称为程序框图,是程序设计中应用最广泛的算法描述方法,流程图独立于各种程序设计语言,且比较直观、清晰,易于学习掌握。然而,它也是经常被误用的一种方法。目前使用中最大的不足之处,是不够规范,所用符号不统一。特别是任意使用箭头会使程序的质量受到很大影响,为此必须对流程图的符号及使用加以严格的限制,使之成为一个精确的、规范化的算法表达工具。

首先,为使流程图能描述结构化程序,我们限制流程图只能由几种基本控制结构组成,或者说任一程序流程图都应能由图 3-23 所给出的几种基本控制结构嵌套而成。

顺序构造用两个方框和控制线(箭头)表示。

条件构造,即 if-then-else 构造,用菱形判断框表示,如果判断为真,就执行 then 部分的处理,如果判断为假,就执行 else 部分的处理。

重复构造用两种稍许不同的形式表示。do-while 构造测试一个条件,只要条件为真就重复地执行一个循环任务;repeat-until 构造则先执行循环任务,然后测试一个条件,只要条件为真就重复执行这个任务,一直到该条件不成立为止。

图 3-23 所画的选择构造(或者说 select-case 构造)实际上是 if-then-else 构造的一种扩充。通过接连地判断,测试一个参数,直到该条件为真,就执行 case 部分的处理路径。

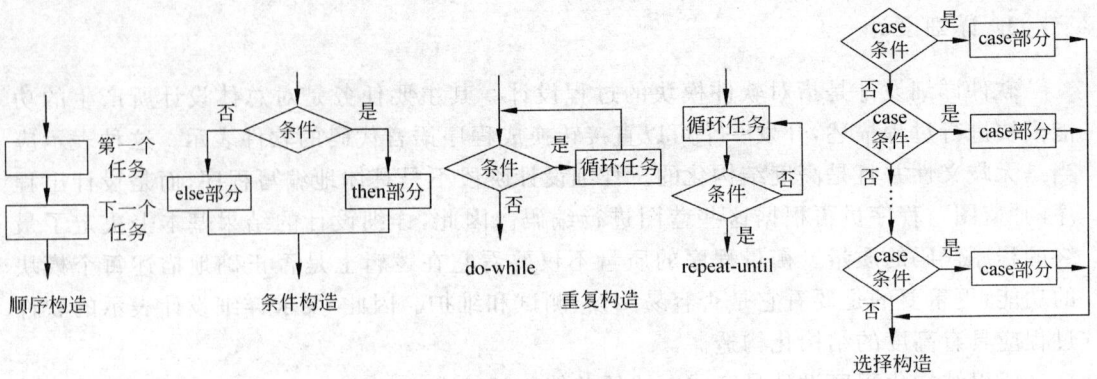

图 3-23　基本控制结构

图 3-24 给出了一个较为详细的结构化流程图。

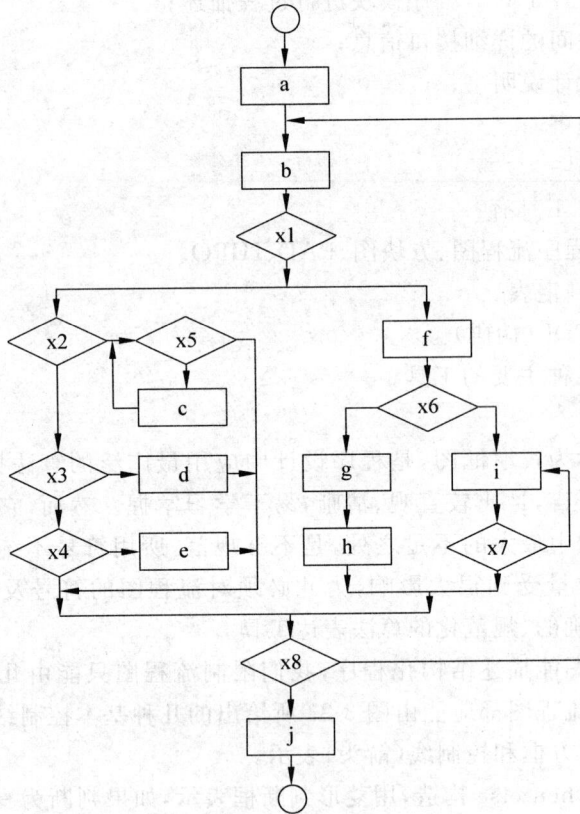

图 3-24　一个结构化流程图

（2）方块图。

方块图（又称 N-S 图）是一种强制使用结构化构造的图示工具。方块图具有下列特点：

① 明确规定功能域（即某一具体构造的功能范围），并且很直观地从图形表示中看

出来。

② 不可能随意分支或转移。

③ 可以很容易地确定局部数据和(或)全程数据的作用域。

④ 容易表示出递归结构。

用方块图表示的结构化构造如图 3-25 所示。

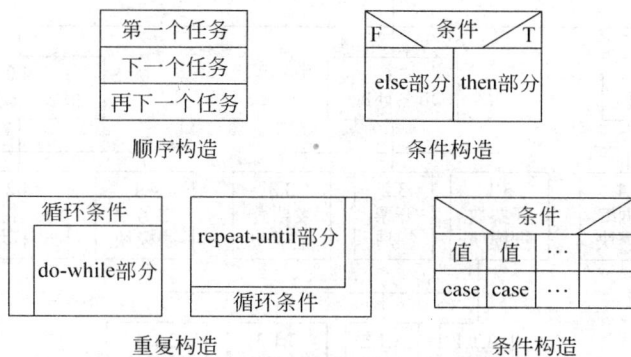

图 3-25 方块图表示的结构化构造

方块图的基本元素是一个方块。为了表示顺序构造,应把一个方块的底和另一个方块的顶连接起来,也可以把几个方块垒起来。为了表示 if-then-else 构造,可在一个条件判断方块的下面放一个 then 部分和一个 else 部分的方块。为了表示重复构造,要用一个 L 型图框把要重复处理的部分(do-while 部分或者 repeat-until 部分)包围。最后,选择构造用画在图 3-25 右下方的图形来表示。

在方块图表示法中,每一个处理过程用一个盒子表示,盒子可以嵌套,但规定不得从盒子内部转移到外部。

图 3-26 用方块图来表示一个控制流程,它与图 3-24 的流程图是完全等效的。

(3) HIPO 图。

HIPO(Hiberarchy Plus Input-Process-Output,层次加输入-处理-输出)图是根据 IBM 公司研制的软件设计与文件编制技术发展而来的。在概要设计、详细设计、设计评审、测试和维护的不同阶段,都可以使用 HIPO 图对设计进行描述。HIPO 图的最重要的特征是它能够表示输入输出数据(外部数据和内部数据流程)与软件的过程之间的关系。

HIPO 图是一种图示工具,完整的一组 HIPO 图由下列各部分组成。

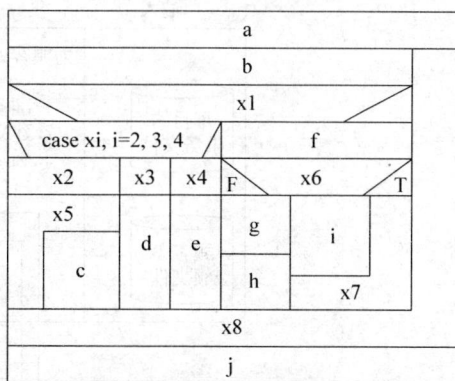

图 3-26 方块图

① 层次图(H 图):以层次方框形式表达程序主功能模块与次功能模块的关系。

② 高层 IPO 图:针对 H 图中的主功能模块和次功能模块,描述其输入、处理及输

出等。

③ 低层 IPO 图：给出 H 图中最低层次的具体设计。

图 3-27 是一个订单处理系统的 H 图。

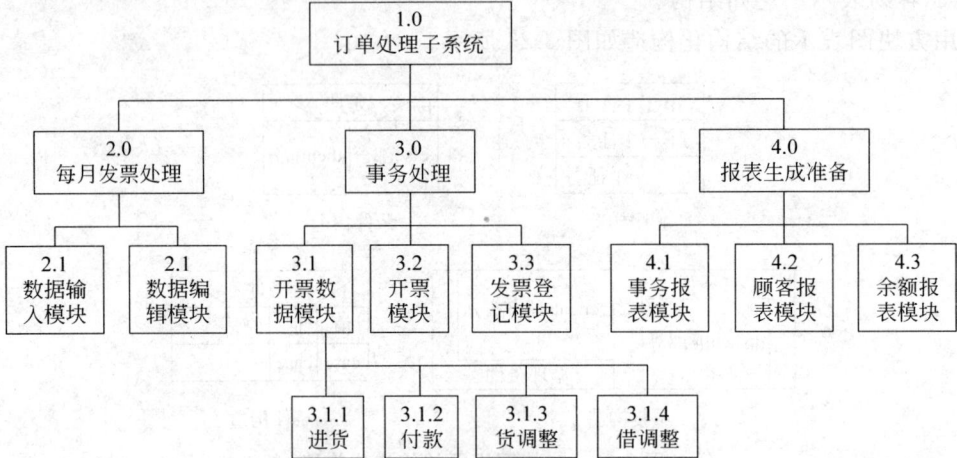

图 3-27　订单处理系统的 H 图

在画 H 图时要注意几个问题：

- 根据经验，一般每层画 3～10 个功能模块为宜。
- 对于画到第几层为止则无统一标准，要视具体情况而定。在详细设计时，最低层的程序模块，其源代码行数在 50～200 行为宜。

画高层 IPO 时，从 H 层第一层开始画，按自上而下，从左到右的顺序画出 H 图中每个方框（除最底层外）的 IPO 图。在 IPO 图上给出哪些是输入，处理的功能是什么，输出什么。图 3-28 是"3.0 每月发票处理"的高层 IPO 图（对照图 3-27）。

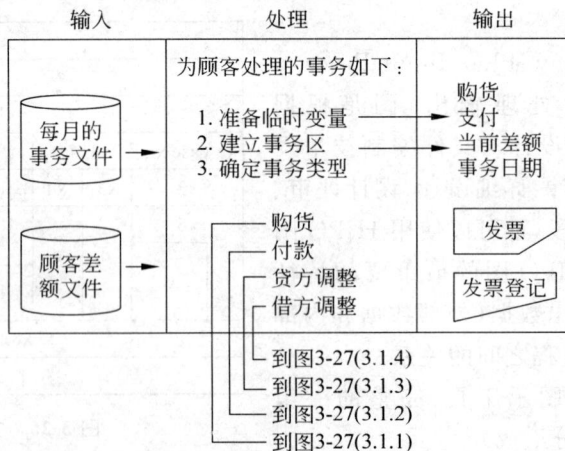

图 3-28　每月发票处理的 IPO

（4）PAD 图。

PAD(Problem Analysis Diagram,问题分析图)图是一种用于软件详细设计的表达形式,它综合了流程图、Warnier 图、方块图和伪码等技术的一些特点,基于 PASCAL 的控制结构,以二维树的形式描述程序的逻辑,其主要优点是程序结构清晰,能够直接导出程序代码,并对其一致性进行检查。PAD 图也支持软件需求分析和概要设计阶段,是当前广泛使用的一种软件设计方法。

PAD 采用自顶向下、逐步求精和结构化设计的原则,力求将模糊的问题解的概念逐步转换成确定的、详尽的过程,使之最终可采用计算机进行处理。从图 3-29 可以看出,PAD 为软件设计提供了系统设计时应采用的步骤。

PAD 图设置的 5 种基本控制结构如图 3-30 所示。图 3-30 中图(a)为顺序结构,表示先执行 A,再执行 B。图 3-30(b)的 P 是判断条件。P 取真时执行上面的 A 框,取假值时执行下面的 B 框。图 3-30(c)表示 CASE 型选择,当条件 P=1 时,选择 A1,当 P=2 时,执行 A2,当 P=3 时,执行 A3。图 3-30(d)表示两个循环结构,前者为 DO WHILE 型,后者为 DO UNTIL 型,图中 S 表示循环体。

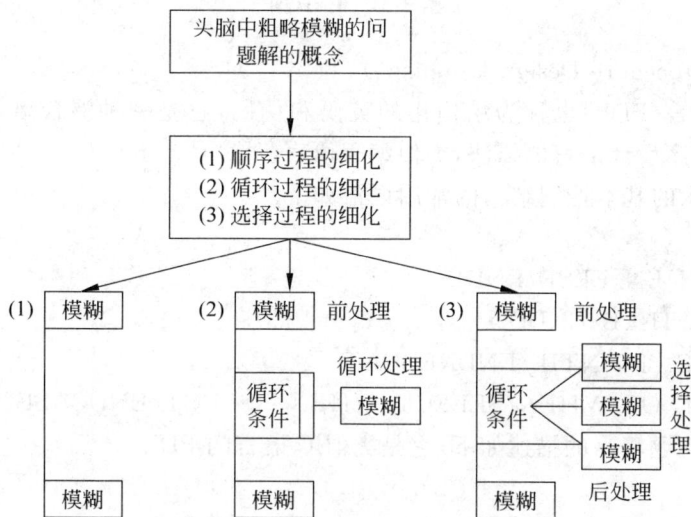

图 3-29　PAD 方法的基本原理

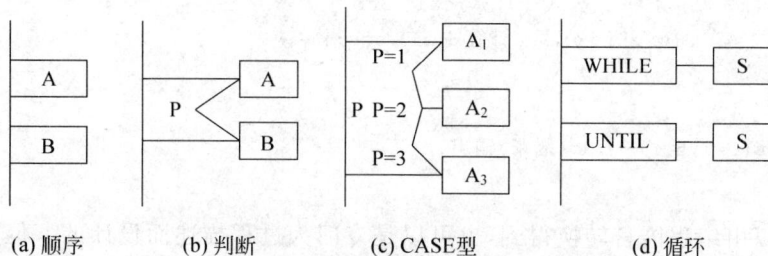

(a) 顺序　　(b) 判断　　(c) CASE型　　(d) 循环

图 3-30　PAD 图的基本控制结构

图 3-31 用 PAD 图来表示一个控制流程,它与图 3-24 的流程图和图 3-26 的方块图是

完全等效的。

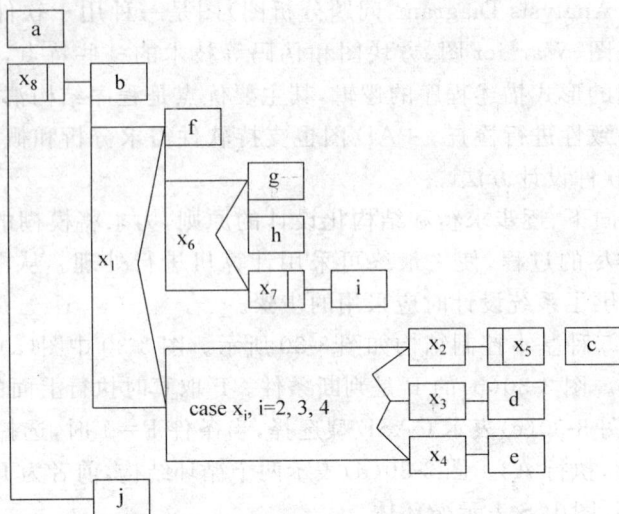

图 3-31　　PAD 图

（5）PDL（Procedure Design Language）。

过程设计语言（PDL）也称为结构化的英语和伪码，它是一种混合语言，采用英语的词汇和结构化程序设计语言的语法，类似编程语言。

用 PDL 表示的基本控制结构的常用词汇如下。

顺序：无。

条件：IF/THEN/ELSE/ENDIF。

循环：DO WHILE/ENDDO。

循环：REPEAT UNTIL/ENDREPEAT。

分支：CASE_OF/WHEN/SELECT/WHEN/SELECT/ENDCASE。

例如，上述问题程序的描述如下，它是类似 C 语言的 PDL。

```
/*计算运费*/
  count();
 { 输入 x;输入 y;
   if(0<x≤25) 条件 1{公式 1 计算;call Sub;}
       else if(x>25) {公式 2 计算;call sub;}
   }
 sub();
   { for(i=1,5,i++) do{记账;输出;}
   }
```

PDL 可以由编程语言转换得到，也可以是专门为过程描述而设计的。但应具备以下特征：

① 有为结构化构成元素、数据说明和模块化特征提供的关键词语法；

② 处理部分的描述采用自然语言语法；

③ 可以说明简单和复杂的数据结构；

④ 支持各种接口描述的子程序定义和调用技术。

2）详细设计文件与复审

详细设计完成，这一阶段应交付的文件有：

- 详细设计说明书。

- 初步的模块开发卷宗。

（1）详细设计说明书。

详细设计说明书又称程序设计说明书。编制本说明书的目的是说明一个软件系统各个层次中的每一个程序（每个模块或子程序）的设计考虑，如实现算法、逻辑流程等。

详细设计说明书的编写内容见表 3-5。

表 3-5　详细设计说明书

第 1 章　引言	3.3　输入项
1.1　编写目的	3.4　输出项
1.2　背景	3.5　算法
1.3　定义	模块所选用的算法
1.4　参考资料	3.6　程序逻辑
第 2 章　总体设计	详细描述模块实现的算法，可以采用流程图、
2.1　需求概述	PDL、方块图、PAD 图等
2.2　软件结构	3.7　接口
给出软件系统的结构图	3.8　存储分配
第 3 章　程序描述	3.9　限制条件
对每个模块给出以下说明：	3.10　测试要点
3.1　功能	给出测试模块的主要测试要求
3.2　性能	……

2）详细设计的复审。

软件的详细设计完成以后，必须从正确性和可维护性两个方面，对它的逻辑、数据结构和界面等进行检查。

详细设计的复审可用下列形式之一完成：

- 设计者和设计组的另一个成员一起进行静态检查。

- 由一个检查小组进行的较正式的"结构设计检查"。

- 由检查小组进行的正式的"设计检查"，对软件设计质量给出严肃的评价。

软件开发的实践表明，正式的详细设计复审在发现某些类型的设计错误方面和测试一样有效。因为，在设计过程中发现错误更容易，扩大错误（设计时的一个错误，在编程后可能变成几个错误）的机会减少了，错误的个数也随之而减少。

一般采取的，并为生产实践证明为正确的态度是：在详细设计复审中，不为设计辩护，而是揭短，揭露出设计中的缺点错误。

3.1.4　软件测试

无论采用哪一种开发模型所开发出来的大型软件系统，由于客观系统的复杂性，人的主观认识不可能完美无缺地协调，每个阶段的技术复审也不可能毫无遗漏地查出和纠正所有的设计错误，加上编码阶段也必然会引入新的错误，这样在软件交付使用以前必须经过严格的软件测试，通过测试尽可能找出软件计划、总体设计、详细设计、软件编码中的错误，并加以纠正，才能得到高质量的软件。软件测试不仅是软件设计的最后复审，也是保证软件质量的关键。软件设计环节的错误，将会造成更大的损失，可见软件测试是至关重要的。

1. 软件测试

1) 软件测试的概念

（1）软件测试。

软件测试是对软件计划、软件设计、软件编码进行查错和纠错的活动（包括代码执行活动与人工活动）。测试的目的是找出软件设计开发全周期中各个阶段的错误，以便分析错误的性质与位置而加以纠正。纠正过程可能涉及改正或重新设计相关的文档活动。找错的活动称测试，纠错的活动称调试。

（2）程序测试。

程序测试是早已流行的概念。它是对编码阶段的语法错、语义错、运行错进行查找的编码执行活动。找出编码中错误的代码执行活动称程序测试。纠正编码中的错误的执行活动称程序调试。通过查找编码错与纠正编码错来保证算法的正确实现。软件测试及调试与程序测试及调试相同之处都是查错与纠错的活动。差别在查错与纠错的范围不同，软件测试与调试覆盖软件生存周期整个阶段，而程序测试与调试则仅限于编码阶段，软件测试中的单元测试与程序测试十分相似，不同的仅在于单元测试还要测试模块间的接口，并要设计与接口相关的模块，如驱动模块与存根模块。

（3）软件确认与程序确认。

软件确认是广义上的软件测试，它是企图证明程序软件在给定的外部环境中的逻辑正确性的一系列活动和过程，指需求说明书的确认和程序确认，程序确认又分成静态确认与动态确认。静态确认包括正确性证明、人工分析、静态分析，动态分析包括动态确认与动态测试。

① 静态分析是不执行程序本身，分析其程序正文可能出现错误的异常情况。可以人工地进行分析，也可以用测试工具静态分析程序来进行。被测试程序的正文作为输入，经静态分析程序分析得出分析结果。静态分析包括结构检查、流图分析和符号执行。

② 动态分析是执行被测程序，从执行结果分析其程序可能出现的错误。可以人工设计程序测试用例，也可以由测试工具动态分析程序来做检测与分析。动态测试包括功能测试和结构测试。动态测试的内容包括单元测试（也称逻辑测试、模块测试、功能测试），组装测试（也称集成测试、综合测试、结构测试、子系统测试）。系统测试是软硬件或子系统的组装测试。

2) 软件测试的目标

软件测试的目标如下：

• 测试是为了发现程序中的错误而执行程序的过程；

- 好的测试方案是极可能发现迄今为止尚未发现的错误的测试方案；
- 成功的测试是发现了至今为止尚未发现的错误的测试。

从上述规则可以看出，测试的定义是为了发现程序中的错误而执行程序的过程，正确认识测试的目标是十分重要的，测试目标决定了测试方案的设计。如果为了表明程序是正确的而进行测试，就会设计一些不易暴露错误的测试方案；相反，如果测试是为了发现程序中的错误，就会力求设计出最能暴露错误的测试方案。

由于测试的目标是发现程序中的错误，由程序的编写者自己进行测试是不恰当的。因此，在综合测试阶段通常由其他人员组成测试小组来完成测试工作。

此外，测试决不能证明程序是正确的。即使经过了最严格的测试之后，仍然可能还存在没被发现的错误。测试只能查找出程序中的错误，不可能证明程序中没有错误。

3）软件测试的原则

测试的原则如下：

（1）测试前要认定被测试软件有错，不要认为软件没有错。

（2）要预先确定被测试软件的测试结果。

（3）要尽量避免测试自己编写的程序。

（4）测试要兼顾合理输入与不合理输入数据。

（5）测试要以软件需求规格说明书为标准。

（6）要明确找到的新错与已找到的旧错成正比。

（7）测试是相对的，不能穷尽所有的测试，要据人力物力安排测试，并选择好测试用例与测试方法。

（8）测试用例留作测试报告与以后的反复测试用，重新验证纠错的程序是否有错。

4）软件测试的过程

测试的流程如图 3-32 所示，输入信息有软件配置（包括需求说明书、设计说明书和源程序清单），测试配置（包括测试方案、测试计划和测试用例）和测试工具（支持测试的软件）。

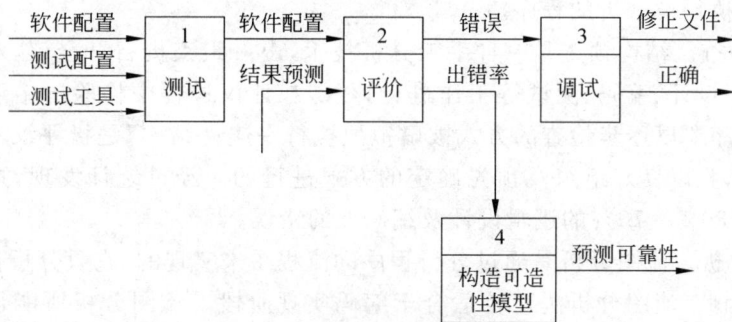

图 3-32 测试过程

输出信息有修正软件的文件或预测可靠性或得出纠错后可交付使用的正确软件。这个测试的信息流是不断递归过程，也是相对有限的测试过程，而不是无限的过程。

（1）软件配置：指被测试软件的文件，如软件需求规格说明书、软件设计说明书、源程序清单等文档。

（2）测试配置：指测试计划、测试用例和测试程序等文档。

（3）测试工具：是为提高测试效率而设计的支撑软件测试的软件。

（4）测试评价：由测试出的错误迹象，分析找出错误的原因和位置，以便纠正和积累软件设计的经验。

（5）纠错（调试）：是指找到出错的原因与位置并纠错，包括修正文件直到软件正确为止。

（6）可靠性模型：通过对测试出软件出错率的分析，建立模型，得出可靠的数据，指导软件的设计与维护。

2. 软件测试技术与方法综述

软件测试工作的目标是尽量彻底地暴露软件中的潜在错误，它讲求暴露潜在错误的效率与彻底性，能暴露更多的潜在错误的测试用例，便是成功的（或者说好的）测试用例。人们希望用最小的测试用例集合，得到最大的测试彻底度。因此，如何设计好的测试用例与如何衡量彻底度，便成为测试工作的两个关键的技术问题。

按照测试过程是否在实际应用环境中运行来分类，可将测试技术分成静态分析和动态测试两种。

测试方法可分为测试的分析方法和测试的非分析方法两种。

测试的分析方法是通过分析程序的内部逻辑来设计测试用例的方法，它也适用于设计阶段对软件详细设计表示的测试。测试的分析方法包括白盒法和静态分析法两种。

测试的非分析方法又称黑盒法，它是一种根据程序的功能来设计测试用例的方法。它也适用于需求分析阶段对软件需求说明书的测试。

1）静态分析与动态测试

（1）静态分析技术。

静态分析的对象可以是需求文件、设计文件或程序，找出其中的错误或可疑之处。静态分析时不执行被分析的程序。

① 结构预查。结构预查是一种手工分析技术，由一组人员召开会议，对某个程序的程序说明、程序设计、编码、测试等工作进行评议，在评议过程中检验出错误。"预查"是指被评议的程序要以逐步检查的方式被虚拟地执行一遍；"结构"是指评议本身是生存周期中计划好的，且以良好组织及预先确定的方式进行的。经过统计发现，这种方法能找出典型程序中 $30\% \sim 70\%$ 的逻辑设计及编码上的错误。

② 流图分析。流图分析是通过分析程序的流程图来实现的，它只分析代码的结构而不执行代码，因此，流图分析法比较适合于编码实现阶段。流图分析所能得到的信息主要有：

- 语法错误信息。
- 每个语句中标识符的引用分析，如变量、参数等。
- 每个例行程序调用的子例行程序和函数。
- 未给初值的变量。

- 已定义的但未使用的变量。
- 未经说明或无用的标号。
- 对任何一组输入数据均不可能执行到的代码段。

使用流图分析较直观，且能为动态测试产生测试数据，并显示各种测试数据执行的路径，便于分析测试结果。

③ 符号执行。符号执行是一种符号化地定义数据的方法，它要为每条程序路径给出一个符号表达式。这种方法不是使用实际的数据值来执行程序，而是对程序中的特定路径输入一些符号，在对这些符号进行处理后，根据其输出符号来判断程序的行为和正确性。符号执行可利用符号执行树这种工具来完成。

不可能选取所有可能的测试数据来证明程序的正确性，但符号执行方法中的输出可表示成输入符号的公式，所以能较容易地判断程序是否是计算的某一特定函数。符号执行法代价高，符号处理比数值计算复杂得多，且容易出错。它不适用于非数值计算的程序，这是因为它没有符号量这个概念。此外，某些信号也很难用符号量来表示。

（2）动态测试。

为了找到程序的缺陷，人们研究和使用了多种方法，但使用得最为普遍的，还是动态分析技术。我们可以把程序看成是一个函数，此函数描述了输入和输出之间的关系。输入的全体叫程序的定义域，输出的全体叫程序的值域。

一个动态测试过程可分为 5 步：

① 选取在定义域中的有效值，或定义域外的无效值。
② 对已选的值决定预期的结果。
③ 用选取的值执行程序。
④ 观察程序的行为，并获取其结果。
⑤ 将结果与预期的结果相对比，如果不吻合，则证明程序存在错误。

按产生测试数据的不同方式，动态测试可分为功能测试和结构测试。功能测试又叫"黑盒测试"，它从需求分析的系统说明书出发，按程序的输入输出特性和类型选择测试数据。结构测试又叫"白盒测试"，测试数据的产生涉及程序的具体结构，所以它应反映程序的结构性质。例如，产生的测试数据应使程序的所有语句至少执行一次；或使程序的所有通路至少通过一次，也即使程序的每个分支至少通过一次。

此外，还有接口测试，它包括测试数据接口和控制接口。测试数据接口主要是测试例行程序或模块间的数据传递的正确性，测试控制接口主要是测试例行程序或模块间的调用关系的正确性。

2）测试用例设计

测试用例设计的基本目的，是确定一组最有可能发现某个错误或某类错误的测试数据。无论是白盒法还是黑盒法测试，都不能进行穷举测试，因为即使测试所有路径的一个小的子集，也会导致需要大量的测试数据。

实际工作中，采用白盒法和黑盒法相结合的技术，是一种合理的方法。可以选取并测试数量有限的重要逻辑路径，对一些重要数据结构的正确性进行完全的检查。这样，不仅证实了软件接口的正确性，同时在某种程度上也保证了软件内部工作是正确的。

（1）白盒法。

白盒测试方法也称结构测试或逻辑驱动测试。它是根据软件产品的内部工作过程，检查内部成分，以确认每种内部操作符合设计规格要求。白盒测试把测试对象看作一个打开的盒子，允许测试人员利用程序内部的逻辑结构及有关信息来设计或选择测试用例，对程序所有的逻辑路径进行测试。通过在不同点检查程序的状态来了解实际的运行状态是否与预期的一致。所以，白盒测试是在程序内部进行，主要用于完成软件内部操作的验证。

白盒测试的基本原则是：保证所测模块中每一独立路径至少执行一次；保证所测模块所有判断的每一分支至少执行一次；保证所测模块每一循环都在边界条件和一般条件下至少各执行一次；验证所有内部数据结构的有效性。

按照白盒测试的基本原则，"白盒"法是穷举路径测试。在使用这一方案时，测试者必须检查程序的内部结构，从检查程序的逻辑着手，得出测试数据。贯穿程序的独立路径数是天文数字，但即使每条路径都测试了仍然可能有错误。第一，穷举路径测试决不能查出程序是否违反了设计规范，即程序本身是个错误的程序；第二，穷举路径测试不可能查出程序中因遗漏路径而出错；第三，穷举路径测试可能发现不了一些与数据相关的错误。

白盒测试的主要方法有逻辑覆盖、基本路径测试等。

① 逻辑覆盖测试。

逻辑覆盖是泛指一系列以程序内部的逻辑结构为基础的测试用例设计技术。通常所指的程序中的逻辑表示有判断、分支、条件等几种表示方式。

• 语句覆盖。选择足够的测试用例，使得程序中每个语句至少都能被执行一次。

例 3-1　设有程序流程图表示的程序如图 3-33 所示。

按照语句覆盖的测试要求，对图 3-33 所示的程序设计如下测试用例 1 和测试用例 2。

测试用例1：

输入 (i, j)	输出 (i, j, x)
(100, 100)	(100, 100, 100)

测试用例2：

输入 (i, j)	输出 (i, j, x)
(100, 110)	(100, 110, 110)

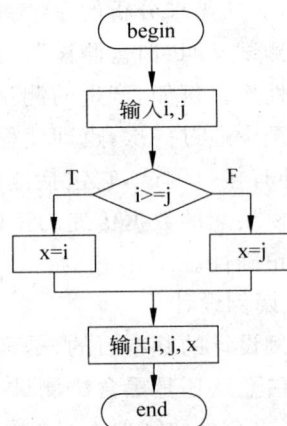

图 3-33　测试用例及程序流程图

语句覆盖是逻辑覆盖中基本的覆盖，尤其对单元测试来说。但是语句覆盖往往没有关注判断中的条件有可能隐含的错误。

- 路径覆盖。执行足够的测试用例,使程序中所有可能的路径都至少经历一次。

例 3-2　设有程序流程图表示的程序如图 3-34 所示。

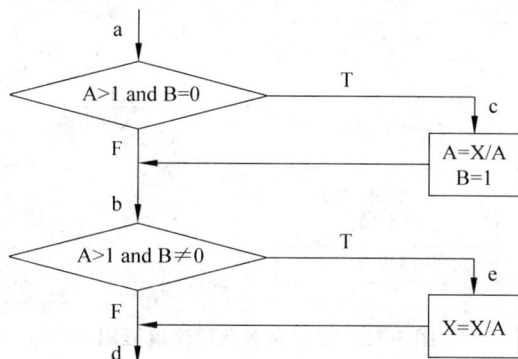

图 3-34　程序流程图

对图 3-34 所示的程序设计如表 3-6 列出的一组测试用例,就可以覆盖该程序的全部 4 条路径:ace、abd、abe 和 acd。

表 3-6　测试用例一

测 试 用 例	通过路径	测 试 用 例	通过路径
[(A=2,B=0,X=3),(输出略)]	(ace)	[(A=2,B=1,X=1),(输出略)]	(abe)
[(A=1,B=0,X=1),(输出略)]	(abd)	[(A=3,B=0,X=1),(输出略)]	(acd)

- 判定覆盖。使设计的测试用例保证程序中每个判断的每个取值分支(T 或 F)至少经历一次。

根据判定覆盖的要求,对如图 3-35 所示的程序,如果其中包含条件 $i \geqslant j$ 的判断为真值(即为 T)和为假值(即为 F)的程序执行路径至少经历一次,仍然可以使用例 3-1 的测试用例 1 和测试用例 2。

程序每个判断中若存在多个联立条件,仅保证判断的真假值往往会导致某些单个条件的错误不能被发现。例如,某判断是"x<1 或 y>5",其中只要一个条件取值为真,无论另一个条件是否错误,判断的结果都为真。这说明,仅有判断覆盖还无法保证能查出在判断的条件中的错误,需要更强的逻辑覆盖。

- 条件覆盖。设计的测试用例保证程序中每个判断的每个条件的可能取值至少执行一次。

例 3-3　设有程序流程图表示的程序如图 3-35 所示。

按照条件覆盖的测试要求,对图 3-35 所示的程序判断框中的条件 $i \geqslant j$ 和条件 $j < 4$ 设计如下测试用例 1 和测试用例 2,就能保证该条件取真值和取假值的情况至少执行一次。

条件覆盖深入到判断中的每个条件,但是可能会忽略全面的判断覆盖的要求。有必要考虑判断-条件覆盖。

测试用例1：

输入 (i, j)	输出 (i, j, x)
(3, 1)	(3, 1, 3)

测试用例2：

输入 (i, j)	输出 (i, j, x)
(3, 7)	(3, 7, 7)

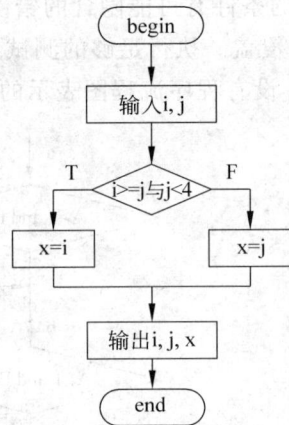

图 3-35　测试用例及程序流程图

- 判断-条件覆盖。设计足够的测试用例，使判断中每个条件的所有可能取值至少执行一次，同时每个判断的所有可能取值分支至少执行一次。

例 3-4　设有程序流程图表示的程序如图 3-36 所示。

测试用例1：

输入 (i, j, x)	输出 (i, j, x)
(3, 1, 0)	(3, 1, 0)

测试用例2：

输入 (i, j, x)	输出 (i, j, x)
(6, 3, 0)	(6, 3, 6)

测试用例3：

输入 (i, j, x)	输出 (i, j, x)
(3, 7, 0)	(3, 7, 7)

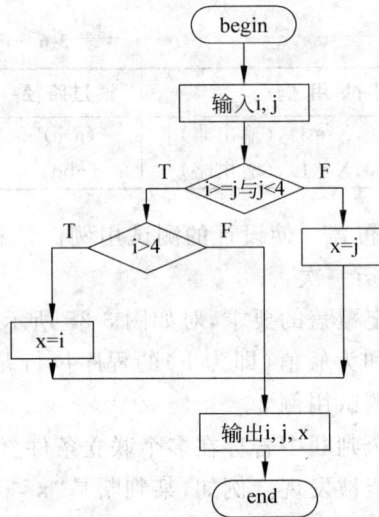

图 3-36　测试用例及程序流程图

按照判断-条件覆盖的测试要求，对图 3-36 所示程序的两个判断框的每个取值分支至少经历一次，同时两个判断框中的 3 个条件的所有可能取值至少执行一次，设计如下测试用例 1、测试用例 2 和测试用例 3，就能保证满足判断-条件覆盖。

判断-条件覆盖也有缺陷，对质量要求高的软件单元，可根据情况提出多重条件组合覆盖以及其他更高的覆盖要求。

② 基本路径测试。

基本路径测试的思想和步骤是，根据软件过程性描述中的控制流程确定程序的环路复杂性度量，用此度量定义基本路径集合，并由此导出一组测试用例对每一条独立执行路径进行测试。

　　例 3-5　设有程序流程图表示的程序如图 3-37 所示。

　　对图 3-28 所示的程序流程图确定程序的环路复杂度,方法是:

环路复杂度 = 程序流程图中的判断框个数 + 1

则环路复杂度的值即为要设计测试用例的基本路径数,图 3-37 所示的程序环路复杂度为 3,设计如表 3-7 列出的一组测试用例,覆盖的基本路径是 abf、acef、acdf。

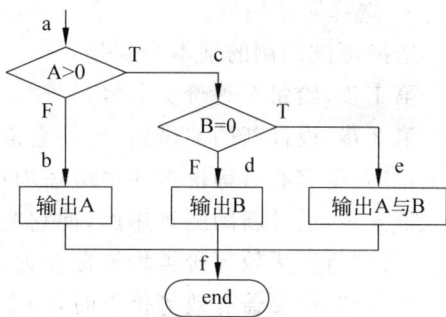

图 3-37　程序流程图

表 3-7　测试用例二

测 试 用 例	通过路径
[(A=0,B=0),(输出略)]	(abf)
[(A=2,B=0),(输出略)]	(acef)
[(A=2,B=3),(输出略)]	(acdf)

　　(2) 黑盒法。

　　黑盒测试方法也称功能测试或数据驱动测试。黑盒测试是对软件已经实现的功能是否满足需求进行测试和验证。黑盒测试完全不考虑程序内部的逻辑结构和内部特性,只依据程序的需求和功能规格说明,检查程序的功能是否符合它的功能说明。所以,黑盒测试是在软件接口处进行,完成功能验证。黑盒测试只检查程序功能是否按照需求规格说明书的规定正常使用,程序是否能适当地接收输入数据而产生正确的输出信息,并且保持外部信息(如数据库或文件)的完整性。

　　黑盒测试主要诊断功能不对或遗漏、界面错误、数据结构或外部数据库访问错误、性能错误、初始化和终止条件错误。

　　黑盒测试方法主要有等价类划分法、边界值分析法、错误推测法、因果图等,主要用于软件确认测试。

　　① 等价类划分法。

　　等价类划分法的基本思想是将程序的输入区域分割成有限个等价类,用每个等价类中的一个具有代表性的数据作为测试数据。

　　假定同一等价类中各数据发现错误的可能性是一样的,等价类可以交叉。

　　用等价划分法设计测试用例的步骤如下。

　　· 划分等价类。

　　等价类可分为"有效等价类"和"无效等价类"两种,有效等价类表示程序合理的输入数据。无效等价类表示其他非法的输入数据。

　　例如,已知每个学生可以选修 1~3 门课程,则可将输入条件"选修课程数"划分为 3 个有效等价类,即选修 1 门课程、选修 2 门课程、选修 3 门课程,和两个无效等价类,即没选修课程、选修 3 门以上课程。

- 选择测试用例。

选择测试用例的基本步骤是：

第 1 步，给每个等价类编号。

第 2 步，设计新的测试用例，使它覆盖尽可能多的尚未被覆盖的有效等价类，重复这一步，直到所有有效等价类均被覆盖为止。

第 3 步，设计新的测试用例，使它覆盖一个且仅一个未被覆盖的无效等价类，重复这一步，直到所有无效等价类均被覆盖为止。

注意到，在覆盖有效等价类时，一个测试数据可以兼几个等价类，但在覆盖无效等价类时，每个测试数据只能覆盖一个等价类。也就是说，在设计测试数据时，应尽量在有效等价类与有效等价类或有效等价类与无效等价类的交叉区中选取，但不允许在无效等价类与无效等价类的交叉区中选取。这是因为程序中的某些错误检测常常会抑制另一些错误检测。

例如，某程序的输入数据是学生的年龄（16～25 岁）和入学成绩（530～600 分），则（年龄＝20，成绩＝550）和（年龄＝22，成绩＝500）都是允许的测试数据，而（年龄＝15，成绩＝520）是一个不允许的测试数据，因为它包括了两个非法的条件。

② 边界值分析法。

从经验可知，边界上的输入数据发现错误的可能性比较大。边界值分析法认为，应尽可能选取对应于输入等价类或输出等价类的边界值作为测试数据。

边界值分析法和等价划分法不同，它不仅根据程序的输入空间，而且还要根据输出空间设计测试用例，并且一个等价类中可以选几个测试用例。

例如，规定学生的年龄是 16～25 岁，我们将输入空间分成一个有效等价类（16≤年龄≤25）和两个无效等价类（年龄＜16 或年龄＞25）。然后选取各个等价类的边界值：15 岁、16 岁、25 岁、26 岁作为测试数据。

注意到，边界值分析不是从一个等价类中选择一个测试数据作为代表，而可能选择两个以上的测试数据；再者，边界值分析不仅注重输入条件，也根据输出结果来设计测试数据。运用边界值分析法，需要有一定的创造性。

③ 因果图法。

等价划分法和边界值分析法的缺点是没有检查各种输入条件的组合。当然，要检查输入条件的组合并非容易，因为各等价类的组合情况可能极多。因果图法是一种根据输入条件的组合设计测试用例的黑盒方法，其基本思想是从用自然语言书写的功能说明中找出因（输入条件）和果（输出或程序状态的修改），通过画因果图，把模块功能说明书转换成一张判定表，再为判定表的每一列设计测试数据。所以，因果图法实际上是软件需求说明书的一种图示。

因果图法的优点是：

- 克服了等价划分法和边界值分析法没有考虑输入条件的组合的缺点。
- 考虑了输出条件对输入条件的依赖关系。
- 作为一种副作用，通过因果图可以检查需求说明书中的某些不一致或不完备的地方。

由于因果图较为复杂,所以一般只用于较小的程序。

用因果图法设计测试用例的步骤是:

第 1 步,分析需求说明书,识别出"因"和"果"。

第 2 步,画出因果图,注明约束条件。

第 3 步,由因果图生成判定表。

第 4 步,根据判定表设计测试用例。

④ 错误推测法。

错误推测法就是根据经验或直觉来推测程序容易发生的各种错误,然后设计能检查出这些错误的测试用例。

错误推测法是基于经验的,因而没有确定的步骤。如对一个输入文件进行排序的系统,当输入文件是空或只有一个记录是较易出错的情况。因此,我们可设计输入文件包含 0 个或 1 个记录的测试用例来进行检查。

以上介绍的几种常用的测试方法都能设计出一组较有用的测试数据。但是,每一种测试方法均有不足之处,因为用每一种方法设计的测试数据仅仅容易发现某种类型的错误,而不易发现其他类型的错误,没有一种测试方法能设计一组"完整的"测试数据。通常,对程序进行测试时采用综合策略,即采用各种测试方法进行联合设计测试数据。具体方式如下:

- 在任何情况下都使用边界值分析法,使用该方法时应对输入及输出的边界值均进行分析。
- 必要的话,再用等价划分法补充测试数据。
- 用错误推测法补充一些附加的测试数据。
- 检查采用上述方法后程序的逻辑覆盖程度。通常可用白盒法中的判定覆盖、条件覆盖、判定/条件覆盖或多重条件覆盖方法,若未达到逻辑覆盖的标准,则可用增加一些测试数据以达到覆盖的标准。

3. 软件测试的实施

与开发过程类似,测试过程也必须分步骤进行,每个步骤在逻辑上是前一个步骤的继续。大型软件系统通常由若干个子系统组成,每个子系统又由许多模块组成。因此,大型软件系统的测试基本上由下述 4 个步骤组成:单元测试、集成测试、确认测试和系统测试,如图 3-38 所示。

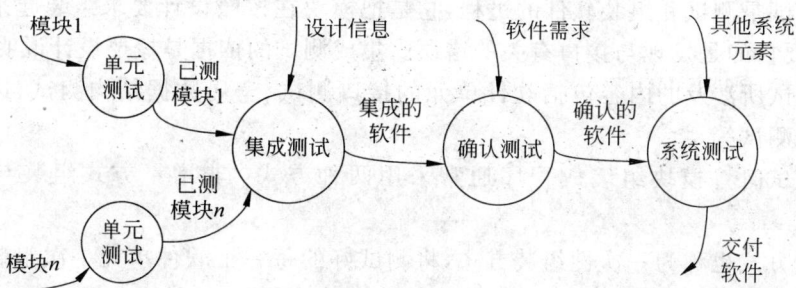

图 3-38 测试步骤

1）单元测试

单元测试也称模块测试、逻辑测试、结构测试，测试的方法一般采用白盒法，以路径覆盖为最佳测试准则。单元测试在编码中就进行了，其测试策略包括单元测试设计测试用例要测试哪几方面的问题，针对这几方面问题各自测试什么内容，测试的具体步骤，实用测试策略。

（1）模块接口测试：测试 I/O 接口数据，看 I/O 是否正常。如果 I/O 不正常则其他测试就测试不下去。

（2）局部数据结构：测试模块内部数据是否完整，内容、形式、相互关系是否有错，常常是软件错误的主要来源。

（3）逻辑覆盖：由于无法穷尽所有的逻辑测试，选择有代表性的数据进行路径覆盖也是十分必要的。测试数据重点应放在测试错误的计算、不正确的比较或不适当的控制流而造成的错误。

（4）出错处理：好的软件应能预见出错的条件，并设置相应的处理错误的通路，保证程序正常运行。测试必须测试这些错误处理的相关路径。

单元测试的步骤如下：

第 1 步，配置测试环境。设计辅助测试模块。驱动模块：调用被测试模块的模拟模块，或结构图中给出的上级模块。主要用来接收测试数据，启动被测试模块，打印测试结果、有根模块：接收被测试模块的调用和输出数据，是被测试模块的调用模块。驱动模块类的主程序模块，有根模块类的子程序模块是单元测试中重要的成本开销。

第 2 步，编写测试数据，根据逻辑覆盖及上述关于单元测试要解决的测试问题的考虑原则，设计测试用例。

第 3 步，进行多个单元的并行测试。

经过编译之后，先做静态代码复审，人工测试模块中的错误，参与者有程序设计者、程序编写者、程序测试者，由其中软件设计能力强的高级程序员任组长。在研究软件设计文档基础上召开审查会，分析程序逻辑与错误清单，经测试预演、人工测试、代码复审后再进入计算机代码执行活动的动态测试，再做单元测试报告。

为提高测试效率，克服无法穷尽测试的实际困难，在单元测试中应采用白盒法与黑盒法相结合、静态测试与动态测试相结合、人工测试与机器测试相结合的策略。

2）集成测试

集成测试是测试和组装软件的过程，它是把模块在按照设计要求组装起来的同时进行测试，主要目的是发现与接口有关的错误。集成测试的依据是概要设计说明书。

集成测试所涉及的内容包括软件单元的接口测试、全局数据结构测试、边界条件和非法输入的测试等。

集成测试时将模块组装成程序通常采用两种方式：非增量方式组装与增量方式组装。

非增量方式也称为一次性组装方式，将测试好的每一个软件单元一次组装在一起再进行整体测试。

增量方式是将已经测试好的模块逐步组装成较大系统，在组装过程中边连接边测试,以发现连接过程中产生的问题。最后通过增值,逐步组装到所要求的软件系统。

增量方式包括自顶向下、自底向上、自顶向下与自底向上相结合的混合增量方法。

(1) 自顶向下的增量方式。

将模块按系统程序结构,从主控模块(主程序)开始,沿控制层次自顶向下地逐个把模块连接起来。自顶向下的增量方式在测试过程中能较早地验证主要的控制和判断点。

自顶向下集成的过程与步骤如下:

① 主控模块作为测试驱动器,直接附属于主控模块的各模块全都用桩模块代替。

② 按照一定的组装次序,每次用一个真模块取代一个附属的桩模块。

③ 当装入每个真模块时都要进行测试。

④ 做完每一组测试后再用一个真模块代替另一个桩模块。

⑤ 可以进行回归测试(即重新再做过去做过的全部或部分测试),以便确定没有新的错误发生。

例 3-6　对图 3-39(a)所示程序结构进行自顶向下的增量方式组装测试。

自顶向下的增量方式的组装过程如图 3-39(b)～图 3-39(e)所示。

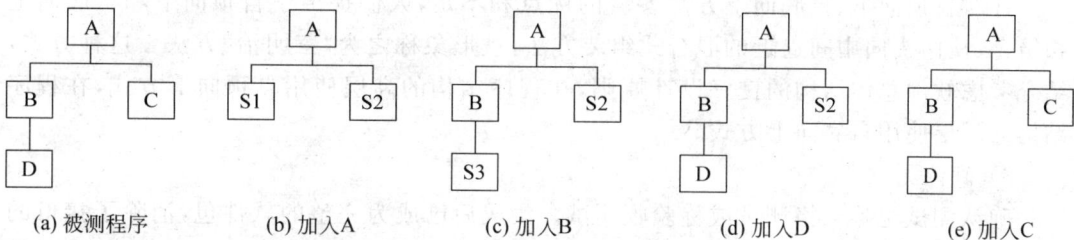

图 **3-39**　自顶向下的增量测试

(2) 自底向上的增量方式。

自底向上集成测试方法是从软件结构中最底层的、最基本的软件单元开始进行集成和测试。在模块的测试过程中需要从子模块得到的信息可以直接运行子模块得到。由于在逐步向上组装过程中下层模块总是存在的,因此不再需要桩模块,但是需要调用这些模块的驱动模块。

自底向上集成的过程与步骤如下:

① 低层的模块组成簇,以执行某个特定的软件子功能。

② 编写一个驱动模块作为测试的控制程序,和被测试的簇连在一起,负责安排测试用例的输入及输出。

③ 对簇进行测试。

④ 拆去各个小簇的驱动模块,把几个小簇合并成大簇,再重复做第②、③及④步。这样在软件结构上逐步向上组装。

例 3-7　对图 3-40(a)所示程序结构进行自底向上的增量方式的组装测试。

自底向上的增量方式的组装过程如图 3-40(b)～图 3.40(d)所示。

(3) 混合增量方式。

自顶向下增量的方式和自底向上增量的方式各有优缺点,一种方式的优点是另一种

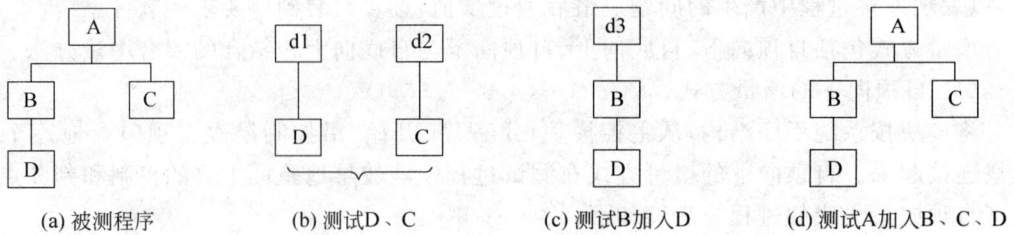

(a) 被测程序   (b) 测试D、C   (c) 测试B加入D   (d) 测试A加入B、C、D

图 3-40 自底向上的增量测试

方式的缺点。

自顶向下测试的主要优点是能较早显示出整个程序的轮廓，主要缺点是，当测试上层模块时使用桩模块较多，很难模拟出真实模块的全部功能，使部分测试内容被迫推迟，直至换上真实模块后再补充测试。

自底向上测试从下层模块开始，设计测试用例比较容易，但是在测试的早期不能显示出程序的轮廓。

针对自顶向下、自底向上方法各自的优点和不足，人们提出了自顶向下和自底向上相结合、从两头向中间逼近的混合式组装方法，被形象称之为"三明治"方法。这种方式，结合考虑软件总体结构的良好设计原则，在程序结构的高层使用自顶向下方式，在程序结构的低层使用自底向上方式。

3）确认测试

确认测试也称合格测试或称验收测试。集成后已成为完整的软件包，消除了接口的错误。确认测试主要由用户参加测试，检验软件规格说明的技术标准的符合程度，是保证软件质量的最后关键环节。

根据需求规格说明写出详细测试规格说明，测试遵守如下的任务与准则：

① 系统级的功能测试。

② 正规的系统验收测试。

③ 强度测试：加载所有负荷的情况下，运行系统验证系统负荷能力。

④ 性能测试：在实际运行环境下是否满足系统的性能要求。

⑤ 背景测试：在实际负荷情况下，测试多道程序、多重作业的能力。

⑥ 配置测试：在指定的组合逻辑或物理设备下测试，做好用户手册、操作手册、设计说明、源程序和测试说明。

⑦ 恢复测试：测试系统在软件或硬件故障的情况下恢复原先控制的数据的能力。

⑧ 安全测试：测试并保证系统的安全性，使不合法用户不能使用系统。

确认测试的步骤如下：

第 1 步，在模拟的环境中进行强度测试，在事先规定时期内运行所有软件功能，软件与原目标不符的错误。

第 2 步，执行测试计划中提出的所有确认测试。

第 3 步，测试用户手册和操作手册，证实其实用性与有效性，并改正其中的错误。

第 4 步，分析测试结果，找出产生错误的原因。

第 5 步,书写确认测试的分析报告。

第 6 步,确认测试结束,书写整个项目的开发总结报告。

第 7 步,整理所有文件。

第 8 步,评审。

第 9 步,测试应邀请用户参加。

第 10 步,交付文件有确认测试的分析报告、用户手册、操作手册和项目开发总结报告。

4) 系统测试

由于软件是基于数据处理系统中的一个组成部分,软件开发完之后要与系统中的其他部分配套运行,比如将软件、硬件等各部件协调和通信等做综合测试。一般的系统除了确认测试外还要做如下几个方面的系统测试。

(1) 恢复测试:通过系统的修复能力,检测重新初始化、数据恢复、重新启动、检验点设置是否正确,以及人工干预的平均恢复时间是否在允许范围内。

(2) 安全测试:设计测试用例,安全保密措施,检验系统是否有安全保密的漏洞。

(3) 强度测试:设计测试用例,检验系统的能力最高能达到什么实际的限度,让系统处于资源的异常数量、异常频率、异常批量的条件下运行测试系统的承受能力。一般取比平常限度高 5~10 倍的限度做测试用例。

(4) 性能测试:设计测试用例测试并记录软件运行性能,与性能要求比较,检查是否达到性能要求规格。这项测试常常与强度测试相结合进行。

3.1.5　程序的调试

1. 基本概念

在对程序进行成功的测试之后将进入程序调试(通常称 Debug,即排错)。程序调试的任务是诊断和改正程序中的错误。它与软件测试不同,软件测试是尽可能多地发现软件中的错误。先要发现软件的错误,然后借助于一定的调试工具去执行找出软件错误的具体位置。软件测试贯穿整个软件生命期,调试主要在开发阶段。

由程序调试的概念可知,程序调试活动由两部分组成,其一是根据错误的迹象确定程序中错误的确切性质、原因和位置。其二,对程序进行修改,排除这个错误。

1) 程序调试的基本步骤

(1) 错误定位。

从错误的外部表现形式入手,研究有关部分的程序,确定程序中出错位置,找出错误的内在原因。确定错误位置占据了软件调试绝大部分的工作量。

(2) 修改设计和代码,以排除错误。

排错是软件开发过程中一项艰苦的工作,这也决定了调试工作是一个具有很强技术性和技巧性的工作。软件工程人员在分析测试结果的时候会发现,软件运行失效或出现问题,往往只是潜在错误的外部表现,而外部表现与内在原因之间常常没有明显的联系。如果要找出真正的原因,排除潜在的错误,不是一件易事。因此可以说,调试是通过现象，找出原因的一个思维分析的过程。

（3）进行回归测试，防止引进新的错误。

因为修改程序可能带来新的错误，重复进行暴露这个错误的原始测试或某些有关测试，以确认该错误是否被排除、是否引进了新的错误。如果所做的修正无效，则撤销这次改动，重复上述过程，直到找到一个有效的解决办法为止。

2）程序调试的原则

在软件调试方面，许多原则实际上是心理学方面的问题。因为调试活动由对程序中错误的定性、定位和排错两部分组成，因此调试原则也从以下两个方面考虑。

（1）确定错误的性质和位置时的注意事项：

① 分析思考与错误征兆有关的信息。

② 避开死胡同。如果程序调试人员在调试中陷入困境，最好暂时把问题抛开，留到后面适当的时间再去考虑，或者向其他人讲解这个问题，去寻求新的解决思路。

③ 只把调试工具当作辅助手段来使用。利用调试工具，可以帮助思考，但不能代替思考。因为调试工具给人提供的是一种无规律的调试方法。

④ 避免用试探法，最多只能把它当作最后手段。这是一种碰运气的盲目的动作，它的成功几率很小，而且还常把新的错误带到问题中来。

（2）修改错误的原则。

① 在出现错误的地方，很可能还有其他错误。经验表明，错误有群集现象，当在某一程序段发现有错误时，在该程序段中还存在其他错误的概率也很高。因此，在修改一个错误时，还要观察和检查相关的代码，看是否还有其他错误。

② 修改错误的一个常见失误是只修改了这个错误的征兆或这个错误的表现，而没有修改错误本身。如果提出的修改不能解释与这个错误有关的全部现象，那就表明了只修改了错误的一部分。

③ 注意修正一个错误的同时有可能会引入新的错误。人们不仅需要注意不正确的修改，而且还要注意看起来是正确的修改可能会带来的副作用，即引进新的错误。因此在修改了错误之后，必须进行回归测试。

④ 修改错误的过程将迫使人们暂时回到程序设计阶段。修改错误也是程序设计的一种形式。一般说来，在程序设计阶段所使用的任何方法都可以应用到错误修正的过程中来。

⑤ 修改源代码程序，不要改变目标代码。

2. 软件调试方法

调试的关键在于推断程序内部的错误位置及原因。从是否跟踪和执行程序的角度，类似于软件测试，软件调试可以分为静态调试和动态调试。软件测试中讨论的静态分析方法同样适用静态调试。静态调试主要指通过人的思维来分析源程序代码和排错，是主要的调试手段，而动态调试是辅助静态调试的。主要的调试方法可以采用：

1）强行排错法

这是目前使用较多但效率较低的一种调试方法。具体地说，通常有以下3种措施：

（1）输出存储器内容。

将计算机中存储器的全部内容和地址打印出来，然后通过分析这数以万计的数据来寻找错误所在。这种方法也叫主存信息转储，虽然有时能获得成功，但费时费力，效率很低。其缺点是：

- 很难建立内存单元与源程序变量之间的对应关系；
- 人们将面对大量的待分析数据，而其中大多数数据与所查错误无关；
- 一个内存全部内容打印清单只显示了程序运行中某一瞬间的状态，即所谓静态映像，但为了发现错误，需要的是程序的随时间变化的动态过程；
- 缺乏通过分析全部内存打印信息来找到错误原因的有效算法。

（2）打印语句。

把打印语句插在出错的源程序的各个关键变量的改变部位、重要分支部位、子程序调用部位，通过跟踪程序的执行找出出错的位置。这种方法在一定程度上能监视程序的动态执行过程，比全部打印内存信息要高明一些。但是这种方法也有缺点：

- 可能要输出大量需要分析的信息，从而使工作量增大，尤其是对大型程序或系统来说，工作量可能非常大；
- 必须修改源程序以插入打印语句，但是这种修改可能会掩盖某些错误，改变关键的时间关系或把新的错误引入程序中。

（3）自动调试工具。

利用某些程序语言的调试功能或专门的软件分析程序工具，动态分析程序的执行过程。和第二种方法相比，它不需要修改程序。

可供利用的典型的语言功能有打印出语句执行的追踪信息，追踪子程序调用，以及指定变量的变化情况等。自动调试工具一般都具有设置断点的功能：通过程序中断点的设置，使程序执行到指定的语句或指定的变量值改变时，程序就暂停执行，这时程序员可以在终端上观察程序在此刻的状态，分析程序的运行是否正确。使用这种调试方法往往也会产生大量无关的信息。

在使用以上任一种方法之前，都应当对错误的征兆进行全面彻底的分析，得出对出错位置及错误性质的推测，然后再使用一种适当的排错方法来检验推测的正确性。

2）回溯法

采用回溯法排错时，调试人员首先分析错误征兆，确定最先出现"症状"的位置。然后人工沿程序的控制流程往回追踪源程序代码，直到找到错误根源或确定错误产生的范围为止。

实践证明，回溯法是一种可以成功地用在小程序中的很好的纠错方法。通过回溯，我们往往可以把错误范围缩小到程序中的一小段代码，仔细分析这段代码，不难确定出错的准确位置。但是，随着程序规模的扩大，由于回溯的路径数目越来越多，回溯法会变得很困难，以至于完全不可能实现。

3）归纳法

归纳的思考过程就是从特殊到一般，从对个别事例的认识当中，概括出共同的特点，得出一般性的规律。归纳法就是从线索（错误征兆）出发，通过分析这些线索之间的关系而找出故障的一种系统化的思想方法。这种方法主要包括下述 4 个步骤：

（1）收集有关的数据。

我们在程序的排错过程中，常犯的毛病是错误地解释有关问题的可用数据或征兆。所以归纳法的第一步是列出所有已知的测试用例和相应的程序执行结果，看哪些输入数据的运行结果是正确的，哪些输入数据的运行结果有错误。另外一些类似的然而并不产生错误结果的测试数据，往往也能提供一些有价值的线索。

（2）组织数据。

由于归纳法是从特殊推断出一般的方法，所以需要组织整理数据，以便发现规律。在这一步中最重要的是发现矛盾，即什么条件下出现错误，什么条件下不出现错误。

（3）提出假设。

分析研究线索之间的关系，力求找出它们之间的规律，从而提出一个或多个关于出错原因的假设。如果做不出任何假设，则意味着需要更多的数据，这些数据可以通过设置和执行附加的测试用例来获得。如果可以提出多种假设，则应该首先选用最有可能成为出错原因的假设。

（4）证明假设。

这个时候常犯的错误是跳过这一步而直接进入结论阶段，并企图确定错误所在，这是排错中经常发生的问题。我们要牢固建立这样一种思想：假设不等于事实。不经证明就根据假设排除故障，往往只能消除错误的征兆或只能改正部分错误，所以说证明假设的合理性是极其重要的。

假设的证明是靠比较它与原来的线索和数据，并确信这个假设完全解释了存在的线索。如果比较结果不能令人满意，则说明要么是假设不成立或不完备，要么是还有其他同时存在的故障还没有被考虑进来。

4）演绎法

演绎法从一般原理或前提出发，经过排除和精化的过程推导出结论。演绎法排错的过程是这样的：测试人员首先列出所有可能出错的原因或假设，然后再用原始测试数据或新的测试，逐个排除不可能正确的假设，最后，证明剩下的原因确实是错误的根源。演绎法主要有以下 4 个步骤（参见图 3-41）。

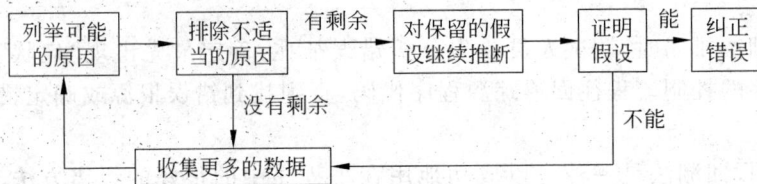

图 3-41　演绎法排错的步骤

（1）列举所有可能出错的原因。

把所有可能出错的原因列表，它们不需要完全的解释，仅仅是一些可能的因素或假定。通过它们，能够组织和分析现有的数据。

（2）利用已有的测试数据排除不正确的假设。

仔细地分析现有的数据，寻找矛盾，力图排除已经列出的原因。若所有原因都被排除的话，则需要补充测试用例以建立新的假设。如果剩下一个以上的可能原因，则选择可能性最大的原因作基本的假设。

（3）完善余下的假设。

利用已知的线索，进一步完善余下的假设，使之更加具体化，以便可以精确地确定出位置。

（4）证明余下的假设。

这一步非常重要，具体做法与归纳法的第（4）步相同。

上面的每一种方法都可以使用调试工具来辅助完成。例如，可以使用带调试功能的编译器、动态调试器、自动测试用例生成器以及交叉引用工具等。

需要注意的一个实际问题是，调试的成果是排错，为了修改程序中错误，往往会采用"补丁程序"来实现，而这种做法会引起整个程序质量的下降，但是从目前程序设计发展的状况看，对大规模的程序的修改和质量保证，又不失为一种可行的方法。

3.2　练　习

3.2.1　选择题

1. 软件工程包括 3 个要素，即方法、工具和过程。其中＿＿＿＿＿＿＿支持软件开发各个环节的控制和管理。

　　A. 方法　　　　　　　B. 过程　　　　　　　C. 工具　　　　　　　D. 三者均是

答案：B。在软件工程三要素中，方法是完成软件工程项目的技术手段；工具支持软件的开发、管理、文档生成与应用；过程支持软件开发的各个环节的控制和管理。

2. 软件生命周期是指＿＿＿＿＿＿＿的过程。

　　A. 软件系统开始研制到软件系统投入试运

　　B. 软件系统投入试运行到软件系统被废弃

　　C. 软件系统开始研制到软件系统被废弃

　　D. 软件系统投入运行到软件系统被废弃

答案：C。在软件工程学中，一个软件系统从一开始研制到最终被废弃这个过程被称为软件系统的生命周期。

3. 在软件危机中表现出来的软件质量差的问题，其原因是＿＿＿＿＿＿＿。

　　A. 没有软件质量标准　　　　　　　　B. 用户经常干预软件系统的研发工作

　　C. 软件研发人员素质太低　　　　　　D. 软件开发人员不遵守软件质量标准

答案：A。在软件开发的初期，软件往往是个人或小作坊生产者智慧和工作的成果。当时还没有对软件产品制定出相应的质量标准。在这个时期，软件开发人员过分追求程序的技巧和程序的效率，开发出来的软件产品的可靠性、正确性、可维护性一般很难得到保证。

4. 软件工程学中除重视软件开发的研究外，另一重要组成内容是软件的_____。

　　A. 成本核算　　　　B. 人员培训　　　　C. 工具开发　　　　D. 工程管理

答案：D。软件工程学作为一门学科，包括的面很广，有基础理论研究、应用研究和实际开发技术，它也涉及与软件开发有关的所有活动。但它主要研究的内容有两方面：软件开发技术和软件管理技术。

5. 指出下列关于软件工具与软件开发环境的叙述中，不正确的是_____。

　　A. 软件开发环境应该是一个一体化的系统

　　B. 软件工具开发与环境的使用进一步提高了开发效率

　　C. 软件开发环境应该是既可剪裁又可扩充的系统

　　D. 大多数软件工具都支持软件工程中的开发方法

答案：D。大多数软件工具都只是支持某一种软件工程方法，或支持某一类型软件开发，而不是都支持软件工程中的开发方法。

6. 软件需求分析一般应确定的是用户对软件的_____。

　　A. 功能需求　　　　　　　　　　　B. 非功能需求

　　C. 功能需求和非功能需求　　　　　D. 性能需求

答案：C。软件需求分析中需要构造一个完全的系统逻辑模型，理解用户提出的每一功能与性能要求，使用户明确自己的任务。因此，需求分析应确定用户对软件的功能需求和非功能需求。

7. 判定树和判定表是用于描述结构化分析方法中_____环节的工具。

　　A. 功能说明　　　B. 性能说明　　　C. 流程描述　　　D. 数据加工

答案：D。判定表和判定树一样，是一种在说明加工时使用的描述组合条件的方法。

8. 数据流图是用于软件需求分析的工具，下列元素中_____是基本元素。

　　i 数据流　　　ii 加工　　　iii 数据存储　　　iiii 外部实体

　　A. i 和 ii　　　　B. i 和 iii　　　　C. ii 和 iiii　　　　D. 全部

答案：D。数据流图的 4 种基本元素分别是变换/加工、外部实体、数据流和数据存储。

9. 数据字典是软件需求分析阶段的最重要的工具之一，其最基本的功能是_____。

　　A. 数据定义　　　B. 数据维护　　　C. 数据库设计　　　D. 数据通信

答案：A。所谓数据字典，是关于对数据流图中包括的所有元素的定义的集合，是结构化分析方法的核心，其作用是为系统人员在系统分析、系统设计和系统维护过程中提供关于数据的描述信息。

10. 需求说明书的内容不应包括_____。

　　A. 对算法的详细过程描述　　　　　B. 对重要功能的描述

　　C. 对软件的性能　　　　　　　　　D. 软件确认依据

答案：A。算法的详细过程描述是系统详细设计阶段的任务。

11. 耦合是软件各模块间连接的一种度量，一组模块都访问同一数据结构应属于_____。

A. 内容耦合　　　　B. 外部耦合　　　　C. 公共耦合　　　　D. 控制耦合

答案：C。这是对耦合定义的考核。

12. 内聚是从功能角度来度量模块内的联系。按特定次序执行元素的模块属于_____。

A. 逻辑内聚　　　　B. 时间内聚　　　　C. 顺序内聚　　　　D. 过程内聚

答案：D。这是对内聚定义的考核。

13. 软件结构化设计方法中，一般分为概要设计和详细设计两个阶段，其中概要设计主要是要建立_____。

A. 软件模型　　　　B. 软件结构　　　　C. 软件流程　　　　D. 软件模块

答案：B。结构化设计方法中的概要设计阶段主要是确定系统具有的实现方案，建立软件结构。

14. 在进行软件结构设计时，应该遵循的最主要的原则是_____原理。

A. 模块独立　　　　B. 模块协调　　　　C. 抽象　　　　D. 信息隐藏

答案：A。模块的独立程度是评价设计好坏的重要度量标准。

15. _____把已确定的软件需求转换成特定形式的设计表示，使其得以实现。

A. 系统设计　　　　B. 软件设计　　　　C. 程序编制　　　　D. 软件测试

答案：B。这是对软件生命周期中软件设计阶段含义的考核。

16. 软件结构中有度量软件结构的术语，而表示控制的总分布的术语则是软件结构的_____。

A. 深度　　　　B. 扇入　　　　C. 扇出　　　　D. 宽度

答案：D。这是对软件结构的度量的常见术语的考核。

17. 面向数据流的软件设计方法，一般是把数据流图中的数据划分为_____两种流。

A. 数据流与事务流　　　　　　　　B. 信息流与控制流
C. 变换流与事务流　　　　　　　　D. 变换流与数据流

答案：C。面向数据流的设计方法的目标是给出设计软件结构的一个系统化的途径。其中数据流有变换流和事务流两种类型。

18. 在软件结构化设计中，好的软件结构设计应该力求做到_____。

A. 顶层扇出较高，中间扇出较少，底层模块高扇入
B. 顶层扇出较少，中间扇出较高，底层模块低扇入
C. 顶层扇出较少，中间扇出较高，底层模块高扇入
D. 顶层扇出较高，中间扇出较少，底层模块低扇入

答案：A。结构化设计中，设计得很好的软件结构通常顶层扇出较高，中层扇出较少，底层扇入到公共的实用模块中，即底层模块高扇入。

19. 软件设计包括概要设计和详细设计两部分，下列陈述中_____是详细设计的内容。

A. 软件系统结构　　　　　　　　B. 模块算法设计
C. 数据结构设计　　　　　　　　D. 数据库设计

答案：B。详细设计阶段的目的是确定应该怎样实现所要求的系统，也就是说，经过这个阶段设计工作，列出软件模块的内部过程描述，包括算法和数据结构的细节。

20. 程序流程图是一种传统的程序过程设计表示工具，有其优点和缺点，使用该工具时应注意_____。

    A. 支持逐步求精   B. 考虑控制流程

    C. 数据结构表示   D. 遵守结构化设计原则

答案：D。数据流程图是作为结构化设计方法中描述"分解"的手段而引入的，故在采用程序流程图时，应注意遵守结构化设计原则。

21. 软件测试的目的是_____。

    A. 证明软件的正确性   B. 尽可能多地发现软件系统中的错误

    C. 证明软件系统中存在错误   D. 找出软件系统中存在的所有错误

答案：B。软件测试的目的就是在软件投入生产性运行之前，尽可能多地发现软件中的错误。

22. 软件测试基本方法中，_____不用测试实例。

    A. 静态测试方法   B. 动态测试方法

    C. 黑盒测试方法   D. 白盒测试方法

答案：A。动态测试是一个执行程序的过程，主要通过人工进行，可分为两类，即黑盒测试和白盒测试。静态测试是通过对被测软件的程序和文档的静态审查，发现其中潜在的错误，不需要测试实例。静态测试包括代码检查、静态结构分析和代码质量度量等。

23. 下面关于黑盒测试法的叙述中，错误的是_____。

    A. 黑盒法是面向功能的测试法

    B. 黑盒法测试时无须知道程序的内部逻辑

    C. 黑盒法可用于组装测试（集成测试）

    D. 错误推测法不属于黑盒法

答案：D。黑盒测试法根据规则说明设计测试用例，属于功能测试，它不需要知道程序的内部逻辑，可用于组装（集成）测试；产生黑盒测试数据的方法可以是等价类划分、错误推测法、边界值分析法和因果图法等。

24. 对下面的程序段设计一组测试用例：$(A=2, B=0, x=4)$。设计这组测试用例进行的测试是_____。

```
if(A>1)and(B=0)then x=x/A;
if(A=2)or(x>1)then x=x+1;
```

    A. 判定覆盖   B. 路径覆盖   C. 语句覆盖   D. 条件覆盖

答案：C。这里的测试用例满足程序中的两个判定语句，可以覆盖每条语句，但只是测试了两个判定语句为真的情况，对程序逻辑的覆盖不够，因此是语句覆盖。

25. 进行测试的程序段仍如上题所述。若选择测试用例为：$(A=3, B=0, x=1)$及$(A=2, B=1, x=3)$。则设计这组测试用例进行的测试是_____。

    A. 语句覆盖   B. 判定覆盖   C. 路径覆盖   D. 条件覆盖

答案：B。判定覆盖选择测试数据使得程序中的每一个判定至少有一次为真,一次为假。题中第一个测试用例使第一个判定为真,第二个判定为假;第二个测试用例使第一个判定为假,第二个判定为真。因此判定均已被覆盖,但两个判定均为假或均为真的情况没有测试到,因此是符合判定覆盖而不符合条件覆盖。

26. 软件测试过程是软件开发过程的逆过程,其最基础性的测试应是_____。

　　A. 集成测试　　　　B. 系统测试　　　　C. 有效性测试　　　　D. 单元测试

答案：D。单元测试是程序或软件测试的基层工作,因为单元是整个程序的基本组成,其质量直接影响程序的更大成分甚至全局。

27. 在软件测试中,确认测试主要用于发现_____阶段的错误。

　　A. 需求分析　　　　B. 软件计划　　　　C. 软件设计　　　　D. 编码

答案：A。在软件测试中,确认测试的目的是检查系统的功能和性能是否达到需求分析说明书提出的设计指标,是否满足用户需求,检查文档是否齐全等。

28. 现有一个计算类型的程序,它的输入只有一个 Y,其范围是 $-50 \leqslant Y \leqslant 50$。现从输入的角度考虑设计了一组测试用例： $-100, 100, 0$。设计这组测试用例的方法是_____。

　　A. 条件覆盖法　　B. 边缘值分析法　　C. 等价分类法　　　D. 错误推测法

答案：C。本题考核黑盒测试中等价分类法的含义。

29. 在程序设计过程中要为程序调试做好准备,主要体现在_____。

　　A. 采用模块化、结构化的设计方法设计程

　　B. 编写程序时要为调试提供足够的灵活性

　　C. 根据程序调试的需要,选择并安排适当的中间结果输出和必要的"断点"

　　D. 以上都是

答案：D。程序调试在整个程序设计过程中占有很大的比重,因此,在程序设计一开始就应该考虑到程序调试的一些措施,为程序调试创造必要的条件。

30. 软件测试过程一般按_____步骤进行。

i 单元测试　　　ii 集成测试　　　iii 验收测试　　　iiii 系统测试

　　A. i、ii 和 iii　　　B. i、iii 和 iiii　　　C. i、ii 和 iiii　　　D. 以上都是

答案：D。软件测试过程一般按 4 个步骤进行,即单元测试、集成测试、验收测试和系统测试。通过这些步骤的依次实施来验证是否合格,能否交付用户使用。

31. 下列对于软件的描述中正确的是_____。

(此题为 2005 年 4 月的全国二级考题)

　　A. 软件测试的目的是证明程序是否正确

　　B. 软件测试的目的是使程序运行结果正确

　　C. 软件测试的目的是尽可能多地发现程序中的错误

　　D. 软件测试的目的是使程序符合结构化原则

答案：C。软件测试的目的就是在软件投入生产性运行之前,尽可能多地发现软件中的错误。(与21题考核角度一样)

32. 为了使模块尽可能独立,要求_____。

（此题为 2005 年 4 月的全国二级考题）

  A. 模块的内聚程序要尽量高，且各模块间的耦合程序要尽量强

  B. 模块的内聚程序要尽量高，且各模块间的耦合程序要尽量弱

  C. 模块的内聚程序要尽量低，且各模块间的耦合程序要尽量弱

  D. 模块的内聚程序要尽量低，且各模块间的耦合程序要尽量强

答案：B。减弱模块之间的耦合性，提高模块间的内聚性，有利于提高模块的独立性。

33. 下列描述中正确的是_____。

（此题为 2005 年 4 月的全国二级考题）

  A. 程序就是软件

  B. 软件开发不受计算机系统的限制

  C. 软件既是逻辑实体，又是物理实体

  D. 软件是程序、数据与相关文档的集合

答案：D。这里是对软件构成及概念的考核。

3.2.2　填空题

1. 软件工程将软件从开始研制到软件最终被废弃的整个阶段称为软件的_____。

答案：生命周期。这里考核软件生命周期的基本概念。

2. 软件设计中的详细设计一般是在_____的基础上才能实施，它们一起构成软件设计的全部内容。

答案：概要设计。概要设计和详细设计是软件开发期中的两项重要工作，它们一起构成软件设计的全部内容。

3. 软件工程是指导计算机软件_____和维护的工程学科。

答案：开发。可将一个软件的生命周期分为两个大的阶段（除去软件的定义阶段）：一是设计开发阶段，二是运行维护阶段。

4. 在软件开发的结构化方法中，构成系统逻辑模型的是数据流图和_____。

答案：数据字典。数据流图和数据字典共同构成系统的逻辑模型。没有数据流图，则数据字典难以发挥作用，没有数据字典，数据流图就不严格。

5. PAD 图是一种软件_____设计工具。

答案：详细。PAD 图是问题分析图的英文缩写，它是一种主要用于描述软件详细设计的图形表示工具。

6. 软件测试中，发现错误产生的原因依赖于所使用的调试策略，而主要的调试方法包括强行排错法、_____和原因排除法。

答案：回溯法。这是对调试方法的考核。

7. 软件测试是保证软件质量的重要手段，而测试软件的主要和重要的测试方法是通过测试数据和_____的设计来实现。

答案：测试用例。进行软件测试时应精心设计测试用例和选择测试数据，以对系统进行全面测试。

8. 软件测试的实施有严格的顺序,首先应该进行单元测试,再经过_____测试才能进行系统测试。

答案:集成(组装)测试。软件测试是一个自下而上逐步集成的过程,在进行软件的结构设计时,是将软件自上而下分解直至模块,而测试时是从模块即单元或称程序元素开始。

9. 软件由两部分组成:一部分是程序,另一部分是_____。

答案:文档资料。软件由两大部分组成,其一是可执行部分,即以编码信息存放在存储介质上的程序与过程,它描述计算任务的处理对象和处理规则;其二是与程序的过程有关的文档资料。

10. 诊断和改正程序中错误的工作通常称为_____。

(此题为 2005 年 4 月的全国二级考题)

答案:程序调试。这里是对程序调试基本概念的考核。

第4章

chapter **4**

数据库设计基础知识

知识要点

- 数据库的基本概念；
- 数据模型、实体联系模型及 E-R 图，从 E-R 图导出关系数据模型；
- 关系代数运算，包括集合运算及选择、投影、连接运算，数据库规范化理论；
- 数据库设计方法和步骤：需求分析、概念设计、逻辑设计和物理设计的相关策略。

4.1 内容概述

4.1.1 数据库系统的基本概念

1. 数据

数据(data)是描述事物的符号记录，数据库中存储的基本对象。

计算机中的数据一般分为两部分，其中一部分是存放在计算机内存中的临时性数据；而另一部分数据则是对系统起着长期持久的作用的持久性数据，数据库系统中处理的是持久性数据。

数据有型(type)与值(value)之分，型是对数据的结构和属性的说明，如整型、实型和字符型等，而值是型的一个具体给出了符合给定型的值。

数据的种类包括数字、文字、图像、图形和声音。

2. 数据管理技术的发展

数据管理技术的发展经历了人工管理阶段、文件系统阶段和数据库系统阶段 3 个阶段。人工管理阶段主要用于科学计算，硬件无磁盘，软件没有操作系统。文件系统阶段主要用于科学计算，硬件用磁盘、磁鼓，软件有文件系统。数据管理进入数据库系统阶段，主要用于大规模管理，硬件用大容量磁盘，软件有数据库管理系统。

3. 数据库

数据库(简称 DB)是按一定格式存储在计算机内的相关数据的集合。数据库能为各类用户共享,具有最小的冗余度,数据间联系密切,数据与程序间又有较高的独立性,易于维护和扩展。

4. 数据库管理系统

数据库管理系统(简称 DBMS)是数据库系统的核心,位于用户和操作系统之间的一种系统软件,负责数据库中的数据组织、数据操纵、数据维护、数据控制、数据保护和数据服务等。

1) DBMS 功能

(1) 数据存取。数据库管理系统为数据模式的物理存取提供有效的存取方法与手段。

(2) 数据操作。数据库管理系统为用户使用数据库中的数据提供查询、插入、修改及删除数据的功能;并对数据库中数据进行复制、转存、重组、性能监测、分析等操作。

(3) 数据的完整性、安全性控制。数据的完整性指数据库中的数据具有内在语义上的关联性与一致性,并需要经常维护数据的正确。数据的安全性对数据正确使用做出必要的检查。

(4) 数据库的并发控制和故障恢复。数据库的并发控制必须对多个应用程序的并发操作做必要的控制以保证数据不被破坏。数据库的故障恢复应该做到数据一旦遭受破坏,数据库管理系统必须有能力及时进行恢复。

2) 数据语言

(1) 数据定义语言(DDL):用户通过它可以方便地定义数据,建立数据的完整性约束,对数据有有效的存取方法和手段。

(2) 数据操纵语言(DML):提供数据操纵语言,实现对数据的查询、插入、删除和修改等基本操作。

(3) 数据控制语言(DCL):是 DBMS 的核心部分,负责数据完整性、安全性的定义与检查以及并发控制、故障恢复等功能,以保证数据库系统正确有效地运行。

3) 数据语言使用

(1) 交互式命令语言。能在终端上即时操作。

(2) 宿主型语言。该语言一般可嵌入某些宿主语言中,如 C、C++ 和 COBOL 等高级语言中。

4) 常见的 DBMS

目前流行的 DBMS,如 Oracle、PowerBuilder、DB2、SQL Server 等都是关系数据库系统。

5. 数据库系统

数据库系统(DBS)由数据库、数据库管理系统、数据库管理员、硬件和软件 5 部分组成。在数据库系统中,硬件包括计算机和网络;软件包括操作系统、数据库系统开发工具和接口软件。

6. 数据库系统的基本特点

1）数据整体结构化

在数据库系统中采用统一的数据结构方式，不仅描述数据本身的结构，还描述数据之间的联系。

2）程序与数据之间的独立性高，冗余度小

数据独立性是指数据库中数据独立于应用程序，即数据的逻辑结构、存储结构与存取方式的改变不会影响应用程序。数据独立性一般分为物理独立性与逻辑独立性。物理独立性是指数据的物理结构的改变，如存储设备的更换、物理存储的更换、存取方式改变等都不影响数据库的逻辑结构，从而不致引起应用程序的变化。逻辑独立性是指数据库总体逻辑结构的改变，如修改数据模式、增加新的数据类型、改变数据间联系等，不需要相应修改应用程序。

数据的共享降低数据的冗余度，节省存储空间，避免数据间的不一致性。

3）数据统一管理与控制

数据统一管理可以检查数据库中数据的正确性、检查数据库访问者以防止非法访问、控制多用户的并发访问，防止相互干扰保证数据正确。

7. 数据库的体系结构

数据库内部有模式、内模式、外模式三级模式和外模式到模式、模式到内模式二级映射。

1）三级模式

模式是数据库中全体数据逻辑结构和特征的描述，是全体用户数据的最小并集。它是一种抽象的描述，不涉及具体的硬件和软件的环境。

外模式也称子模式，是用户的数据视图，是用户可看见和使用的局部数据逻辑结构和特征的描述，是与某一具体应用有关的数据的逻辑表示。一个模式可以有多个外模式，同一个外模式可为多个用户所使用，但每个用户只能使用一个外模式。这样不仅可以屏蔽大量无关信息而且有利于数据保护。

内模式又称存储模式，是数据库中数据的物理结构和存储方法的描述，是数据在数据库内部的表示方式。一个数据库只有一个内模式。

三级模式之间的关系反映了不同环境有不同的要求，其中内模式处于最底层，它反映了数据在计算机物理结构中的实际存储形式，模式处于中间层，它反映了设计者的数据全局逻辑要求，而外模式处于最外层，它反映了用户对数据的要求。

2）数据库的两级映射

数据库通过两级映射建立了模式间的联系与转换，正是这两层映射保证了程序与数据其有较高的逻辑独立性和物理独立性。

模式/内模式的映射给出了模式中数据的全局逻辑结构到数据的物理存储结构间的对应关系，当内模式改变时，使得模式保持不变而不需要修改应用程序，保证了程序与数据的物理独立性。

外模式/模式的映射中模式是一个全局模式,而外模式是用户的局部模式。一个模式中可以定义多个外模式,而每个外模式是模式的一个基本视图。当模式改变时,每个外模式保持不变而不需要修改应用程序,保证了程序与数据的逻辑独立性。

4.1.2　数据模型

1. 数据模型的概念

数据模型是现实世界数据特征的模拟和抽象。数据模型的 3 个要素,它们是数据结构、数据操作和数据约束。

数据结构是指研究的数据对象及数据的类型、内容、性质以及数据间的联系,反映系统的静态特性。

数据操作是指对数据对象允许执行的操作的集合,反映系统的动态特性。

数据约束是指对数据结构内数据间的语法、语义联系,它们之间的制约与依存关系,以及数据动态变化的规则,以保证数据的正确、有效与相容。

2. 数据模型的层次

数据模型的层次分成 3 种类型,它们是概念数据模型、逻辑数据模型和物理数据模型。

概念数据模型是对客观世界复杂事物的结构描述及它们之间的内在联系,是一种面向客观世界、面向用户的模型,与具体的数据库管理系统和计算机平台无关。

逻辑数据模型是一种面向数据库系统的模型,主要有层次模型、网状模型、关系模型和面向对象模型等。

物理数据模型是一种面向要计算机物理结构表示的模型。

3. E-R 模型的基本概念

E-R 模型是一种将现实世界的要求转化成实体、联系、属性的概念数据模型,并且用 E-R 图直观地表示。

实体是现实世界中客观存在并可相互区分的事物的抽象。将有共性的实体组成实体集。

属性是指实体的若干特性,每一个特性可以用属性来表示。每个属性可以有值,一个属性的取值范围称为该属性的值域。

联系是指现实世界中事物间的关联。在概念世界中联系反映了实体集之间的一定关系。两个实体集之间的联系有下面几种。

一对一的联系(1∶1)。有两个实体集 A 和 B。如果任一个实体集中的每个实体最多与另一个实体集中的一个实体有联系,则实体集 A 与实体集 B 具有一对一联系。

一对多或多对一联系(1∶M 或 M∶1)。有两个实体集 A 和 B。如果实体集 A 中的每个实体可与实体集 B 中有多个(可 0 个)实体有联系,而实体集 B 中的每个实体最多只可与实体集 A 中的一个实体有联系,则实体集 A 与实体集 B 具有一对多联系。例如,学校里专业和学生之间具有一对多联系,而专业和系之间具有多对一联系。

多对多联系($M:N$)。有两个实体集 A 和 B。如果任一个实体集中的每个实体可与另一个实体集中的多个(可 0 个)实体有联系,则实体集 A 与实体集 B 具有多对多联系。例如,学校里学生和课程之间具有多对多联系。

4. E-R 图示法

用 E-R 图来表示概念模型,采用不同的几何图形表示 E-R 图中的概念与连接关系。

用矩形框表示实体集,框内写实体集的名字;用椭圆框表示实体的属性或联系的属性,框内写上属性的名称;用菱形框表示实体之间的联系,框内写上联系名;用无向线段分别表示连接实体与属性间的连接关系、实体集与联系间的连接关系。

5. 基本数据模型概述

1) 层次模型

在层次模型中表示实体以及实体之间联系的数据结构是有向树结构。它有下列特性:

(1) 每棵树有且仅有一个无双亲结点,称为根(root)。

(2) 树中除根外所有结点有且仅有一个双亲。

层次模型主要的操作有查询、插入、删除和更新。在对层次模型进行插入、删除、更新操作时,要满足层次模型的完整性约束条件;进行插入操作时,如果没有相应的双亲结点值就不能插入相应的子女结点值;进行删除操作时,如果删除双亲结点值,则相应的子女结点值也被同时删除;进行更新操作时,应更新所有相应记录,以保证数据的一致性。

层次模型的主要优点有:

(1) 数据结构比较简单,操作简单;

(2) 实体间联系是固定的,且预先定义好的应用系统;

(3) 有较高的性能;

(4) 提供良好的完整性支持。

层次模型的主要缺点有:

(1) 不适合表示非层次性的联系;

(2) 对于插入和删除操作的限制比较多;

(3) 查询子女结点必须通过双亲结点。

2) 网状模型

网状模型是一个不加任何条件限制的无向图。它将通用的网络拓扑结构分成一些基本结构,即分解成若干个只有两个层次的二级树,而这种树是由一个根及若干个叶子所组成。为便于实现,一般规定根结点与任一叶子结点间的联系均是一对多的联系(包含一对一联系)。

网状模型的主要优点有:

(1) 能够更为直接地描述现实世界,如一个结点可以有多个双亲;

(2) 具有良好的性能,存取效率较高。

网状模型的主要缺点有：

（1）结构比较复杂，且随着应用环境的扩大，数据库的结构就变得越来越复杂，不利于最终用户掌握；

（2）DDL、DML 语言复杂，用户不容易使用。

3）关系模型

关系模型是建立在严格的数学概念基础上的，数据结构是一张二维表，实体以及实体之间的联系都用二维表表示。二维表在关系模型中称为关系。

在关系模型中，表格的第一行称为关系模式，在表格中按行存放数据，每一行（第一行除外）数据称为元组，表格的每一列称为一个属性，表格中的某一具体值称为一个属性值，元组的集合称为关系。关系中每一个属性有一个取值范围，称为值域。

若关系中的某一属性组的值能唯一地标识一个元组，则称该属性组为候选码（或候选键）。若一个关系有多个候选码，则选取其中一个作为主码（或主键）。在关系元组的分量中允许出现空值以表示信息的空缺。空值用于表示未知的值或不可能出现的值，一般用 NULL 表示。一般关系数据库系统都支持空值，但是有两个限制，即关系的主键中不允许出现空值，因为如主键为空值则失去了其元组标识的作用。

关系模型允许定义三类数据约束，它们是实体完整性约束、参照完整性约束和用户定义完整性约束。

（1）实体完整性约束是指若属性 A 是基本关系 R 的主码，则属性 A 不能为空值。这是数据库完整性的最基本要求，因为主码是唯一决定元组的，如为空值则其唯一性就不再成立了。所谓空值就是表示"不知道"或"无意义"的值，一般用 NULL 表示。

（2）参照完整性约束是指若属性 A 是基本关系 $R1$ 的主码，A 也是关系模式 $R2$ 的外码，那么在 $R2$ 的关系中，则属性 A 取空值或者等于 $R1$ 关系中某个主码值。

（3）用户定义的完整性约束是针对某一具体的关系数据库的约束条件，它反映了具体应用中数据的语义要求。

4）关系操纵

关系模型是建立在关系上的数据操纵，一般有查询、增加、删除及修改 4 种操作。

（1）数据查询是对一个关系内查询的基本元组按查询条件的先定位后操作过程；

（2）数据删除是对一个关系内的元组执行删除；

（3）数据插入是对指定关系中插入一个或多个元组；

（4）数据修改是对一个关系中指定的元组与属性执行修改。

4.1.3　关系代数

1. 关系代数的基本操作

关系代数是关系为运算对象的一组高级运算的集合。关系代数中有并、交、差、笛卡儿积、投影、选择、连接的基本操作。

（1）并：设关系 R 和 S 具有相同的关系模式，R 和 S 的并是由属于 R 或属于 S 的元组组成的集合，记为 $R \cup S$。

（2）交：设 R 和 S 是同类关系，则 R 和 S 的交是由同时属于 R 和 S 的元组的集合，记为 $R \cap S$。

（3）差：设关系 R 和 S 具有相同的关系模式，R 和 S 的差是由属于 R 但不属于 S 的元组组成的集合，记为 $R - S$。

（4）笛卡儿积：设关系 R 和 S 的元素分别为 r 和 s。定义 R 和 S 的笛卡儿积是一个 $(r+s)$ 元的元组集合，每个元组的前 r 个分量（属性值）来自 R 的一个元组，后 s 个分量来自 S 的一个元组，记为 $R \times S$。

（5）投影：投影操作对一个关系进行垂直分割，消去当前关系中的某些列，并重新安排列的顺序，再删除重复元组。

（6）选择：选择操作是根据某些条件对关系进行水平分解，选择符合条件的元组。设 F 是一个命题公式，则在关系 R 上的 F 选择是在 R 中挑选满足 F 的所有元组，组成一个新的关系，这个新关系是 R 的一个子集。

（7）连接：设关系 R 和 S 分别是 r 元和 s 元关系，θ 是算术运算符，i 和 j 分别是 R 的第 i 列和 S 的第 j 列分量，则关系 R 的第 i 列和关系 S 的第 j 列的 θ 连接是 R 和 S 的笛卡儿积的一个子集，这个子集的元组必须符合 R 的第 i 个属性值与 S 的第 j 个属性值之间有 θ 关系。

2. 数据库规范化理论

范式（Normal Form，NF）表示关系模式的级别，是衡量关系模式规范化的程度，达到范式的关系才是规范化的。所有规范化的关系都是以 1NF 为基础的，在 1NF 基础上再满足一些要求的关系为 2NF，2NF 又进一步满足一些要求的为 3NF，依次类推。

（1）第一范式（1NF）：如果关系 R 中所有属性的值域是不能再分割的简单项，那么关系模式 R 是第一范式。

（2）第二范式（2NF）：如果关系模式 R 是第一范式的，且关系中每一个非主属性大部分依赖于主码，称 R 是第二范式。

（3）第三范式（3NF）：如果关系模式 R 是 2NF 的，且每一个非主属性都不传递依赖于主码，称 R 是第三范式。

（4）BC 范式（BCNF）：如果关系模式 R 是第一范式的，且 R 中每一个决定因素都是候选码，则 R 是满足 BC 范式的关系，称 R 是 BCNF 范式。

（5）第四范式（4NF）：是 BC 范式的推广，是针对有多值依赖的关系模式所定义的规范化形式。

4.1.4 数据库设计

1. 数据库设计概述

数据库设计的基本任务是根据用户的要求，结合数据库系统软硬件的支持环境设计出数据模式。数据库设计中有一定的制约条件，它们是系统设计平台，包括系统软件、工具软件以及设备、网络等硬件。

在数据库设计中有两种方法,一种是以信息需求为主,称为面向数据的方法;另一种方法是以处理需求为主,称为面向过程的方法。

数据库设计目前一般采用生命周期法,即将整个数据库应用系统的开发分解成目标独立的需求分析阶段、概念设计阶段、逻辑设计阶段、物理设计阶段、数据库的实现、数据库的运行与维护阶段。

2. 数据库设计的需求分析

需求分析阶段的任务是由计算机系统分析员和用户双方共同通过详细调查现实世界要处理的对象,收集数据库所需要的信息内容和用户对处理的需求。并以需求说明书的形式表示,作为系统开发和验证的依据。需求分析的工作主要由下面 4 步组成。

1) 分析用户活动,产生业务流程图

根据用户当前的业务活动和职能,搞清其业务处理流程。对一个比较复杂的处理,通常把它分解成若干个子处理,使每个处理功能明确、界面清楚,经过分析后画出用户的业务流程图。

2) 确定系统范围,产生系统关联图

在和用户经过充分讨论的基础上,确定计算机和人工处理所能进行的数据处理的范围,确定人机界面。

3) 分析用户活动涉及的数据,产生数据流图

深入分析用户的业务处理后,经常采用的需求分析方法有结构化分析方法和面向对象的方法。结构化分析方法用自顶向下、逐层分解的方式分析系统。

用数据流图表达了数据和处理过程的关系,从"数据"和"对数据的加工"两方面表达数据处理系统工作过程的一种图形表示法,具有直观、易于被用户和软件人员双方都能理解的一种表达系统功能的描述方式。

4) 分析系统数据,产生数据字典

数据字典是对数据描述的集中管理,它的功能是存储和检索各种数据描述。数据字典中通常包括数据项、数据结构、数据流、数据存储和处理过程 5 部分。数据字典是在需求分析阶段建立,在数据库设计过程中不断修改、充实和完善的。

3. 数据库概念设计

1) 数据库概念设计的重要性

数据库概念设计的目的是分析数据间的联系,在此基础上建立一个数据的概念模型。数据库概念设计的方法有两种:

(1) 集中式模式设计法。集中式模式设计法根据需求设计一个统一的、综合的全局模式,适用于小型或并不复杂的单位或部门。

(2) 视图集成设计法。视图集成设计法先将一个单位分解成若干个部分,对每个部分做局部模式设计,建立各个部分的视图,然后以各视图为基础进行集成。在集成过程中对出现的一些冲突通过视图做修正,最终形成全局模式。

视图集成设计法是一种由分散到集中的方法,尽管设计过程复杂,但它能较好地反

映需求，适合于大型的单位。

2）数据库概念设计的主要步骤

概念设计的任务一般可分为 3 步来完成：进行数据抽象，设计局部概念模型；将局部概念模型综合成全局概念模型；视图集成。

（1）进行数据抽象，设计局部概念模型。局部用户的信息需求是构造全局概念模型的基础。因此，需要先从个别用户的需求出发，为每个用户建立一个相应的局部概念结构。在建立局部概念结构时，要对需求分析的结果进行细化、补充和修改，将有的数据项要分为若干子项；有的数据的定义要重新核实等。

设计概念结构时，常用的数据抽象方法是"聚集"和"概括"。聚集是将若干对象和它们之间的联系组合成一个新的对象。概括是将一组具有某些共同特性的对象合并成更高一 层意义上的对象。

（2）将局部概念模型综合成全局概念模型。综合各局部概念结构就可得到反映所有用户需求的全局概念结构。在综合过程中，主要处理各局部模式对各种对象定义的不一致问题。把各个局部结构合并，还会产生冗余问题，或导致对信息需求的再调整与分析，以确定确切的含义。

具体采用自顶向下、自底向上和由内向外方法，根据实际情况完成的视图设计。

（3）视图集成。视图集成的实质是将所有的局部视图合并成一个完整的数据模式。在进行视图集成时，重要的是解决局部设计中的命名冲突、概念冲突、域冲突和约束冲突。消除了所有冲突后，就可把全局结构提交评审。

具体由视图经过合并生成的是 E-R 图，其中可能存在冗余的数据和冗余的实体间联系。冗余数据和冗余联系容易破坏数据库的完整性，给数据库维护增加困难。因此，对于视图集成后所形成的整体的数据库概念结构还必须进行进一步验证，确保整体概念结构内部必须具有一致性；能准确地反映属性、实体及实体间的联系的每个视图结构；能满足需求分析阶段所确定的所有要求；应该提交给用户，征求用户和有关人员的意见，进行评审、修改和优化。评审分为用户评审和应用开发人员评审两部分。用户评审的重点放在确认全局概念模型是否准确完整地反映了用户的信息需求和现实世界事物的属性间的固有联系；应用开发人员评审则侧重于确认全局结构是否完整，各种成分划分是否合理，是否存在不一致性，以及各种文档是否齐全等。最终作为数据库的概念结构和设计数据库的依据。

3）数据库的逻辑设计

数据库逻辑设计的目的是把概念设计阶段设计好的全局 E-R 模型转换成与选用的具体机器上的 DBMS 所支持的数据模型相符合的逻辑结构。把概念模型转换成 DBMS 能处理的逻辑模型。转换过程中要对模型进行评价和性能测试，以便获得较好的模式设计。逻辑设计的主要步骤有如下 5 步：

（1）把概念模型转换成逻辑模型。将 E-R 图转换成指定 DBMS 中的关系模式，关系模式将实体与联系都可以表示成关系，E-R 图中属性也可以转换成关系的属性。实体集也可以转换成关系，这种有规则转换可以用工具来实现。

（2）设计外模式。设计外模式又称关系视图设计，外模式是逻辑模型的逻辑子集，它是应用程序和数据库系统的接口,提供数据逻辑独立性,使应用程序不受逻辑模式变化的影响。它允许应用程序有效地访问数据库中的数据,而不破坏数据库的安全性,各用户间起一定的保密隔离作用。

(3) 设计应用程序与数据库的接口。提供应用程序与数据库之间通信的逻辑接口。

(4) 评价模型。评价模型是对逻辑模型进行评价,评价数据库结构的方法通常有定量分析和定性分析方法等。

(5) 修正模型。修正模型的目的是为了使模型适应信息的不同表示,但数据库的信息内容不能修改。如果信息内容不修改,模式就不能进一步求精,那么就要停止模型设计,返回到概念设计或需求分析阶段,重新设计。

4) 数据库的物理设计

物理设计是对给定的基本数据模型选取一个最适合应用环境的物理结构的过程。主要目的是对数据库内部物理结构做调整,并选择合理的存取路径,以提高数据库访问速度及有效利用存储空间。数据库内部物理结构主要指数据库的存储记录格式、存储记录安排和存取方法,它是完全依赖于给定的硬件环境和数据库产品的。物理设计分 5 部分,即存储记录结构设计、确定数据存放位置、存取方法的设计、完整性和安全性考虑及程序设计。

5) 数据库的实现

对数据库的物理设计初步完成后就开始建立数据库了。数据库实现主要包括用 DDL 定义数据库结构、组织数据入库、编制与调试应用程序和数据库试运行。

(1) 定义数据库结构。确定了数据库的逻辑结构与物理结构后,用 DBMS 提供的数据定义语言(DDL)来严格描述数据库结构。

(2) 数据装载。数据库结构建好后,就可以向数据库中装载数据了。组织数据入库是数据库实现阶段最主要的工作,主要步骤是筛选数据,转换数据格式,输入数据,校验数据。

(3) 编制与调试应用程序。数据库应用程序的设计应该与数据设计并行进行,即编制与调试应用程序是与组织数据入库同步进行的。

(4) 数据库试运行。数据库试运行主要包括实际运行应用程序功能调试;执行对数据库的各种操作;测试应用程序的各种功能;测量系统的性能指标,分析是否符合设计目标。

6) 数据库的运行与维护

数据库试运行结果符合设计目标后,数据库投入运行了。由于应用环境在不断变化,数据库运行过程中物理存储也会不断变化,所以对数据库设计进行评价、调整和修改等维护工作是一个长期的任务,也是设计工作的继续和提高。这部分经常性的维护工作主要是由数据库管理员(DBA)完成的,它包括:

(1) 数据库的转储和恢复。DBA 要定期对数据库和日志文件进行备份,一旦数据库中的数据遭受破坏,应该尽快将数据库恢复到某种一致性状态,并尽可能减少对数据库的破坏。

(2) 数据库安全性、完整性控制。DBA 根据用户的实际需要授予不同的操作权限。

数据库运行过程中,应用环境的变化,对安全性的要求也会发生变化,需要 DBA 根据实际情况修改原有的安全性控制。同样,由于应用环境的变化,数据库的完整性约束条件也会变化,所以也需要 DBA 不断修正,以满足用户需要。

(3) 数据库性能的改进。DBA 的又一重要任务是检测数据库运行状态,对监测数据进行分析,找出改进系统性能的方法,调整某些参数来进一步改进数据库性能。

(4) 数据库的重组织和重构造。数据库运行一段时间后,由于不断地增加、删除、修改记录,使数据库的物理存储变坏,降低数据库存储空间的利用率,数据库的性能下降。这时 DBA 就要对数据库进行重新安排存储位置、回收垃圾、减少指针链,重组织或部分重组织后提高了系统性能。

4.2 练 习

4.2.1 选择题

1. 数据独立性是数据库技术的重要特点之一。所谓数据独立性是指_____。(此题为 2005 年 4 月的全国二级考题)

 A. 数据与程序独立存放

 B. 不同的数据被存放在不同的文件中

 C. 不同的数据只能被对应的应用程序所使用

 D. 以上 3 种说法都不对

答案:D。数据独立性是指数据库中数据独立于应用程序,即数据的逻辑结构、存储结构与存取方式的改变不会影响应用程序。数据独立性一般分为物理独立性与逻辑独立性。数据独立性是数据与程序间的互不依赖性。选项 A、B、C 所描述的都不是数据独立性的概念。

2. 下列关于数据库系统的叙述中,正确的是_____。

 A. 数据库系统比文件系统数据共享性差

 B. 数据库系统减少了数据冗余

 C. 数据库系统增加了数据冗余

 D. 数据库系统程序与数据之间独立性低

答案:B。数据库系统的特点是数据的共享性高、冗余度小、程序与数据之间的独立性高。

3. 对于"关系"的描述,正确的是_____。(此题为 2004 年 9 月的全国二级考题)

 A. 同一个关系中允许有完全相同的元组

 B. 在一个关系中元组必须按关键字升序存放

 C. 在一个关系中必须将关键字作为该关系的第一个属性

 D. 同一个关系中不能出现相同的属性

答案:D。关系中的每一列称为属性(字段),关系中的字段不允许重名,每一个元组(记录)必须能够区分,所以不允许完全相同。但是允许关系中的列与列、行与行互换。

4. 在概念模型中,客观存在并可以相互区别的事物称为_____。

    A. 实体   B. 联系   C. 属性   D. 码

答案:A。实体是现实世界中客观存在并可相互区分的事物,属性是指实体的若干特性,联系是指现实世界中事物间的关联。

5. 用树状结构来表示实体之间联系的模型称为_____。

    A. 网状模型   B. 关系模型   C. 层次模型   D. 数据模型

答案:C。在层次模型中表示实体以及实体之间联系的数据结构是有向树结构。

6. 下列关系运算中,经过运算后得到的新关系中元组个数少于原来关系中元组个数的是_____。

    A. 与   B. 选择   C. 投影   D. 连接

答案:B。选择操作是在关系中挑选满足条件的元组,挑选后得到的元组的个数少于原来关系中元组个数。

7. 设有关系 R 和 S,在下列的关系运算中,_____不要求"R 和 S 具有相同的元组,且具有相同的属性个数"。

    A. $R-S$ B. $R \cup S$ C. $R \times S$ D. $R \cap S$

答案:C。关系运算中,并 $R \cup S$、交 $R \cap S$ 和差 $R-S$ 运算中要求两个关系有相同的模式,且对应属性的数据类型也相同。而只有笛卡儿积不要求关系 R 和 S 具有相同的元组和属性。

8. 在数据库设计中,将 E-R 图转换成关系模型的过程属于_____。

    A. 逻辑设计阶段   B. 物理设计阶段

    C. 需求分析阶段   D. 概念设计阶段

答案:A。数据库的逻辑设计中第一步就是将 E-R 图转换成关系模型。物理设计主要是对给定的基本数据模型选取一个最适合应用环境的物理结构的过程。需求分析阶段主要工作是分析用户活动和用户对处理的需求。概念设计阶段的目的是分析数据间的联系、设计局部概念模型。

9. 把实体-联系模型转换为关系模型时,实体之间多对多联系在关系模型中是通过_____。(此题为 2003 年 9 月的全国二级考题)

    A. 建立新的属性来实现   B. 建立新的关键字来实现

    C. 建立新的关系来实现   D. 建立新的实体来实现

答案:C。把实体-联系模型转换为关系模型时,将每一个实体集转换为一个关系,同时还把实体间的联系反映出来。实体之间多对多联系通过建立一个新的关系来反映联系。

10. 下列不属于数据库的运行与维护的是_____。

    A. 数据库的转储和恢复   B. 数据库安全性、完整性控制

    C. 数据库的重组织和重构造   D. 数据装载

答案:D。数据库的运行与维护包括数据库的转储和恢复、数据库安全性、完整性控制、数据库性能的改进、数据库的重组织和重构造,不包括数据装载。

4.2.2 填空题

1. 数据库保护分为安全性控制、_____、并发性控制和数据的恢复。

答案：完整性控制。安全性控制：防止未经授权的用户有意或无意存取数据库中的数据，以免数据被泄露、更改或破坏。完整性控制：保证数据库中数据及语义的正确性和有效性，防止任何对数据造成错误的操作。并发控制：正确处理好多用户、多任务环境下的并发操作，防止错误发生。数据的恢复：当数据库被破坏或数据不正确时，使数据库能恢复到正确的状态。

2. 关系数据库中，把数据表示成二维表，每一个二维表称为_____。（此题为2005年4月的全国二级考题）

答案：关系。在关系数据库中，关系模型采用二维表来表示，简称表，一个二维表称为关系。

3. 关系模型的数据操纵是建立在关系上的数据操纵，一般有_____、增加、删除和修改4种操作。

答案：查询。关系模型的数据操纵是建立在关系上的数据操纵，一般有查询、增加、删除和修改4种操作。数据查询可以查询关系数据库中的数据，它包括一个关系内的查询以及多个关系间的查询。数据删除的基本单位是一个关系内的元组，它的功能是将指定关系内的指定元组删除。数据插入仅对一个关系而言，在指定关系中插入一个或多个元组。数据修改是在一个关系中修改指定的元组和属性。

4. 在关系模型中，"关系中不允许出现相同元组"的约束是通过_____实现的。（此题为2004年9月的全国二级考题）

答案：主关键字。若属性 A 是基本关系 R 的主码（主关键字），则属性 A 不能为空值。这是数据库完整性的最基本要求，因为主码是唯一决定元组的。

5. 有一个关系：学生（学号、姓名、系别），规定学号的值是10位数字组成的字符串，这种约束属于_____。

答案：用户定义完整性。关系数据库的数据必须遵循实体完整性约束、参照完整性约束和用户定义完整性约束。本题中的具体应用涉及数据必须满足用户定义的数据取值范围，反映了具体应用中数据的语义要求即用户定义完整性约束。

6. 设关系 R 有6个元组，关系 S 有7个元组，关系 T 是 R 与 S 的笛卡儿积，则关系 T 的元组是_____。

答案：42。根据笛卡儿积的定义，关系 T 的元组为 $R \times S$ 即 $6 \times 7 = 42$。

7. 关系数据库的规范化理论指出：关系数据库中的关系应满足最基本的要求是达到1NF，即满足每个属性是_____。

答案：不可分解的。第一范式（1NF）要求关系 R 中所有属性的值域都是不能再分割的简单项。

8. 在数据库设计中，对数据集中管理，存储和检索各种数据描述，通常包括数据项、数据结构、数据流、数据存储和处理过程，这种描述称为_____。

答案：数据字典。数据字典的基本定义。

9. 将 E-R 图转换到关系模式时,实体与联系可以表示为_____。

答案:关系。数据库逻辑设计中将 E-R 图转换到关系模式,E-R 图中属性转换成关系的属性,实体与联系可以表示为关系。

10. 数据库运行一段时间后,数据库的性能会下降,这时对数据库进行_____。

答案:重组。由于不断的增加、删除、修改记录,使数据库的物理存储变坏,降低数据库存储空间的利用率,对数据库重新调整存储空间的工作称为重组。

第二部分
C语言学习指导

第5章

chapter 5

C 语言概述

5.1 本章基本知识结构

C程序的基本开发过程：

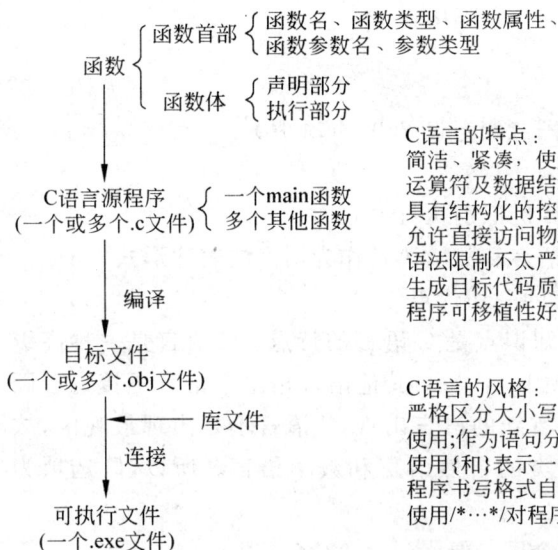

函数 ──┬── 函数首部 ── { 函数名、函数类型、函数属性、函数参数名、参数类型

　　　 └── 函数体 ── { 声明部分
　　　　　　　　　　　 执行部分

↓

C语言源程序
(一个或多个.c文件) ── { 一个main函数
　　　　　　　　　　　 多个其他函数

C语言的特点：
简洁、紧凑，使用方便、灵活
运算符及数据结构丰富
具有结构化的控制语句
允许直接访问物理地址，对硬件直接进行操作
语法限制不太严格，程序设计自由度大
生成目标代码质量高，程序执行效率高
程序可移植性好

↓ 编译

目标文件
(一个或多个.obj文件) ←── 库文件

C语言的风格：
严格区分大小写英文字母
使用;作为语句分隔符
使用{和}表示一个语句组，必须配对使用
程序书写格式自由，一行内可以写几个语句，一个语句可以写在几行上
使用/*…*/对程序中的任何部分作注释

↓ 连接

可执行文件
(一个.exe文件)

5.2 知识难点解析

（1）什么是 C 程序的基本结构？

【解答】 所有 C 程序都是由一个或多个函数组成的程序模块构成的；在所有的函数中，至少包含一个名为 main() 的主函数；C 程序总是从主函数 main() 开始执行，main() 函数可以放在程序的任何位置。从组织结构上看，一个 C 程序可以由若干个源程序文件组成，一个源文件可以由若干个函数及全局变量声明部分组成，一个函数由数据定义部分和执行语句组成。

（2）主函数和普通函数有什么区别？

【解答】 主函数和普通函数的区别是：主函数名必须是 main，不能由用户随意设置；每个 C 程序都有且只有一个主函数，而其他普通函数则可以有多个；每个 C 程序必须从主函数开始并结束。

（3）一个 C 程序只能包含一个.c 文件吗？

【解答】　一个 C 程序可以包含一个或多个.c 文件，每个文件中包含若干个函数，但整个 C 程序有且只有一个 main()函数。当一个 C 程序包含多个.c 文件时，先分别编译各个文件产生对应的.obj 文件，然后连接它们生成一个可执行文件。

（4）C 源程序可以直接执行吗？

【解答】　计算机不能直接理解汇编语言和高级语言，而只能理解机器语言。因此，C 源程序是不可以直接执行的。必须使用编译程序把 C 语言源程序编译成目标文件，并通过连接程序将目标文件与系统库文件连接生成可执行程序文件，此种类型的文件才可直接执行。

5.3　练　　习

1. 选择题

（1）以下叙述正确的是_____。（全国二级考试 2003 年 4 月）
　　A. C 语言比其他语言高级
　　B. C 语言可以不用编译就能被计算机识别执行
　　C. C 语言以接近英语国家的自然语言和数学语言作为语言的表达形式
　　D. C 语言出现最晚、具有其他语言的一切优点

【分析、解答】　答案为 C。本题考核的知识点是 C 语言的特点。C 语言是一种高级语言，必须编译成目标代码才能执行，故选项 B 错误；与其他语言相比 C 语言更接近于硬件，更"低级"；程序语言是不断发展的，不断有新的语言出现，C 语言不是出现最晚的，故选项 A 和选项 D 错误；高级语言类似于人类的自然语言和数学语言。所以，C 选项为所选。

（2）在一个 C 语言程序中_____。（全国二级考试 2003 年 4 月）
　　A. main()函数必须出现在所有函数之前
　　B. main()函数可以在任何地方出现
　　C. main()函数必须出现在所有函数之后
　　D. main()函数必须出现在固定位置

【分析、解答】　答案为 B。本题考核的知识点是 main()函数的位置。C 语言规定，main()函数在程序中的位置是任意的，可以在程序的前部、中部或后部。

（3）以下叙述正确的是_____。（全国二级考试 2003 年 9 月）
　　A. C 程序中注释部分可以出现在程序中任何合适的地方
　　B. 花括号{和}只能作为函数体的定界符
　　C. 构成 C 程序的基本单位是函数，所有函数名都可以由用户命名
　　D. 分号是 C 语句之间的分隔符，不是语句的一部分

【分析、解答】 答案为 A。本题考核的知识点是 C 语言函数、语句的概念、注释以及 C 程序的基本结构。花括号{和}不仅可以作为函数体的定界符,而且可以作为复合语句的定界符,选项 B 错误;main()函数不可以由用户命名,选项 C 错误;分号是 C 语句的结束符,是构成 C 语句的必要组成部分,选项 D 错误;在 C 语言中,允许在任何能够插入空格符的位置插入注释,但 C 语言的注释不能进行嵌套,故选项 A 正确。

（4）以下叙述正确的是_____。（全国二级考试 2004 年 4 月）

　　A. C 语言的源程序不必通过编译就可以直接运行

　　B. C 语言中的每条可执行语句最终都将被转换成二进制的机器指令

　　C. C 源程序经编译形成的二进制代码可以直接运行

　　D. C 语言中的函数不可以单独进行编译

【分析、解答】 答案为 B。本题考核的知识点是 C 程序从编写到生成可执行文件的步骤。C 语言编写的程序必须经过编译、连接后才可以执行,选项 A 错误;C 语言编译后生成的二进制代码是目标文件,需要进一步连接生成 exe 文件方可执行,选项 C 错误;C 语言中函数可以单独编译。

（5）以下叙述错误的是_____。（全国二级考试 2005 年 9 月）

　　A. C 语句必须以分号结束

　　B. 复合语句在语法上被看作一条语句

　　C. 空语句出现在任何位置都不会影响程序运行

　　D. 赋值表达式末尾加分号就构成赋值语句

【分析、解答】 答案为 C。本题考核的知识点是 C 语言中语句的概念。C 语句必须以分号结束,选项 A 正确;复合语句在语法上被看作一条语句,选项 B 正确;空语句也算是一条语句,因此如果空语句出现在条件或者循环语句中,一样会被当作条件子句或者循环体来看待,所以选项 C 是错误的;赋值表达式末尾加分号就构成赋值语句,选项 D 正确。

（6）以下叙述正确的是_____。

　　A. C 程序的执行是从 main()函数开始,到本程序的最后一个函数结束

　　B. C 程序的执行是从第一个函数开始,到本程序的最后一个函数结束

　　C. C 程序的执行是从 main()函数开始,到本程序的 main()函数结束

　　D. C 程序的执行是从第一个函数开始,到本程序的 main()函数结束

【分析、解答】 答案为 C。本题考核的知识点是 C 程序的执行过程。任何一个 C 程序都是从 main()函数开始执行的。在 main()函数中用户根据实际需要调用其他函数,这些函数执行完毕后将返回到 main()函数。当执行完 main()函数的最后一个语句后,整个程序运行结束。

2. 填空题

（1）C 语言程序的基本单位是_____。

【分析、解答】 答案是函数。本题考核的知识点是 C 程序的构成。C 程序是由函数构成的。一个 C 源程序至少包含一个 main()函数,也可以包含一个 main()函数和若干

个函数。因此,函数是 C 程序的基本单位。C 程序由各个函数分别来完成,每个函数实现了特定的功能。

(2) 一个函数由两部分组成,它们是函数首部和_____。

【分析、解答】 答案是函数体。本题考核的知识点是 C 语言中函数的组成。C 程序中函数由两部分组成:一部分是函数首部,包括函数名、函数类型、函数属性、函数参数、参数类型;另一部分是函数体,即函数首部下面的大括号内的部分,一般包括声明部分和执行部分。

(3) 将 C 源程序进行_____可得到目标文件。

【分析、解答】 答案是编译。本题考核的知识点是用 C 语言开发程序的步骤。计算机只能识别并执行二进制的指令,因此必须将 C 源程序进行编译生成二进制形式的目标文件。但是该目标文件并不能被执行,它必须与系统的库函数和其他目标文件连接起来形成 exe 文件才可以执行。

5.4　实　验　指　导

1. 实验目的

(1) 了解在计算机系统上如何编辑、编译、连接和运行一个 C 程序。
(2) 通过运行简单的 C 程序,初步了解 C 程序的特点。

2. 实验内容

(1) 编写一个程序,在屏幕上输出如下信息:

```
*******************************
*          LANGUAGE C         *
*            BEGIN            *
*******************************
```

(2) 编写一个程序,输入 a、b、c 3 个值,输出其中最大者。

3. 编程环境及程序代码

(1) 编程环境:Visual C++ 6.0 或 Turbo C 2.0。
(2) 编程代码(所附程序均为参考程序,答案并不唯一)。
第(1)题:

```c
#include <stdio.h>
void main()
{
  /* 输出函数,在屏幕上打印引号中的内容 */
  printf("      *******************************\n");
  printf("      *          LANGUAGE C         *\n");
```

```
  printf("              *              BEGIN                *\n");
  printf("             *******************************\n");
}
```

第(2)题：

```
#include <stdio.h>
void main()
{
  int a, b, c, max;                /*定义 4 个整型变量 */
  printf("请输入 3 个数 a,b,c: \n");
  scanf("%d,%d,%d", &a, &b, &c);    /*输入函数,输入变量 a、b、c 的值 */
  max=a;                           /*赋值语句,将变量 a 的值赋给变量 max */
  if(max<b)                        /*条件判断语句,比较变量 max 与 b 中值的大小 */
     max=b;
  if(max<c)
     max=c;
  printf("最大数为:%d", max);
}
```

chapter 6

程序的灵魂——算法

6.1 本章基本知识结构

程序＝算法＋数据结构＋程序设计方法＋语言工具和环境

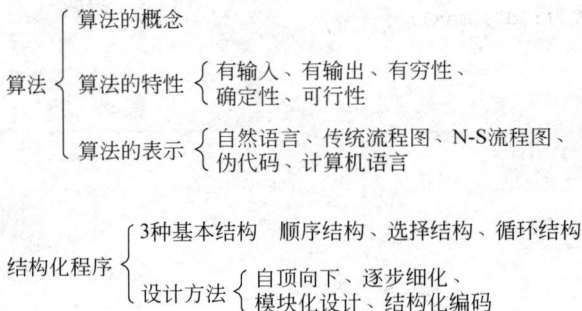

算法 {
　　算法的概念
　　算法的特性 { 有输入、有输出、有穷性、确定性、可行性
　　算法的表示 { 自然语言、传统流程图、N-S流程图、伪代码、计算机语言
}

结构化程序 {
　　3种基本结构　顺序结构、选择结构、循环结构
　　设计方法 { 自顶向下、逐步细化、模块化设计、结构化编码
}

6.2 知识难点解析

（1）什么是算法？

【解答】 所谓算法，就是问题的求解方法。通常，一个算法由一系列求解步骤完成。正确的算法要求组成算法的规则和步骤的意义是唯一确定的，不能存在二义性，而且这些规则指定的操作是有序的，必须按算法指定的操作顺序执行，并能够在有限的执行步骤后给出正确的结果。算法应具有下列5个特征：

① 有输入 算法有零个或多个输入。

② 有输出 算法至少产生一个输出。

③ 有穷性 算法必须总能在执行有限步之后终止。

④ 确定性 算法的每一条指令都有确切的定义，没有二义性。

⑤ 可行性 算法的每一条指令都足够基本，它们可以通过已经实现的基本运算执行有限次来实现。

（2）算法的性能标准是什么？

【解答】 算法的性能标准包括：

① 正确性 算法的执行结果应当满足预先规定的功能和性能要求。

② 简明性 一个算法应当思路清晰、层次分明、简单明了、易读易懂。

③ 健壮性 当输入不合法数据时，应能做适当处理，不至于引起严重后果。

④ 效率 算法执行是计算机资源的消耗，包括存储和运行时间的开销，通常用空间复杂度和时间复杂度来衡量。

⑤ 最优性 解决统一问题可能有多种算法，应进行比较，选择最佳算法。

（3）什么是结构化程序设计？

【解答】 结构化程序设计实际上就是为了使程序具有合理的结构，以便保证和验证程序的正确性而规定的一套进行程序设计的方法。用结构化程序设计方法设计出来的程序称为结构化程序。它的主要内容是自顶向下，逐步细化，模块化设计，结构化编码。

（4）结构化程序设计的 3 种基本结构是什么？

【解答】 结构化程序设计的 3 种基本结构是顺序结构、选择结构和循环结构。由这 3 种基本结构顺序组成的算法结构，可以解决任何复杂的问题。

6.3 练 习

1. 选择题

（1）下列选项中不属于算法特性的是_____。（全国二级考试 2002 年 9 月）

    A. 确定性　　　　B. 可行性　　　　C. 有输出　　　　D. 无穷性

【分析、解答】 答案为 D。本题考核的知识点是算法的特性。一个算法必须具有 5 个特性，即有输入、有输出、有穷性、确定性和可行性。其中有穷性是指算法必须总是在执行完有穷步之后结束，而且每步都在有穷时间内完成。D 选项不是算法的特性。

（2）结构化程序设计主要强调的是_____。（全国二级考试 2003 年 4 月）

    A. 程序的规模　　　　　　　　B. 程序的易读性

    C. 程序的执行效率　　　　　　D. 程序的可移植性

【分析、解答】 答案为 B。本题考核的知识点是结构化程序设计的优点。按结构化程序设计方法设计出的程序易于理解、使用和维护，便于控制、降低程序的复杂性，便于验证程序的正确性，程序清晰易读，可理解性好。故答案为 B。

（3）结构化程序设计的一种基本方法是_____。（全国二级考试 2004 年 9 月）

    A. 筛选法　　　　B. 递归法　　　　C. 归纳法　　　　D. 逐步求精法

【分析、解答】 答案为 D。本题考核的知识点是结构化程序设计的方法。在结构化程序设计中通常采取自上而下、逐步求精的方法，其总的思想是先全局后局部、先整体后细节、先抽象后具体。而筛选法、递归法和归纳法指的都是程序的某种具体算法。

（4）结构化程序有 3 种基本结构组成，3 种基本结构组成的算法_____。（全国二级考试 2004 年 9 月）

    A. 可以完成任何复杂的任务　　　　B. 只能完成部分复杂的任务

    C. 只能完成符合结构化的任务　　　　D. 只能完成一些简单的任务

【分析、解答】　答案为 A。本题考核的知识点是结构化程序的基本结构的概念。结构化程序的 3 种基本结构是顺序、循环、选择，任何复杂的任务都可以通过这 3 种结构来实现。

　　(5) 以下叙述正确的是_____。(全国二级考试 2005 年 4 月)

　　A. 用 C 程序实现的算法必须要有输入和输出操作

　　B. 用 C 程序实现的算法可以没有输出但必须要有输入

　　C. 用 C 程序实现的算法可以没有输入但必须要有输出

　　D. 用 C 程序实现的算法可以既没有输入也没有输出

【分析、解答】　答案为 C。本题考核的知识点是 C 语言中算法的特性。一个算法应当有零个或多个输入，有一个或多个输出。所以，选项 C 符合题意。

2. 填空题

　　(1) 解题方案的准确而完整的描述称为_____。(全国二级考试 2003 年 9 月)

【分析、解答】　答案是算法。本题考核的知识点是算法的概念。算法是对特定问题的求解步骤的一种描述。它具有确定性、有穷性和可行性的特点。

　　(2) 一般来说，算法可以用顺序、选择和_____3 种基本控制结构组合而成。

【分析、解答】　答案是循环。本题考核的知识点是结构化程序的基本结构的概念。由顺序、选择和循环结构组成的算法结构可以解决任何复杂的问题。

6.4　实　验　指　导

1. 实验目的

　　(1) 通过实验深刻理解算法的概念及其特性。

　　(2) 学习使用传统流程图和 N-S 流程图来表示算法。

　　(3) 学习自顶向下、逐步求精的结构化程序设计方法。

2. 实验内容

　　(1) 将 3 个数 a、b、c 按大小顺序打印出来。

　　(2) 求两个数 m 和 n 的最大公约数。

　　(3) 求 $ax^2 + bx + c = 0$ 的根。分别考虑 $d = b^2 - 4ac$ 大于 0、等于 0 和小于 0 3 种情况。

3. 编程环境及程序代码

　　(1) 编程环境：Visual C++ 6.0 或 Turbo C 2.0。

　　(2) 编程代码(所附程序均为参考程序，并不唯一。下同。)

第(1)题：

流程图见 6-1。N-S 图见图 6-2。

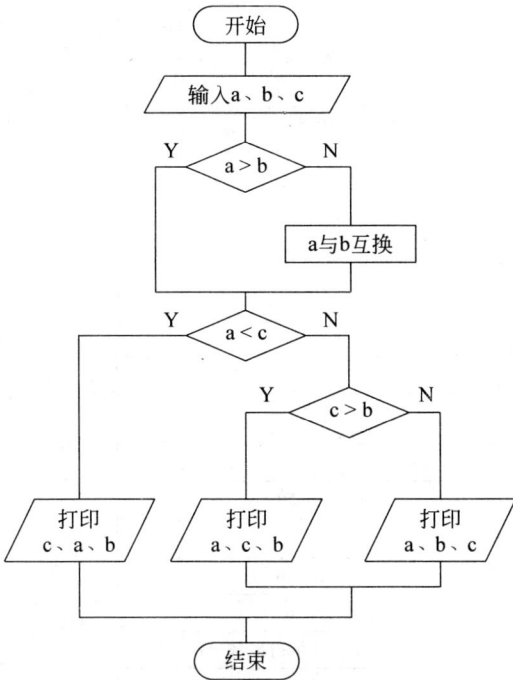

图 6-1　第(1)题的流程图

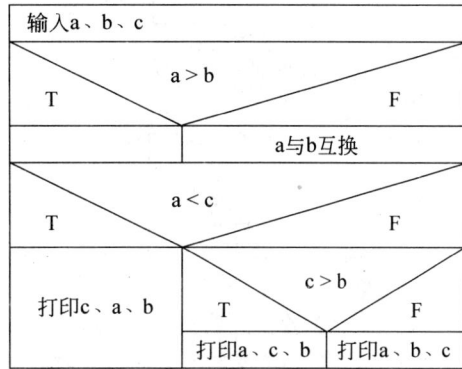

图 6-2　第(1)题的 N-S 图

```c
#include <stdio.h>
void main()
{
  int a, b, c, tmp;
  printf("请输入 3 个数 a,b,c: \n");
  scanf("%d %d %d", &a, &b, &c);
  if(a<b)
  { /* 对变量 a 和 b 的值进行交换 */
    tmp=a;
    a=b;
    b=tmp;
  }
  if(a<c)
    printf("\n 3 个数由大到小为%d, %d, %d", c, a, b);
  else
  {
    if(c>b)
      printf("\n 3 个数由大到小为%d, %d, %d", a, c, b);
    else
      printf("\n 3 个数由大到小为%d, %d, %d", a, b, c);
  }
}
```

第(2)题：

流程图见 6-3。N-S 图见 6-4。

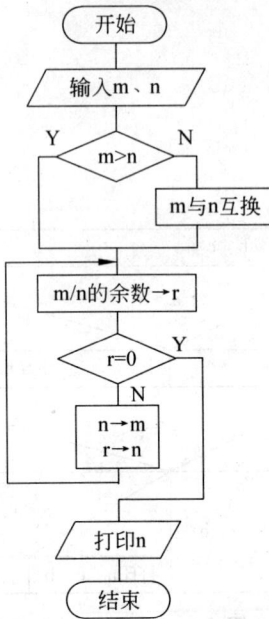

图 6-3　第(2)题的流程图

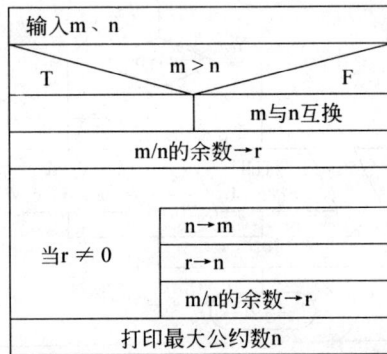

图 6-4　第(2)题的 N-S 图

```c
#include <stdio.h>
void main()
{
  int m, n, tmp;
  printf("请输入两个数 m, n: \n");
  scanf("%d %d", &m, &n);
  if(m<n)
  {
    tmp=m;
    m=n;
    n=tmp;
  }
  r=m %n;                  /* m 除以 n 的余数赋值给 r * /
  while(r !=0)             /* 条件循环语句,当 r 不等于 0 时循环执行下面括号内的语句 * /
  {
    m=n;
    n=r;
    r=m %n;
  }
  printf("\n 两个数的最大公约数为:%d", n);
}
```

第(3)题：

先画出图 6-5(a)，对其中的 S3 细化为图 6-5(b)；在对图 6-5(b)中的 S3.1 细化为图 6-5(c)；对图 6-5(c)中的 S3.1.1 细化为图 6-5(d)；对图 6-5(c)中的 S3.1.2 细化为图 6-5(e)；最后对图 6-5(b)中的 S3.2 细化为图 6-5(f)。

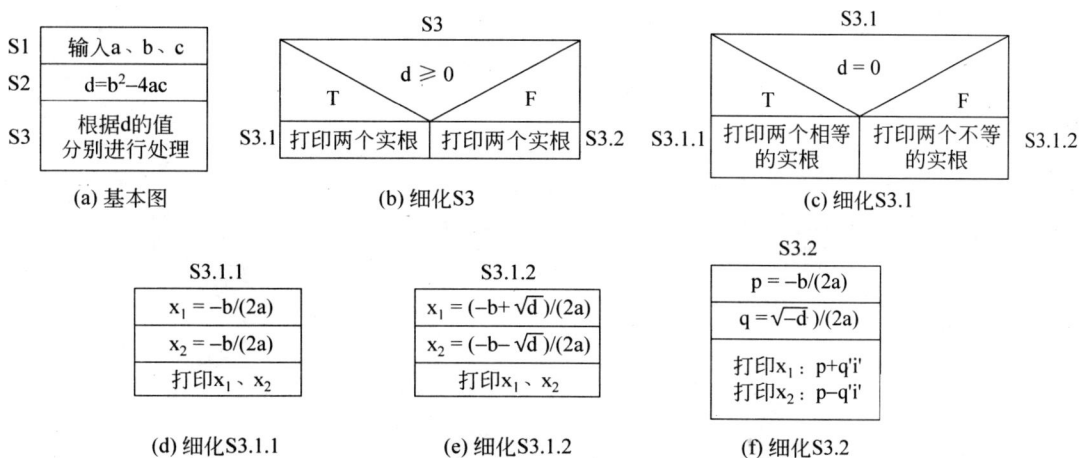

S1	输入a、b、c
S2	$d=b^2-4ac$
S3	根据d的值 分别进行处理

(a) 基本图

S3

$d \geqslant 0$	
T	F
S3.1 打印两个实根	打印两个实根 S3.2

(b) 细化S3

S3.1

$d = 0$	
T	F
S3.1.1 打印两个相等 的实根	打印两个不等 的实根 S3.1.2

(c) 细化S3.1

S3.1.1

$x_1 = -b/(2a)$
$x_2 = -b/(2a)$
打印x_1、x_2

(d) 细化S3.1.1

S3.1.2

$x_1 = (-b+\sqrt{d})/(2a)$
$x_2 = (-b-\sqrt{d})/(2a)$
打印x_1、x_2

(e) 细化S3.1.2

S3.2

$p = -b/(2a)$
$q = \sqrt{-d})/(2a)$
打印x_1: p+q'i' 打印x_2: p−q'i'

(f) 细化S3.2

图 6-5　第(3)题用图

```c
#include <stdio.h>
#include <math.h>

void main()
{
  float a, b, c, disc;
  float x1, x2;
  float p, q;
  printf("请输入一元二次方程的系数 a、b、c:\n");
  scanf("%f %f %f", &a, &b, &c);
  disc=b*b - 4*a*c;
  if(disc >=0)
  {
    if(disc==0)
      x1=x2=-b /(2 * a);
    else
    {
      x1=(-b+sqrt(disc))/(2 * a);        /* sqrt()函数用于求平方根 */
      x2=(-b-sqrt(disc))/(2 * a);
    }
    printf("\n 一元二次方程的根 x1和 x2分别为%f,%f", x1 ,x2);
  }
  else
  {
```

```
    p=-b /(2 * a);
    q=sqrt(-disc)/(2 * a);
    printf("\n 一元二次方程的根 x₁和 x₂分别为%f+%f i, %f-%f i", p, q, p, q);
    }
}
```

第7章

数据类型、运算符与表达式

7.1 本章基本知识结构

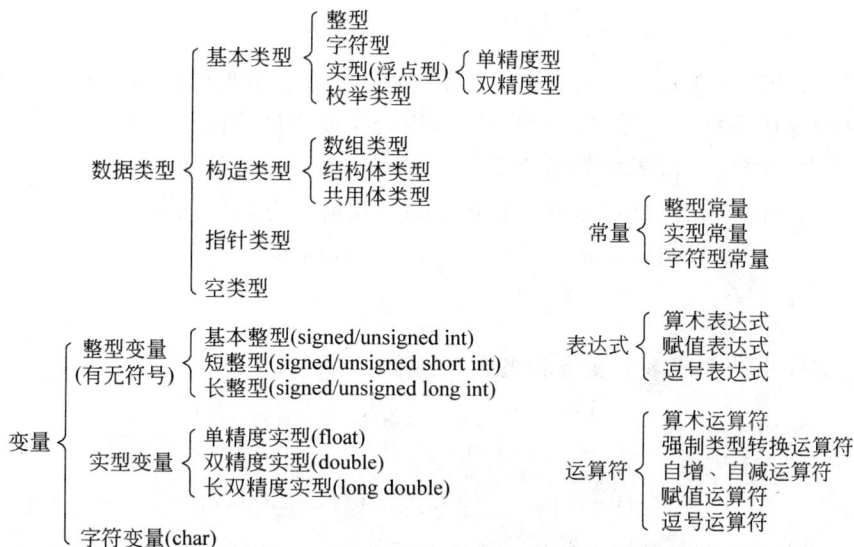

基本类型
- 整型
- 字符型
- 实型(浮点型) — 单精度型 / 双精度型
- 枚举类型

数据类型
- 基本类型
- 构造类型
  - 数组类型
  - 结构体类型
  - 共用体类型
- 指针类型
- 空类型

常量
- 整型常量
- 实型常量
- 字符型常量

变量
- 整型变量(有无符号)
  - 基本整型(signed/unsigned int)
  - 短整型(signed/unsigned short int)
  - 长整型(signed/unsigned long int)
- 实型变量
  - 单精度实型(float)
  - 双精度实型(double)
  - 长双精度实型(long double)
- 字符变量(char)

表达式
- 算术表达式
- 赋值表达式
- 逗号表达式

运算符
- 算术运算符
- 强制类型转换运算符
- 自增、自减运算符
- 赋值运算符
- 逗号运算符

7.2 知识难点解析

(1) 什么是常量?

【解答】 在程序运行过程中,某些数据对象的值是不能改变或不允许改变的,这类数据对象称为常量。

常量按其值的表示形式区分它的类型,可能有以下多种类型:

① 整型常量:15、0、−7、o123(八进制)、0x123(十六进制)。

② 实型常量:5.0 、−12.36、0.1234e5。

③ 字符型常量:'a'、'b'。

④ 指针常量:NULL。

⑤ 字符串常量:"ABC"。

⑥ 转义字符常量：\n、\t、\f 等。

在 printf 函数中经常会出现如'\n'、'\t'、'\f'的符号，C 语言中规定，以符号"\"开始的后跟 t、n、f 等字符，这些特殊字符称为"转义字符"，转义字符常量用'\字符或字符列'来标记。例如，换行符用'\n'标记，水平制表符用'\t'标记，回车符用'\r'标记。

⑦ 符号常量：#define MAXN 100。

注意：给常量命名能使常量的使用保持前后一致。在 C 语言中，用宏定义给常量命名，其一般形式是：

```
#define 标识符    字符列
```

例如，#define PI 3.14159。

#define 是 C 语言的预处理命令，注意 #define 命令行最后不要另用分号结束，标识符之后不要另插入等号。由于常量是不允许改变值的数据对象，所以程序中不可以对常量标识符赋值。

（2）什么是变量？

【解答】 变量是在程序运行过程中它的值可以设定和改变的数据对象。变量在存在期间，在内存中占据一定数量的存储单元，用于存放变量的值。

程序用变量与现实世界中的数据对象对应，与变量相关的概念有变量名、变量数据类型、变量在程序中的有效范围、变量在程序执行期间的存在时间等。

程序通过变量定义引入变量，变量定义的一般形式是

```
类型    变量名表;
```

其中，变量名表由一个或多个变量名组成。例如

```
int i,j,sum;              /* 定义 3 个 int 型变量 */
char str[100];            /* 定义一个字符数组 */
float z;                  /* 定义一个 float 型变量 */
```

变量定义时，还可以为变量指定初值。为变量指定初值称变量初始化。例如：

```
int index=100, bigInt=10000;
```

定义变量 index，并置它的初值为 100；定义变量 bigInt，并置它的初值为 10000。

由于字符型数据以 ASCII 代码的二进制形式存储，它与整数的存储形式相类似。因此，在 C 程序中，字符型数据和整型数据可以通用，可以混合运算。例如，字符'A'在内存中用 65 表示，把它看作字符是'A'，把它看作整数是 65。字符的 ASCII 代码也可看作是 −128～127 或 0～255 的一个小整数。

（3）什么是表达式？

【解答】 C 语言提供了丰富的运算符，因此组成的表达式种类也很多。常见的表达式有以下 6 种：

① 算术表达式，如 x+1.0/y−z%5。

② 关系表达式，如 x>y+z(逻辑值 0 或 1)。

③ 逻辑表达式,如 x>y && x<z(逻辑值 0 或 1)。

④ 赋值表达式,如 x=(y=z+5)。

⑤ 条件表达式,如 x>y? x:y。

⑥ 逗号表达式,如 x=1,y++,z+=2。

在表达式书写与使用过程中,有以下几点提请读者注意:

a. 在表达式中如果连续出现两个运算符,为避免二义性,中间最好加空格符。

例如,表达式 x+++y 到底是(x++)+y 还是 x+(++y)呢? 编译系统是按尽量取大的原则来分割连续多个运算符。因此,表达式 x+++y 被认为是(x++)+y。如果要表达 x 加上增 1 后的 y,应写成 x+(++y),或写成 x+ ++y,即中间加一个空格分隔两个连续的运算符。

b. 在表达式中,加圆括号可以强制改变运算符的优先级。

例如,表达式(x+y)*z,使加法优先于乘法。

c. 优先级用来说明表达式的计算顺序,即优先级高的先运算,优先级低的后运算,优先级相同时由结合性决定计算顺序。

(4) 在计算机中数据是如何存储的?

【解答】　在计算机中数据一律使用它的补码形式存放。若 x 是一个正整数,则它的补码是本身,而 $-x$ 的补码表示是用 x 的反码加上 1。用补码表示负整数是为了简化整数的运算。

(5) 程序实际接受的浮点数与书写的浮点数会有误差?

【解答】　有的。例如,float x=1.23456789f;因 x 只能存储约 7 位有效数字,浮点数 1.23456789 所对应的二进制形式中,超出存储位数的那些位不会被存储。变量 x 中存储的浮点数可能不足 1.23456789。而代码 double y=111111.123456789 ,在变量 y 中存储的浮点数可能会略大于 111111.123456。

(6) 可以对负数进行求余运算吗?

【解答】　答案是肯定的。如果操作数中有负值,求余的原则为:先取绝对值求余,余数取与被除数相同的符号。例如,-10%3 的结果为-1;10%-3 的结果为 1。进行求余运算时还应注意的是:操作数必须是整型数,如果不是整型数必须将操作数强制转换成整型再进行求余运算;否则,将出现编译错误。

7.3　练　习

1. 选择题

(1) C 语言将整型数据按数值范围大小不同分成 3 种,它们是_____。

A. 基本整型、整型、实型　　　　　　B. 基本整型、短整型、长整型

C. 基本整型、长整型、实型　　　　　D. 基本整型、实型、短整型

【分析、解答】　C 语言将整型数据按数值范围大小不同分为基本整型、短整型、长整型。本题答案是 B。

（2）C语言中数据的基本类型包括_____。

    A. 整型、实型、字符型和逻辑型   B. 整型、实型、字符型和结构体

    C. 整型、实型、字符型和枚举型   D. 整型、实型、字符型和指针型

【分析、解答】 C语言中含有丰富的数据类型，包括基本类型、构造类型、指针类型和空类型。在C语言中没有逻辑型数据。本题答案是C。

（3）用 unsigned long 标记_____类型数据。

    A. 无符号整型   B. 无符号长整型

    C. 无符号基本整型   D. 无符号实型

【分析、解答】 用 unsigned long 标记的是无符号长整型，用 unsigned short 标记无符号短整型，用 unsigned int 标记无符号基本型。本题答案是B。

（4）只能用于整型数据运算的算术运算符是_____。

    A. ％   B. ／   C. ＋   D. －

【分析、解答】 算术运算符包括：＋、－、＊、／、％，其中"％"是求余数运算符，要求两边的操作数必须是整数。本题答案是A。

（5）下列整型常量数据中，C语言中错误的写法是_____。

    A. 12   B. 0x345

    C. 0123   D. 123456.7e－5

【分析、解答】 在C程序中，一个整型常量有十进制整数、八进制整数和十六进制整数3种写法。八进制整数以字母0开始，十六进制整数以0x开始，因此0123表示八进制整数123，0x345表示十六进制数345。而123456.7e－5表示十进制数据1.234567。本题答案是D。

（6）用单引号括住一个字符表示一个普通字符常量，它在内存中只占_____。

    A. 2个字节   B. 4个字节

    C. 1个字节   D. 任意多个字节

【分析、解答】 在C程序中，字符类型的数据是用单引号括住单个字符，它在内存中只占1个字节（8个二进制位）。例如，'a'、'B'、'$'都是字符常量，而"I am a student."、"China"、"a"、"$1234.00"都是字符串常量，一个字符串常量在内存中所占的字节多少是根据字符的个数而定。本题答案是C。

（7）转义字符'\t'的作用是，使当前位置横向移至下一个输出区的开始列位置。系统一般预设每个输出区占8个字符位置，各输出区的开始位置依次为_____。

    A. 1、8、16   B. 1、9、17……

    C. 2、10、19   D. 2、9、17

【分析、解答】 转义字符'\t'能使当前位置横向移至下一个输出区的开始列位置。系统一般预设每个输出区占8个字符位置，各输出区的开始位置依次为1、9、17……如果当前位置在1～8列的某个位置，使用制表符'\t'，将当前位置移到第9列。本题答案为B。

（8）设有如下的变量定义，正确的是_____。

    A. int i＝8,j＝2,x,y;   B. ＃define k＝－6;k＝8;

    C. double a＝1,int b＝4.5;   D. int a＝0.5;b＝8

【分析、解答】　＃define k＝6;是定义 k 是符号常量,再使用 k＝8 是错误的,double a＝1,int b＝4.5;是错误的语句,int a＝0.5;b＝8 是错误的语句,int i＝8,j＝2,x,y;同时定义了 i、j、x、y 是整型变量,且为 i 和 j 变量赋值。所以 A 是正确的。

(9) 以下符合 C 语言的表达式是＿＿＿＿＿＿＿＿。

　　A. i＋＝i－＝(x＝2)＊(y＝2)　　　　　　B. x％b

　　C. x＊＝i＊j＝6　　　　　　　　　　　　D. a＝int(j)

【分析、解答】　B 表达式中％的两边都应该是整型数,而 b 变量是实型,所以是错误的。C 表达式中出现了 x＊＝i＊j＝6,不符合 C 表达式的书写。D 表达式中的 int 是类型转换关键字,应写成 a＝(int)(j)。本题答案是 A。

(10) 以下不合法的字符串常量是＿＿＿＿＿＿＿＿。

　　A. "12346"　　　　　B. 'A'　　　　　　C. "AB"　　　　　　D. "1"

【分析、解答】　使用双引号括起来的一串字符称为字符串常量(简称字符串)。例如,"I am a student. "、"China"、"a"、"＄1234.00"都是字符串常量。本题答案中 A、C、D 都是使用的双引号,因此都是字符串常量。本题答案中的 C 使用单引号,所以是错误的。本题答案是 B。

(11) 以下合法的数据定义语句是＿＿＿＿＿＿＿＿。

　　A. int a＝1,b＝2;c＝1;　　　　　　　　B. int a＝1;b＝2;c＝1;

　　C. int a＝1,b＝2,c＝1;　　　　　　　　D. int a＝c＝1,b＝2;

【分析、解答】　C 语言中变量的定义是使用如"int"、"double"等关键字进行标识,一个关键字可以同时为多个变量进行定义,各变量之间使用逗号间隔,而分号";"在程序中表示语句结束符号。本题答案是 C。

(12) 已知 X＝10,Y＝9,Z＝8,写出下列表达式的值(用 1 或 0 表示)。

```
X－Y<Z＋5    x>=y&&y>=z+1    !(y)||y==0    x>y&&x+z==y
```

　　A. 0,1,1,0　　　　　　　　　　　　　　B. 1,1,1,0

　　C. 1,1,1,1　　　　　　　　　　　　　　D. 1,1,0,0

【分析、解答】　X－Y＜Z＋5 表达式中 X－Y 的值小于 Z＋5 的值,结果为 1。x＞＝y&&y＞＝z＋1 表达式中 x＞＝y 的值为 1,y＞＝z＋1 的值为 1,该表达式的值为 1。!(y)||y＝＝0 表达式中 y 的值为非零,那么!(y)的值为 0,而 y＝＝0 的值为 0,所以整个表达式的值为 0。x＞y&&x＋z＝＝y 表达式中 x＞y 的值为 1,而 x＋z＝＝y 的值为 0,所以整个表达式的值为 0。本题答案是 D。

(13) 执行 x＝(a＝5,7);y＝(12,67,89);语句后,正确的答案是＿＿＿＿＿＿＿＿。

　　A. x＝5,y＝12　　　　　　　　　　　　B. x＝7,y＝89

　　C. x＝0,y＝67　　　　　　　　　　　　D. x＝12,y＝12

【分析、解答】　逗号表达式的值是表达式 n 的值,所以 x＝(a＝5,7)的值是 7,y＝(12,67,89)的值是 89。本题答案是 B。

(14) 当 X＝6,Y＝9 时,执行 D＝X＞Y? X：Y 和 z＝X＋Y＞10? X＊Y：X－Y 语句后,答案是＿＿＿＿＿＿＿＿。

　　　　A. D＝6,z＝54　　　　　　　　　B. D＝9,z＝54

　　　　C. D＝0,z＝－3　　　　　　　　　D. D＝15,z＝－3

　　【分析、解答】　计算条件表达式时，现判别条件是否成立，如果条件成立则将第一个表达式的值作为整个表达式的值；否则，将第二个表达式的值作为整个表达式的值。表达式 D＝X＞Y? X:Y 中 X＞Y 不成立，那么将 y 的值 9 作为整个表达式的值。z＝X＋Y＞10?X * Y:X－Y 表达式中 x+y＞10 条件成立，那么将 x * y 的值 54 为整个表达式的值。本题答案是 B。

　　（15）下列程序执行的结果是_____。

```
#define PRICE 30
main()
{
int num=10,total;
num+=10;
total=num*PRICE;
printf("total=%d",total);
}
```

　　　　　A. 600　　　　　　B. 300　　　　　　C. 30　　　　　　D. 60

　　【分析、解答】　♯define PRICE 30 语句定义了 PRICE 是符号常量，程序在运行中可以使用该符号常量参加运算，但不能使用赋值语句改变该符号常量的值。本题答案是 A。

　　（16）下列程序运行的结果是_____。

```
main()
{
    int i,j,k;
    i=1;
    j=i++;
    k=++i;
    printf("i++=%d,++i=%d",j,k);
}
```

　　　　　A. i++＝2,++i＝2　　　　　　　B. i++＝2,++i＝3

　　　　　C. i++＝1,++i＝3　　　　　　　D. i++＝1,++i＝2

　　【分析、解答】　++和－－运算符号是单目运算符号，表示对变量增 1 或减 1 运算。当运算符在变量前面（如 k＝++j，表示先进行 j 加 1 运算后值赋给 k 时）称为前缀运算符。当运算符在变量后面（如 j＝i++，表示先将 i 的值赋给 j 后再执行 i 加 1 运算）时称为后缀运算符。本题答案时 C。

　　（17）下面的程序输出结果是_____。

```
main()
{
```

```
int a=32788,c;
int b;
b=a;
c=a+b;
printf("%d,%d,%d\n",a,b,c);
}
```

　　A. −32 748,−32 748,40　　　　　　　B. 32 788,32 788,64 876

　　C. 32 788,32 788,0　　　　　　　　　D. 32 788,32 788,40

【分析、解答】　a 是整型数,在−32 768～32 767 之间,而 32 788 大于 32 767,数据溢出,结果为−32 748,a+b 的值是 40。本题答案 A。

(18) 设 int x=2,y=1;表达式(!x||y−−)的值是_____。

　　A. 1　　　　　　B. −2　　　　　　C. 2　　　　　　D. −1

【分析、解答】　先判断!x,因为 x=2 故!x 的值为 0。而−−是后缀运算符,即先使用 y 后再将 y 减 1,因此 y−−的值为 1,在经||运算后整个表达式的值为 1。本题答案为A。

(19) 当 c 不为零时,能使表达式的值为 1 的正确答案是_____。

　　A. !c||c++　　　　　　　　　　　B. !c&&c++

　　C. !c||!(c+1)　　　　　　　　　D. !c++&&!(++c)

【分析、解答】　表达式!c||c++中!c 为 0,c++为 1,结果为 1。根据前面分析由于使用 && 运算,表达式!c&&c++的值为 0。表达式!c||!(c+1)中,!c 和!(c+1)都为0,结果为 0。表达式!c++&&!(++c)中由于!(++c)为 0,结果为 0。本题答案为 A。

(20) 使用下列语句定义 a、b、c、d,则表达式 a*b+d+c 的值的类型是_____。

```
char a;
unsigned int b;
float c;
double d;
```

　　A. 无符号整型　　B. 字符型　　　　C. 实型　　　　D. 双精度实型

【分析、解答】　C 语言中变量在混合运算时,变量的类型会改变。原则是先将不同类型的变量转换为同一类型,然后再计算。先执行 a*b 运算,将 a 转换成与 b 相同的无符号整型数,运算结果是无符号整型数。将结果与 d 相加时,因为 d 是双精度实型,先将a*b 的结果转换为双精度实型数据后与 d 相加。先将 c 转换为双精度实型数据后与前面的结果与 c 相加。本题答案是 D。

2. 填空题

(1) 在计算机中表示带符号的整数时,它的_____是整数的符号位,其余是数据位。

【分析、解答】　在计算机中所有的数据采用二进制的补码表示,当表示带符号的整数时,最高位为 1 表示一个负整数,为 0 表示一个正整数,其余二进位才是数据位。本题答案是最高位。

（2）在程序中，当某个整型变量绝对不会出现负数的时候，可以声明是无符号整型，即非负整数全部二进位都是数据位。这样，无符号整型变量的正数范围比带符号的整型数据的正数范围要大一倍。有 3 种无符号整型数据，它们的类型标记符是_____、_____、_____。

【分析、解答】　无符号整型变量的类型有无符号基本型、无符号短整型和无符号长整型。它们的类型标记符是 unsigned int、unsigned short、unsigned long。本题答案是 unsigned int、unsigned short、unsigned long。

（3）程序中的整数还可标上类型，在整数数字后加一个字母 L（或 l）表示_____。在整数之后加一个字母 U（或 u）表示_____。在整数之后同时加上字母 U 和 L，则表明该整数是_____。

【分析、解答】　程序中的整数还可标上类型，在整数之后加一个字母 L（或 l）表示长整型整数。例如，0L、132L 等。在整数之后加一个字母 U（或 u）表示无符号整数。例如，1U、122U 等。在整数之后同时加上字母 U 和 L，则表明该整数是无符号长整型。例如，22UL、35LU 等。本题答案是长整型整数、无符号整数、无符号长整型。

（4）浮点型数是带有小数点或指数符号的数值数据。浮点型数据按其数值范围大小和精度不同分成以下 3 种：_____、_____、_____。

【分析、解答】　浮点型数是带有小数点或指数符号的数值数据。浮点型数据按其数值范围大小和精度不同分成以下 3 种：单精度型，用 float 标记；双精度型，用 double 标记；长双精度型，用 long double 标记。本题答案是单精度型，用 float 标记；双精度型，用 double 标记；长双精度型，用 long double 标记。

（5）写出下列程序的运行结果。

```
main()
{
  int i;
  float f;
  double d;
  long l;
  l=f=i=d=60/5;
  printf("%d,%ld,%f,%f\n",i,l,f,d);
}
```

运行结果：_____。

【分析、解答】　60/5 是 12，赋值运算符自右向左结合，i 是整型数据（12），l 是长整型数据（12），f 是单精度实型数据（12.000000），d 是双精度实型数据（12.000000）。本题答案是 12,12,12.000000,12.000000

（6）从 7.、E4、.457、E5、1E5、4.0E、1.5e−6、数据中挑出合法的和不合法的 C 语言浮点数。

【分析、解答】　程序中浮点数的书写格式是正负号 整数部分.小数部分 指数部分，例如,2.5e-9。本题答案:合法的 C 语言浮点数是 7.、.457、1E5、1.5e-6,不合法的 C 语言浮点数是 E4、.E5、4.0E。

(7) 写出下列程序的运行结果。

```
main()
{
    char c;
    c='a';
    c=c+2;
    printf("%c\n",c);
    printf("%d\n",c);
}
```

运行结果:_____。

【分析、解答】 由于字符型数据在内存中是以 ASCII 码存储,它的存储形式与整型数据的存储形式类似,这样使字符型数据和整型数据之间可以通用。%c 表示以字符格式输出,%d 表示以十进制格式输出。

本题答案是:

c
99

(8) 由赋值运算符将一个变量和一个表达式连接起来的式子称为_____。

【分析、解答】 由赋值运算符将一个变量和一个表达式连接起来的式子称为赋值表达式,赋值表达式的值就是被赋值的变量的值,如"a=5+2"这个赋值表达式的值为 7。本题答案:赋值表达式。

(9) 转义字符是由_____符号开始,后接单个字符或若干字符组成。

【分析、解答】 在 C 语言中,转义字符由反斜杠字符开始,后接单个字符或若干个字符组成。本题答案:反斜杠。

(10) C 语言词类主要分为_____、_____、_____和_____等。

【分析、解答】 语言的基本词汇是指直接由字符序列组成,有确定意义的最基本单位,所以 C 语言的词汇有字面形式常量、特殊符号(主要是运算符)、保留字和标识符 4 类。而表达式、函数调用等是更高级的语言成分,如表达式中还可分运算分量和运算符等;函数调用也是一种表达式,它有函数名标识符、圆括号和实际参数表等。利用基本词汇,按照给定的 C 语言的句法规则,就可命名程序对象,描述表达式计算、构造语句、函数,直至整个程序。本题答案:字面形式常量、特殊符号(主要是运算符)、保留字和标识符。

(11) 在内存中,存储字符串"X"要占用_____个字节,存储字符'x'要占用_____个字节。

【分析、解答】 计算机存储一个字符用 1 个字节,存储字符串时,每个字符用占用 1 个字节,另在字符串的有效字符之后存储 1 个字符串的结束标记符。所以存储字符串"X"要占用 2 个字节,存储字符'x'只要 1 个字节。本题答案:2、1。

（12）在 C 程序中,判断逻辑值时,用_____表示逻辑值"真",又用_____表示逻辑值"假"。在求逻辑值时,用_____表示逻辑表达式值为"真",又用_____表示逻辑表达式值为"假"。

【分析、解答】 在 C 程序中,判逻辑值时,用非 0 表示真;而判逻辑值时,用数 0 表示假。逻辑表达式计算时,逻辑表达式值为真是用 1 表示,若逻辑表达式的值为假,则用 0 表示。本题答案:非 0,0,1,0。

（13）定义符号常量的一般形式是_____。

【分析、解答】 定义符号常量用预处理命令的宏定义,其定义的一般形式是:

#define 符号常量名 常量

本题答案:#define 符号常量名 常量。

（14）设有下列运算符<<、+、++、&&、<=,其中优先级最高的是_____,优先级最低的是_____。

【分析、解答】 对运算符<<、+、++、&&、<=,按它们的优先级自高到低的顺序排列为++、+、<<、<=、&&。所以,优先级最高的是++,优先级最低的是&&。本题答案:++、&&。

（15）设二进制数 A 是 00101101,若想通过异或运算 $A\wedge B$ 使 A 的高 4 位取反,低 4 位不变,则二进制数 B 应是_____。

【分析、解答】 按位加运算的一个重要应用是让某个整型变量的二进位位串信息的某些位信息反向,0 变成 1,而 1 变成 0。这只要设计这样一个位串信息,让要变反的位为 1,不要改变的位为 0,用这个位串信息与整型变量按位加就能得到希望的结果。要使字节的高 4 位取反,低 4 位不变,则需要位串信息是 11110000,写成八进制数是 0360,写成十六进制数为 0xF0。本题答案:11110000。

（16）设 a＝3,b＝2,c＝1,则 a＞b 的值为_____,a＞b＞c&&b＞c 的值为_____。

【分析、解答】 因 a 的值为 3,b 的值是 2,条件 a＞b 为真,其值为 1。因为表达式 a＞b＞c 的求值顺序是计算 a＞b,结果为 1,接着计算 1＞c,因 c 的值为 1,条件 1＞c 为假,结果为 0。本题答案:1、0。

（17）若已知 a＝10,b＝20,则表达式!a＜b＋5 的值为_____。

【分析、解答】 计算表达式!a＜b＋5,先计算!a,因 a 的值为 10,!a 的值为 0。关系表达式 0＜25 为真,所以表达式!a＜b＋5 的值为 1。本题答案:1。

（18）设 x 和 y 均为 int 型变量,且 x＝10,y＝20,则表达式使用 printf("%2.1f",1.0＋x/y)的值为_____。

【分析、解答】 计算表达式 1.0＋x/y,先求 x/y,因 x 和 y 是整型变量,其中的除运算是整除,10/20 的结果为 0。接着计算 1.0＋0,计算时,先将右分量转换成 0.0,最后得到结果 1.0。本题答案:1.0。

（19）设整型变量 x、y、z 均为 5:

① 执行"x－＝y－x"后,x＝_____,

②执行"x％＝y＋z"后,x＝_____,

③执行"x＝(y＞z)？x＋2:x＊y"后,x＝_____。

【分析、解答】　在变量 x、y、z 的值均为 5 的情况下,计算各表达式。由于表达式 x－＝y－z 等价于表达式 x＝x－(y－z),所以计算后 x 的值为 5。表达式 x％＝y＋z 等价于表达式 x＝x％(y＋z),所以计算后 x 的值也为 5。表达式 x＝(y＞z)？x＋2 : x＊y 的计算结果是 25。本题答案:5、5、25。

(20)能表述"20＜x＜30 或 x＜－100"的 C 语言表达式是_____。

【分析、解答】　首先表述 20＜x＜30 的 C 表达式可写成 20＜x && x＜30。所以表述"20＜x＜30 或 x＜－100"的 C 表达式为 20＜x && x＜30||x＜－100。本题答案:20＜x && x＜30||x＜－100。

7.4　实验指导

1. 实验目的

(1)掌握基本数据的各种表示,基本数据常数的书写方法。

(2)掌握算术运算、关系比较运算、逻辑运算、赋值运算等运算的意义。

(3)掌握表达式的书写方法。

2. 实验内容

(1)执行下列语句后,输出 z 值是多少?

```
int x=32700;
int y=90;
z=x+y;
printf("%d",z);
```

(2)写出下列程序运行的结果。

```
#include  <stdio.h>
main()
{
  int i=1, j=2, k=3;
  i+=j+=k;
  printf("i=%d\tj=%d\tk=%d\n", i, j, k);
}
```

(3)写出下列程序的运行结果。

```
#include  <stdio.h>
main()
{
  int i=6, j=5, k=3;
```

```
    printf("%d\n", i<j ?i++: j++);
    printf("i=%d\tj=%d\n", i, j);
    printf("%d\n", k+=i>j ?i++: j++);
    printf("i=%d\tj=%d\tk=%d\n", i, j, k);
}
```

（4）写出下列程序的运行结果。

```
#include  <stdio.h>
main()
{
    char c1, c2;                        /*定义两个字符型变量 c1 和 c2*/
    c1=97;                             /*'a'的 ASCII 码值为 97*/
    c2=c1+1;                           /*字符型数据与整型数据混合运算*/
    printf("c1=%c, c1's ASCII code=%d \n", c1, c1);
    printf("c2=%c, c2's ASCII code=%d \n", c2, c2);
    return 0;
}
```

（5）写出下列程序的运行结果。

```
#include  <stdio.h>
main()
{
    int a, b, c;
    a=b=c=1;
    ++a ||++b &&++c;
    printf("a=%d\tb=%d\tc=%d\n", a, b, c);
    a=b=c=1;
    ++a &&++b ||++c;
    printf("a=%d\tb=%d\tc=%d\n", a, b, c);
    a=b=c=1;
    ++a &&++b &&++c;
    printf("a=%d\tb=%d\tc=%d\n", a, b, c);
    a=b=c=1;
    --a &&--b ||--c;
    printf("a=%d\tb=%d\tc=%d\n", a, b, c);
    a=b=c=1;
    --a ||--b &&--c;
    printf("a=%d\tb=%d\tc=%d\n", a, b, c);
    a=b=c=1;
    --a &&--b &&--c;
    printf("a=%d\tb=%d\tc=%d\n", a, b, c);
    printf("\n");
    return 0;
}
```

（6）写出判定某一年是否为闰年的逻辑表达式。

3. 编程环境及程序代码

（1）编程环境：Visual C++ 6.0 或 Turbo C 2.0。

（2）程序代码

第（1）题

【解答】　因为最大的整型数是 32 767,而 32 700＋90 等于 32 790,32 790 数据在计算机中表示溢出。

第（2）题

【解答】　运行结果：i＝6　　　j＝5　　　k＝3

第（3）题

【解答】　运行结果如下：

```
5
i=6    j=6
9
i=6    j=7    k=9
```

第（4）题

【解答】　程序输出：

```
c1=a, c1's ASCII code=97
c2=b, c2's ASCII code=98
```

执行语句 char c1, c2；是定义两个字符型变量 c1 和 c2 。执行 c1＝97；语句是将'a'的 ASCII 码值 97 赋给 c1。执行 c2＝c1＋1；语句是进行字符型数据与整型数据混合运算,将'b'的 ASCII 码值 98 赋给 c2。

第（5）题

【解答】　程序运行结果如下：

```
a=2    b=1    c=1
a=2    b=2    c=1
a=2    b=2    c=2
a=0    b=1    c=0
a=0    b=0    c=1
a=0    b=1    c=1
```

第（6）题

【解答】　闰年的条件是：每 4 年一个闰年,但每 100 年少一个闰年,每 400 年又增加一个闰年。如果年份用整型变量 year 表示,则 year 年是闰年的条件是：

(year 能被 4 整除,但不能被 100 整除)或(year 能被 400 整除)

用逻辑表达式可描述如下：

```
(year %4==0 && year %100 !=0)|| year %400==0
```

在 C 的逻辑表达式中，对一个数值不等于 0 的判断，可用其值本身代之。以上判断 year 为闰年的逻辑表达式可简写为：

```
(year %4==0 && year %100)||(year %400==0)
```

第8章

最简单的 C 程序设计——顺序程序设计

8.1 本章基本知识结构

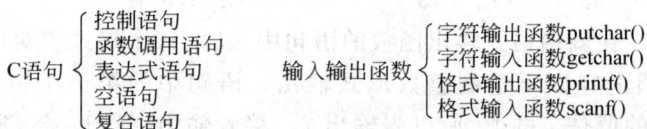

$$
C语句
\begin{cases}
控制语句 \\
函数调用语句 \\
表达式语句 \\
空语句 \\
复合语句
\end{cases}
\qquad
输入输出函数
\begin{cases}
字符输出函数putchar() \\
字符输入函数getchar() \\
格式输出函数printf() \\
格式输入函数scanf()
\end{cases}
$$

8.2 本章难点解析

（1）C 语言中是否包含输入和输出语句。

【解答】 C 语言本身不包含输入和输出语句，输入和输出操作是由函数来实现的。在 C 标准库中提供了一些输入和输出函数，如 scanf 和 printf 函数。

（2）为什么运行下列程序时，会出现连接错误？

【解答】 以上程序出错的原因是程序中缺少相关的头文件。getchar()是 C 语言的标准输入输出函数，它的相关信息写在相应的头文件中，因此使用它时，须用预编译命令"#include"将头文件包含到源程序中，否则将出现连接错误。若在程序头部即 main 函数之前加入预编译命令：#include <stdio.h>，则可以使此程序正常运行。

（3）设有语句 scanf("%d",&a);b=getchar();要求将 20 赋给 a，字符 x 赋给 b，但输入 10<回车>屏幕就返回到 Turbo C 编辑环境下，无法再输入所需的 x，这是为什么？应该如何解决？

【解答】 产生上述问题的原因是系统将用户输入的 2 和回车（即'\n'）分别赋给了 a 和 b，然后返回 Turbo C 编辑环境下。在这里'\n'是 scanf 函数输入流中遗留的多余数据，由于没有及时清除，所以影响了下一条语句的输入。为了避免此类问题的产生，在输入函数后可加一条语句：fflush(stdin);，并且必须使用预编译命令：#inclue <stdio.h>，因为 stdin 是在 stdio.h 文件中被定义的。若对上述程序进行如下修改，则程序将正确运行：

```
#include <stdio.h>
main()
```

```
{
    int i;
    char c;
    scanf("%d ",&i);
    fflush(stdin);
    c=getchar();
}
```

8.3 练   习

1. 选择题

(1) 设 a=3,b=4,执行 printf("%d，%d",a+=b,(b,a));的输出是＿＿＿＿。

　　A. 7,4　　　　　　B. 7,3　　　　　　C. 3,3　　　　　　D. 4,4

【分析、解答】　在调用格式输出函数的语句中,其中每个格式符对应一个输出项,格式符 d 要求输出项内容以十进制整数形式输出。语句中的第一个格式符对应输出项 a+=b,该表达式的值是 7 的值,所以先输出 7。接着输出字符逗号。同样输出项(b,a)的值是 a 的值,输出 3。所以语句执行将输出 7，3。本题答案：B。

(2) 使用 scanf("x=%f,y=%f", &x, &y),要使 x、y 均为 1.25,正确的输入是＿＿＿＿。

　　A. 1.25,1.25　　　　　　　　　　　B. 1.25 1.25

　　C. x=1.25,y=1.25　　　　　　　　 D. x=1.25 y=1.25

【分析、解答】　格式输入函数的格式字符串中的字符可以分成 3 类：空格类字符、其他普通字符和格式转换说明。其中空格类字符用来自动跳过空格类字符,直至下一个非空格类字符。普通字符要求输入字符与其完全相同。格式转换说明对输入字符列按格式转换说明进行转换,得到内部值存储到对应输入项所指定的存储位置中。格式输入函数调用 scanf("x=%f,y=%f", &x, &y)以普通字符 x=开头,输入时也要先输入 x=。接着是一个浮点数输入格式,所有能构成一个浮点数 1.25 的字符序列都能满足要求。接着是普通字符列“,y=”,在输入的浮点数之后也要有字符列“,y=”。最后又是浮点数输入格式,同样所有能构成一个浮点数 1.25 的字符序列都能满足要求。问题给出的供选择答案中只有 x=1.25,y=1.25 是正确的输入。本题答案：C。

(3) 设 m,n 为字符型变量,执行 scanf("m=%c,n=%c", &m, &n)后使 m 为'M',n 为'N',从键盘上的正确输入是＿＿＿＿。

　　A. M N　　　　　B. M,N　　　　　C. M=M,N=N　　　D. m=M,n=N

【分析、解答】　函数调用 scanf("m=%c,n=%c", &m, &n)中,普通字符必须按格式字符串要求照原样输入,c 格式对紧接的任何字符都输入。所以实现问题的要求,输入字符列应为 m=M,n=N。另外要特别指出,在程序中,为表示字符常量,字符前后需要加单引号。但用字符格式输入字符时,在要输入字符前后不必另输入单引号。若输入单引号,则这个单引号也将作为字符被输入。本题答案：D。

(4) 设有 int i＝010, j＝10；则执行 printf("％d，％d\n"，＋＋i，j－－)；的输出是_____。

  A. 11,10   B. 9,10   C. 010,9   D. 10,9

【分析、解答】 变量 i 和 j 的初值分别为八进制数 010 和十进制数 10,格式输出函数调用 printf("％d，％d\n"，＋＋i，j－－)中，＋＋i 的值是变量 i 增 1 后的值,原来值是八进制数 010,等于十进制数 8,输出 9。j－－的值是变量 j 减 1 之前的值,输出 10。格式字符串中的逗号是普通字符照原样输出。所以问题给出的格式输出函数调用将输出 9,10。本题答案：B。

(5) 如果从键盘上输入 5 和 8 后,下列程序输出的结果是_____。

```c
#include <stdio.h>
void main()
{
    int x, y, m;
    printf("Input x and y\n");
    scanf("%d%d",&x,&y);
    m=x * y;
    printf("%d * %d=%d\n",x,y,m);
}
```

  A. 5,8＝40   B. d,d＝40   C. 5＊8＝40   D. x＊y＝40

【分析、解答】 变量 x、y、m 是整型量,本程序完成的功能是从键盘输入任意两个数后,输出这两个数以及它们的积。当从键盘上输入 5 和 8 后,输出结果为：5＊8＝40。本题答案：C。

(6) 下列程序当输入 67,90 后,输出结果是_____。

```c
#include <stdio.h>
void main()
{
    float x,y,c;
    printf("Input x and y.\n");
    scanf("%f%f",&x,&y);
    c=(x>y?x:y);
    printf("MAX(%f,%f)=%f\n",x,y,c);
}
```

  A. max(67,90)＝67

  B. max(67.000000,90.000000)＝90.000000

  C. max＝90

  D. max＝67

【分析、解答】 变量 x、y、c 是浮点数,本程序完成的功能是从键盘输入任意两个数后,输出它们中的大数。当输入 67 和 90 后,输出结果是：max(67.000000,90.000000)＝90.000000。本题答案：B。

（7）写出下列程序运行的结果_____。

```
main()
{
    int a,b,c,d;
    unsigned y;
    a=18;b=-45;y=10;
    c=a+y;d=b+y;
    printf("a+y=%d,b+y=%d\n",c,d);
}
```

    A. 28,35   B. a+y=28,b+y=-35

    C. 35,28   D. 18+10=28,-45+10=-35

【分析、解答】　变量 a、b、c、d 是整型量，y 无符号整型量，本程序完成的功能是计算 c=a+y;d=b+y 后输出表达式的值。输出结果是：显示 a+y=28,b+y=-35。本题答案：B。

（8）执行下列语句

```
sum=203;
average=20;
printf("\n %3d is the sum of allthe cores,%d is the class  average \n",sum,
average);
```

后，输出结果是_____。

    A. sum "is the sum of allthe cores", average,"is the class average"

    B. 203 "is the sum of allthe cores",20.0"is the class average"

    C. 203 is the sum of allthe cores,20 is the class average

    D. 203 is the sum of allthe cores,20.0 is the class average

【分析、解答】　printf 语句中的格式串分别是%3d、%d,其中 sum 的值是 203 对应格式串是%3d,average 的值是 20 对应格式串是%d。因此输出结果是：203 is the sum of allthe cores,20 is the class average。本题答案：C。

（9）执行下列语句后输出结果是_____。

```
a=123;
b=12345;
long c=135790;
printf("%4d,%5d,%ld,%8ld",a,b,c,c);
```

    A. 123，12345，135790，135790   B. 123 ⌐, 12345, 135790, 135790

    C. 123，12345，135790，⌐⌐135790   D. ⌐123, 12345, 135790, ⌐⌐135790

【分析、解答】　printf 语句中的格式串是%4d、%5d、%ld、%8ld,a 对应的格式是%4d 输出是⌐123,b 对应的格式是%5 d 输出是 12345,c 对应的格式是%ld 输出是 135790,最后的 c 对应的格式是%8ld 输出结果是⌐⌐135790。printf 语句输出的结果是：

⌒123，12345，135790，⌒⌒135790。本题答案：D。

（10）写出下列程序的输出结果_____。

```
main()
{
    float f=123.456;
    printf("%f,%10f,%10.2f,%.2f,%-10.2f\n",f,f,f,f,f);
}
```

  A. 123.456001，123.456001，⌒⌒⌒123.46，123.46，123.46

  B. 123.455994 123.455994 ⌒⌒123.46 123.46 123.46

  C. 123.455994，123.45994，123.46，123.46，123.46

  D. 123.46，123.46，123.46，123.46，123.46，

【分析、解答】 printf 语句的输出格式串是%f、%10f、%10.2f、%.2f、%−10.2f，分别对应了实数 f 的 5 种格式。输出结果如下：123.456001，123.456001，⌒⌒⌒123.46，123.46，123.46。本题结果：A。

（11）请写出表达式：(−b+sqrt(b * b−4.0 * a * c))/2 * a 的算术式子_____。

  A. $\dfrac{-b+\sqrt{b^2-4ac}}{2}a$ B. $\dfrac{-b+\sqrt{(b^2-4ac)}}{2a}$

  C. $\dfrac{-b+\sqrt{b^2-4ac}}{2a}$ D. $\dfrac{-b+b^2-4ac}{2a}$

【分析、解答】 该表达式计算：$\dfrac{-b+\sqrt{b^2-4ac}}{2a}$，其中 sqrt 是函数的名称。本题答案：B。

（12）字符串结束标记的转义字符是_____。

  A. '\0'   B. "\0"   C. '\n'   D. "\n"

【分析、解答】 用双引号括起来的一串字符称为字符串常量（简称字符串），"\0"是字符串常量，\n 是转义字符表示换行。'\0'表示字符串的结束标志。本题答案：A。

（13）下列正确的 scanf 函数的用法是_____。

  A. scanf("f",&f);   B. scanf("%f",&f);

  C. scanf("&f",%f);   D. scanf("%f",f);

【分析、解答】 调用格式输入函数 scanf 的一般形式为：

scanf(格式控制字符串,数据存储地址项表)

其中，格式控制字符串是字符串表达式，通常是用双引号括起来的字符串。可以使用的格式串有%f、%d 等，数据存储地址项表的各变量名前使用地址运算字符 &。正确的语句是：scanf("%f",&f);。本题答案：B。

（14）语句 T=A;A=B;B=T 执行的结果是_____。

  A. 将 A、B、T 从小到大排列   B. 将 A、B、T 从大到小排列

  C. 交换 A、B   D. 无确定的结果

【分析、解答】 C语言中将两个变量进行交换时，需要使用第 3 个变量。本题答案：C。

(15) scanf 函数中的数据存储地址项表，每一个地址项是一个变量的地址，即在变量名前加_____。

    A. 格式控制字符 %　　　　　　　　B. 逻辑运算符 &

    C. 无需加任何字符　　　　　　　　D. 地址运算符 &

【分析、解答】 函数 scanf 的一般形式为：

scanf(格式控制字符串,数据存储地址项表)

其中，格式控制字符串是字符串表达式，通常是用双引号括起来的字符串。可以使用的格式串有 %f、%d 等，数据存储地址项表的各变量名前使用地址运算字符 &。本题答案：D。

(16) 在 C 程序中，数据的输入和输出是通过_____。

    A. 输入输出语句　　　　　　　　　B. 输入输出程序

    C. 输入输出函数　　　　　　　　　D. 以上都正确

【分析、解答】 在 C 程序中，数据的输入和输出是分别通过调用格式输入函数 scanf() 和格式输出函数 printf() 来实现的。本题答案：C。

(17) 要输出单个字符可调用单个字符输出函数 putchar()，要输入单个字符可调用输入字符函数 getchar()。要使用这两个函数，需用以下代码把头文件_____包含到程序中。

    A. bios. h　　　　B. dir. h　　　　C. stdio. h　　　　D. io. h

【分析、解答】 要输出单个字符可调用单个字符输出函数 putchar()，要输入单个字符可调用输入字符函数 getchar()。要使用这两个函数，需用以下代码把头文件 stdio. h 包含到程序中，调用格式是：#include <stdio. h>。本题答案：C。

(18) putchar() 函数的作用是，将一个字符输出到标准输出设备（通常指显示器）上。调用 putchar() 函数的一般形式为 putchar(ch)，其中 ch 不能表示_____。

    A. 字符型变量　　　　　　　　　　B. 字符型常量

    C. 整型变量或整型常量　　　　　　D. 字符串常量

【分析、解答】 putchar() 函数的作用是，将一个字符输出到标准输出设备（通常指显示器）上。其中，ch 可以是字符型常量或变量，也可以是整型常量或变量。本题答案：D。

(19) getchar() 函数的作用是，从标准输入设备上（通常指键盘）读入一个字符。调用 getchar() 函数不要提供实参，调用该函数的返回值就是从输入设备得到的字符的_____。

    A. 十进制代码　　　　　　　　　　B. 八进制代码

    C. 十六进制代码　　　　　　　　　D. ASCII 代码

【分析、解答】 调用 getchar() 函数不要提供实参，调用该函数的返回值就是从输入设备得到的字符的 ASCII 代码。它的数值在 0~255 之间。本题答案：D。

(20) printf 函数可以按格式输出数据，不是它的作用是_____。

  A. 要求按原样输出普通字符　　　　　B. 输出到内存变量中

  C. 按规定的格式输出变量的值　　　　D. 按转义字符的意义输出

  【分析、解答】　在 printf(格式控制字符串,输出项表)语句格式中,其中,格式控制字符串是字符串表达式,通常是用双引号括起来的字符串。格式控制字符串包含 3 类内容:普通字符,要求按原样输出、转义字符,要求按转义字符的意义输出。例如,'\n'表示换行,'\b'表示退格等。以%开头后加修饰符和格式符,输出变量或常量的值。本题答案是 B。

  2. 填充题

  (1) 当从键盘输入 67 123 时,下列程序的输出结果是_____。

```
main()
{
    unsigned char a,b;
    scanf("%x",&a);
    scanf("%x",&b);
    printf("%c,%c",a,b)
}
```

  【分析、解答】　scanf("%x",&a);和 scanf("%x",&b);语句是要求输入的数据是无符号十六进制整数,而 printf("%c,%c",a,b)中的%c 格式是输出 67 和 123 所对应的字符。67 所对应的字符是 g 字符,123 所对应的字符是#。本题答案:g,#。

  (2) 设 a=1,b=2,c=3,d=4,则表达式 a<b? a:c<d? a:d 的结果为_____。

  【分析、解答】　条件运算符的优先级比关系运算符的优先级低,并且它的结合性是自右向左的,所以表达式 a<b? a:c<d? a:d 可用圆括号等价地写成(a<b)? a:(c<d)? a:d)。因为 a<b 成立,计算结果为 a 的值 1。本题答案:1。

  (3) 将 $\dfrac{\sqrt{x^2+2x+8}}{\dfrac{2x+67}{5x}}$ 用 C 语言表达式来表示_____。

  【分析、解答】　本题答案是:sqrt(x*x+2*x+8)/((2*x+67)/(5*x))。

  (4) 写出下列程序的实际意义是_____。

```
main()
{
    int a,b,s;
    scanf("%d%d",&a,&b);
    s=(a>b?b:a);
    printf("%d",s);
}
```

  【分析、解答】　scanf("%d%d",&a,&b)语句是从键盘上输入两个整型数,而 s=(a>b? b:a)是求出 a,b 中较小的数并赋值给整型变量 s。本题答案:从键盘输入两个整型数 a 和 b,输出变量 a 和 b 中的较小的数。

（5）写出从键盘输入任意两个字母后，将其转换为对应的整型数的程序_____。

【分析、解答】 使用 a＝getchar()和 b＝getchar()语句是从键盘上输入两个字符，并使用 printf("%d%d",a,b)语句输出对应的整数。

本题答案如下：

```
#include <stdio.h>
main()
{
    char a,b;
    a=getchar();b=getchar();
    printf("%d,%d",a,b);
}
```

（6）写出下列语句输出的结果是_____。

```
printf("%d,%+6d,%-6d,%ld\n", 1234, 1234, 1234, 1234567);
```

【分析、解答】 格式字符串中的第一个 d 格式输出整数 1234，接着输出普通字符逗号。第二个 d 格式以 6 个字符的域宽输出 1234，要求输出符号，输出以一个空白符和正号为前导的 1234。接着又输出逗号字符。第三个 d 格式以 6 个字符的域宽输出 1234，输出时左对齐，输出 1234 后接两个空白字符，接着再输出一个逗号字符。第四个 d 格式输出长整数 1234567。

本题答案：1234,⌒＋1234,1234⌒⌒,1234567。

（7）对应下列输入代码，要让变量 i 和 j 值分别为 12 和 234，试指出合理的输入。

```
scanf("%d,%d",&i,&j);
scanf("%d%d",&i,&j);
scanf("%2d%3d",&i,&j);
scanf("%d%*d%d",&i,&j)
```

【分析、解答】 对于第一个语句，"%d,%d"中间的逗号是普通字符，必须按原样输入。所以，输入是 12,234。对于第二个语句，两个输入格式之间没有其他字符，输入时，数据以一个或多个空格符分隔，也可以用 Tab 键、Enter 键分隔。所以，可以输入：12 234。对于第三个语句，格式指定数据输入的数字符个数，分别是 2 个和 3 个，前 2 个数字符为变量 i 输入，后 3 个数字符为变量 j 输入。例如，输入 12234 也能满足要求，将 12 赋值给变量 i，将 234 赋值给变量 j。对于第四个语句，格式中的第 2 个输入格式有赋值抑制符，所以要输入 3 个整数，其中第二个整数用于输入不赋值的要求。只要 3 个整数有空白符分隔即可，例如，输入：12　0　234。

本题答案：可以按下列各式输入数据：

```
12,234
12⌒234
12234
12⌒0⌒234
```

(8) 写出从键盘输入任意两个整型数后求出圆的面积和周长的程序。

圆的面积 $s＝\pi r^2$，圆的周长 $a＝2\pi r$

【分析、解答】　设 $\pi＝3.14159$，所以 $S＝3.14159 * r * r，A＝2 * 3.14159 * r$。

本题答案：

```
main()
{
    int r;
    float S,A;
    scanf("%d",&r);
    S=3.14159 * r * r;
    A=2 * 3.14159 * r;
    printf("s=%.2f,a=%.2f",S,A);
}
```

(9) 写出一个能从键盘上输入任意两个整型数据后进行交换的程序。

【分析、解答】　交换两个变量的数据要使用第三个变量，其交换的语句为：t＝a；a＝b；b＝t。

本题答案：

```
main()
{
    int a,b,t;
    scanf("%d,%d",&a,&b);
    printf("%d,%d\n",a,b);
    t=a;a=b;b=t;
    printf("%d,%d\n",a,b);
}
```

(10) 设 int a＝7；b＝8；c＝9；顺次执行 c＝(a－＝(b＋5))；c＝(a％12)＋(b＋＝3)后，c 变量中的值是_____。

【分析、解答】　执行 c＝(a－＝(b＋5)) 语句时，先计算 (b＋5) 为 13，再计算 a－＝(b＋5) 为 a＝a－(b＋5)，结果为－6。执行 c＝(a％12)＋(b＋＝3) 语句时，先分别计算 (a％12) 和 (b＋＝3) 的值然后相加，(a％12) 的值为－6，(b＋＝3) 的值为 11，结果为 5。本题答案：5。

(11) 写出数学式 $\sin 30° ＋ 12e^t$ 的 C 语言表达式_____。

【分析、解答】　$\sin 30°$ 要使用常用的标准函数 $\sin(x)$，$30°$ 需要使用计算公式 $3.14159 * 30/180$ 转化为弧度，e^t 需要使用常用的标准函数 $\exp(x)$ 函数。本题答案：$\sin(3.14159 * 30/180)＋12 * \exp(t)$。

(12) 使用 float x；double y；scanf("％f,％le"，&x,&y)；语句后，使得 x 的值为 67.96，y 的值为 $635423 * 10^{12}$，请写出键盘输入数据的正确形式_____。

【分析、解答】　输入格式符中使用 "," 间隔，$63542 * 10^{12}$ 是指数形式，所以在输入数据过程中按照指数的格式进行输入。本题答案：67.96,6.3542e12。

（13）写出下列程序的运行结果_____。

```
main()
{
    int x=9,y=4,z=6;
    x*=12+x;printf("%d\n",x++);
    y+=x=1;printf("%d\n",y--);
    z-=y+=x+12;printf("%d\n",--z);
}
```

【分析、解答】 语句 x＊＝12＋x 等价于 x＝x＊(12＋x)，结果为 189，x 为 190。语句 y＋＝x＝1 等价于 y＝y＋(x＝1)，结果为 5，y 的值为 4。语句 z－＝y＋＝x＋12 等价于 z＝z－(y＝y＋(x＋12))，z 的结果为－11，执行 printf("％d\n"，－－z)语句时先计算－－z，结果为－12。

本题答案：

```
189
5
-12
```

（14）写出下列程序中，st＝sqrt(pow(x,6)＋pow(y,7));语句的表达式。

```
main()
{
    float x,y;
    float st;
    printf("input x,y");
    scanf("%f,%f",&x,&y);
    st=sqrt(pow(x,6)+pow(y,7));
    printf("st=%f\n",st);
}
```

【分析、解答】 本题先从键盘上输入 x、y，执行语句 st＝sqrt(pow(x,6)＋pow(y,7))时使用到 pow 标准函数和 sqrt 标准函数。pow(x,6)为 x^6，pow(y,7)为 y^7。本题答案：st＝$\sqrt{x^6+y^7}$。

（15）写出条件"－20≤x≤20"的 C 语言表达式_____。

【分析、解答】 该条件表示 x 的取值在[－20,20]区域，即 x≥－20 同时 x≤20。本题答案：(x≥－20)&&(x≤20)。

（16）设 float f＝564.761；则 printf("％e,％10e,％10.2e,％.2e,％－10.2e",f,f,f,f,f);语句输出结果是_____。

【分析、解答】 ％e 格式表示：不指定输出数据所占的宽度和数字部分的小数位数，自动给出 6 位小数，指数部分占 5 位（其中 e 占 1 位，指数符号占 1 位，指数占 3 位），％m.ne 和％－m.ne，输出的数据共占 m 列，n 指输出数据的小数部分的小数位数。本题答案：5.64761e＋02，5.64761e＋02，5.6e＋02，5.6e＋02，5.6e＋02。

（17）写出下列程序的作用_____。

```
#include <math.h>
main()
{
    float a,b,c,disc,x1,x2,p,q;
    scanf("a=%f,b=%f,c=%f",&a,&b,&c);
    disc=b*b-4*a*c;
    p=-b/(2*a);
    q=sqrt(disc)/(2*a);
    x1=p+q;x2=p-q;
    printf("\n\nx1=%5.2f\nx2=%5.2f\n",x1,x2);
}
```

【分析、解答】　本题答案：由键盘输入 a、b、c，求 $ax^2+bx+c=0$ 方程的根。

（18）在 printf 函数中使用"％md"格式串时，m 为指定的输出变量的宽度，如果数据的位数小于 m 时，_____。

【分析、解答】　格式串"％md"中，m 为指定的输出变量的宽度，如果数据的位数小于 m 时，则左端补以空格，若大于 m，则按实际位数输出。本题答案：则左端补以空格，若大于 m，则按实际位数输出。

（19）一个整数，只要它的值在 0～255 范围内，也可以用字符形式输出，在输出前，系统会将该整数作为 ASCII 码转换成相应的字符；反之，_____。

【分析、解答】　在 C 语言中程序中，一个整数，只要它的值在 0～255 范围内，也可以用字符形式输出，在输出前，系统会将该整数作为 ASCII 码转换成相应的字符；反之，一个字符数据也可以用整数形式输出。本题答案：一个字符数据也可以用整数形式输出。

（20）在 printf 函数中使用格式串"％－m.ns"，其中 m、n 为输出占 m 列，但只取字符串中左端 n 个字符，n 个字符输出在 m 列范围的左侧，右补空格。如果 n＞m 时，_____。

【分析、解答】　格式串"％－m.ns"，其中 m、n 为输出占 m 列，但只取字符串中左端 n 个字符，n 个字符输出在 m 列范围的左侧，右补空格。如果 n＞m 时，则 m 自动取 n 值，即保证 n 个字符正常输出。本题答案：m 自动取 n 值，即保证 n 个字符正常输出。

8.4　实　验　指　导

1. 实验目的

（1）了解单个字符输入输出方法，掌握整数、浮点数、字符、字符串的格式输入和格式输出方法。

（2）编写和调试顺序结构的程序。

2. 实验内容

（1）编写一个由键盘输入 3 个正整数后，输出其对应数的平方。

（2）编写一个由键盘输入正方体的边长后计算正方体体积的程序。

（3）编写一个由键盘输入 3 个数后,使这 3 个数反序排序的程序(输出变量 a、b、c 顺序不变)。

（4）编写一个使用 printf 语句输出以下图形的程序。

```
        1
       333
      55555
     7777777
    999999999
```

（5）编写一个程序,使用 putchar 函数输出一个字母后,由用户输入一个相同的字母,如果输入正确,输出 T;否则,输出非 T。

3. 编程环境及程序代码

（1）编程环境:Visual C++ 6.0 或 Turbo C 2.0。

（2）程序代码(所附程序均为参考程序,答案并不唯一。)

第(1)题

```
main()
{
    int a,b,c;
    long int  x1,x2,x3;
    scanf("%d,%d, %d",&a,&b,&c);
    x1=a * a;x2=b * b;x3=c * c;
    printf("\n\nx1=%ld\nx2=%ld\nx3=%ld\n",x1,x2,x3);
}
```

运行程序:

输入:

23,45,34

输出结果:

x1=529
x2=2025
x3=1156

第(2)题

```
main()
{
    int a;
    long int  v;
    scanf("%d",&a);
```

```
        v=a * a * a;
        printf("\n\v=%ld\n",v);
    }
```

第(3)题

```
main()
{
        int a,b,c,t;
        scanf("%d,%d, %d",&a,&b,&c);
        t=a;a=c;c=t;
        printf("%d, %d,%d\n",a,b,c);
    }
```

第(4)题

```
main()
{
        printf("%s\n","    1");
        printf("%s\n","   333");
        printf("%s\n","  55555");
        printf("%s\n"," 7777777");
        printf("%s\n","999999999");
    }
```

第(5)题

```
#include<stdio.h>
main()
{
    unsigned char a,b,c;
    a='x';
    putchar(a);
    b=getchar();
    c='T'+(a-b);
    printf("%c",c);
}
```

第 9 章

chapter 9

选择结构程序设计

9.1 本章基本知识结构

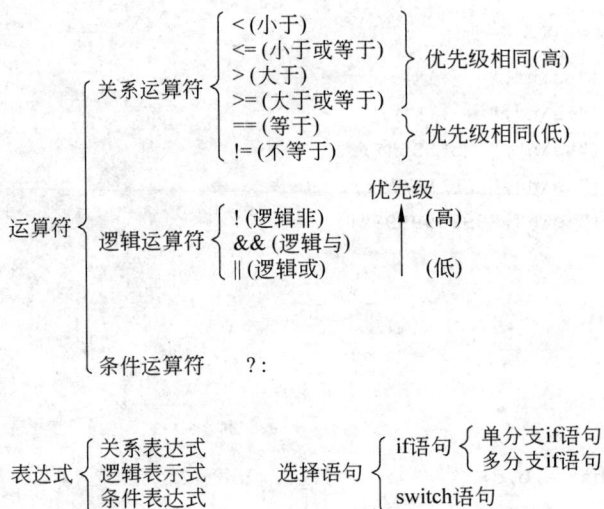

```
           ┌ < (小于)                    ┐
           │ <= (小于或等于)              │ 优先级相同(高)
     关系运算符 │ > (大于)                    │
           │ >= (大于或等于)              ┘
           │ == (等于)                   ┐ 优先级相同(低)
           └ != (不等于)                 ┘
                              优先级
运算符 ┤          ┌ ! (逻辑非)           ↑ (高)
     逻辑运算符 │ && (逻辑与)            │
           └ || (逻辑或)           │ (低)

     条件运算符      ?:
```

```
     ┌ 关系表达式              ┌ if语句 ┌ 单分支if语句
表达式 │ 逻辑表示式    选择语句 │        └ 多分支if语句
     └ 条件表达式              └ switch语句
```

9.2 知识难点解析

(1) 如何判断关系表达式和逻辑表达式的值？

【解答】 关系表达式和逻辑表达式的取值都为逻辑值,当表达式成立时为真(True)其值为 1;当表达式不成立时为假(False)其值为 0。特别要指出,在判断一个量是否为"真"时,以 0 代表"假",以非 0 代表"真",即将一个非 0 的数值认作为"真"。

(2) 若 int x=2,a=0;,则执行语句 b=a&&(x=10);后 x 的值仍为 2,这是为什么？

【解答】 这是由逻辑表达式的求值优化的副作用导致的。在求逻辑表达式时,如果表达式某部分值确定后整个表达式的值可直接得到的话,那么就不必全部求值,这就是逻辑表达式的求值优化。本例中由于 a=0 导致 b=a 的值为 0,因此整个表达式的值可直接得到 0,x=10 不被计算,因此 x 的值仍为 2。

（3）if 与 else 如何匹配？

【解答】　else 应与同一花括号内最近的未匹配的 if 相匹配。请看下面的一段程序：

```
if(a==0)
if(b==0)
printf("OK!");
else a++;
```

这段代码本意是希望在 a 等于 0 并且 b 等于 0 的情况下输出 OK!；在 a 等于 0 但 b 不等于 0 时，什么也不做；而当 a 不等于 0 时，进行自加。但是上述程序段相当于：

```
if(a==0)
{
  if(b==0)
    printf("OK!");
  else a++;
}
```

若想要实现编程者的本意，则原程序应改为：

```
if(a==0)
{
  if(b==0)
    printf("OK!");
  }
else a++;
```

9.3　练　　习

1. 选择题

（1）有关 if(条件表达式){语句 1;} else {语句 2;}的正确解答是_____。

　　A. 无论条件表达式的值为非 0 或 0，只执行语句 1 或语句 2

　　B. 无论条件表达式的值为非 0 或 0，只执行语句 1 和语句 2

　　C. 无论条件表达式的值为非 0 或 0，执行了语句 1 后再执行语句 2

　　D. 以上都正确

【分析、解答】　if/else 语句的执行过程是：先计算表达式的值，再测试表达式的值并选择语句执行。如果表达式的值为非 0，则执行语句 1；否则，执行语句 2。所以，无论条件表达式的值为非 0 或 0，只执行语句 1 或语句 2 中的一个，不会两个都执行。本题答案：A。

（2）有关 if(表达式)语句叙述，正确的是_____。

　　A. 若表达式的值为 0，执行所指出的语句后结束 if 语句。

　　B. 若表达式的值为 1，立即结束 if 语句。

  C. 若表达式的值为非 0，执行所指出的语句后结束 if 语句。

  D. 以上都正确

  【分析、解答】 if(表达式)语句格式的执行过程是先计算表达式的值，再测试表达式的值。若表达式的值为非 0，执行所指出的语句后结束 if 语句，否则；立即结束 if 语句。本题答案：C。

  (3) 当条件语句嵌套使用时，C 语言规定：else 总是与它_____最接近的 if 对应。

   A. 后面   B. 前面   C. 中间   D. 随意

  【分析、解答】 为避免同一语句的不同理解，C 语言约定 else 总是与它前面最接近的 if 对应。本题答案：B。

  (4) 在 switch 语句中，如执行过程中遇到 break 语句或 goto 语句，_____。

   A. 则执行下一个 case 语句   B. 则执行 default 语句

   C. 语句出错   D. 则结束 switch 语句的执行

  【分析、解答】 在 switch 语句中，如执行过程中遇到 break 语句或 goto 语句，或执行完 switch 语句中的语句序列，则结束 switch 语句的执行。本题答案：D。

  (5) 下列数据类型能用于 switch 后面括号内表达式的类型是_____。

   A. 字符   B. 实数   C. 指针   D. 字符串

  【分析、解答】 C 语言规定：用于 switch 后面括号内表达式的类型，只限于是整型或字符型或枚举型。本题答案：A。

  (6) switch 语句中的 default 子句可以_____。

   A. 使用 2 次   B. 缺省   C. 使用多次   D. 以上都可以

  【分析、解答】 C 语言规定：用于 switch 后面 default 子句可以缺省，但至多出现一次，习惯总是将它写在所有 case 子句之后，如有必要也可写在某个 case 子句之前。本题答案：B。

  (7) switch 后面各 case 需要互相排斥，最常用的办法是每个子句都以_____语句结束。

   A. goto   B. continue   C. return   D. break

  【分析、解答】 在 switch 语句中，如果要使各种情况互相排斥，仅执行某个子句所对应的语句序列，最常用的办法是使用 break 语句，每个子句都以 break 语句结束。本题答案：D。

  (8) 设 a=1,b=2,c=3,d=4，则表达式 a<b? a:c<d? a:d 的结果为_____。

   A. 4   B. 3   C. 2   D. 1

  【分析、解答】 条件运算符的优先级比关系运算符的优先级低，并且它的结合性是自右向左的，所以表达式 a<b？a：c<d？a：d 可用圆括号等价地写成(a<b)？a：((c<d)？a:d)。因为 a<b 成立，计算结果为 a 的值 1。本题答案：D。

  (9) 设 ch 是 char 型变量，其值为'A'，则下面表达式的值是_____。

```
ch= (ch>='A'&&ch<='Z')?(ch-'A'+'a'):ch
```

   A. A   B. a   C. Z   D. z

【分析、解答】　由于字符型变量 ch 的值为'A',计算表达式 ch＝(ch＞＝'A'&&ch＜＝'Z')?(ch+32):ch,先计算其中条件表达式,由于条件(ch＞＝'A'&&ch＜＝'Z')成立,该条件表达式以 ch+32＝97 为结果,将该值赋给变量 ch,以字符表达这个值为'a'。本题答案：B。

（10）假定所有变量均已正确定义,执行下列语句后,x 的值是_____。

```
a=b=c=0; x=35;
if(!a)x--;else if(b);  if(c)x=3;else x=4;
```

　　A. 34　　　　　　B. 4　　　　　　C. 35　　　　　　D. 3

【分析、解答】　以变量 a、b、c 的值均为 0,变量 x 的值为 35,语句：

```
if(!a)x--;else if(b);if(c)x=3;else x=4;
```

由两个 if 语句组成。首先执行前一个 if 语句"if(!a)x－－;else if(b);",因变量 a 的值为 0,条件!a 成立,执行 x－－使 x 的值变为 34。接着执行后继的 if 语句"if(c)x＝3;else x＝4;",因变量 c 的值为 0,条件不成立而执行 x＝4,最终使变量 x 的值为 4。注意前一个 if 语句的 else 部分的成分语句只有 if(b);,这是一个单分支 if 语句,且其成分语句为空语句。本题答案：B。

（11）下面的语句所表示的数学函数关系是_____。

```
y=-1;
if(x!=0)if(x>0)y=1; else y=0;
```

　　A. $y=\begin{cases} -1, & (x<0) \\ 0, & (x=0) \\ 1, & (x>0) \end{cases}$　　　　　　B. $y=\begin{cases} 1, & (x<0) \\ -1, & (x=0) \\ 0, & (x>0) \end{cases}$

　　C. $y=\begin{cases} 0, & (x<0) \\ -1, & (x=0) \\ 1, & (x>0) \end{cases}$　　　　　　D. $y=\begin{cases} -1, & (x<0) \\ 1, & (x=0) \\ 0, & (x>0) \end{cases}$

【分析、解答】　首先置变量 y 的值为－1,接着按变量 x 值的不同情况重置变量 y 的值。首要条件是 x!＝0,若变量 x 的值为 0,则不再重置变量 y 的值,所以在 x 值为 0 情况下,y 的值是－1。在变量 x 的值不等于 0 的条件下,若 x 的值大于 0,变量 y 的值为 1;若变量 x 的值小于 0,变量 y 的值为 0。所以语句实现当变量 x 的值为 0 时,变量 y 的值为－1;当变量 x 的值大于 0 时,变量 y 的值为 1;当变量 x 的值小于 0 时,变量 y 的值为 0。本题答案：C。

（12）设 int a＝8,b＝7,c＝6,x=1;执行下列语句后 x 的值是_____。

```
if(a>6)if(b>7)if(c>8)x=2; else x=3;
```

　　A. 0　　　　　　B. 1　　　　　　C. 2　　　　　　D. 3

【分析、解答】　将上述语句写成易读的结构化形式：

```
if(a>6)
```

```
if(b>7)
    if(c>8)
        x=2;
    else
        x=3;
```

该语句的执行过程是,首先判定(a>6),因 a 的值是 8,条件成立;接着判定(b>7),因 b
的值是 7,条件不成立。在上述语句中,没有对应 if(b>7)的 else,上述语句就因(b>7)
的条件不成立而不执行任何有意义的动作,结束该语句的执行。这样,变量 a、b、c 和 x 的
值都不会因执行上述语句而改变,所以变量 x 的值依旧保持 1。本题答案:B。

(13) 从下列选项中选出 if 语句正确的答案_____。

    A. if a>0 x=2;   B. if(a>0);x=2; C. if a>0;x=2;   D. if(a>0)x=2;

【分析、解答】 if a>0 x=2;中 a>0 应加括号。if(a>0);x=2;是两个语句,而
if(a>0);中没有需要执行的语句。if a>0;x=2;是以上两种错误的综合。本题答
案:D。

(14) 下列程序运行的结果是_____。

```
main()
{
    int a=1,b=1,c=1;
    --a;--b;--c;
    if(++a>0||++b>0)
        ++c;
    printf("a=%d,b=%d,c=%d\n",a,b,c);
}
```

    A. a=0,b=0,c=0   B. a=1,b=1,c=1

    C. a=1,b=0,c=1   D. a=0,b=1,c=1

【分析、解答】 因为经过――a,――b,――c 运算后,a、b、c 的值均为 0,而语句"if
(++a>0||++b>0)"先执行++a,a 的值为 1,再执行比较运算 a>0,值为 1,整个表
达式的值为 1,因此不进行++b 运算了。本题答案:C。

(15) 根据下列程序的结构选择正确的答案_____。

```
main()
{
    int a=2,b=-1,c=-1;
    ++a;++b;++c;
    if(a==b+c) printf("* * * *\n");
    else
        printf("####\n");
}
```

    A. 输出* * * *   B. 输出# # # #

    C. 程序结构有问题(编译有语法错)   D. 能进行编译,但不能运行

【分析、解答】　本题能编译，能运行，执行 b+c 后值是 0，不等于 a，应此执行 else 后面的语句，所以输出♯♯♯♯。本题答案：B。

（16）下列程序假若输入整数 65 后，程序运行结果输出式_____。

```
#include <stdio.h>
main()
{
    int a;
    a=getchar();
    switch(a-'A')
    {
     case 0:putchar(a-2);break;
     case 1:putchar(a+2);break;
     case 2:putchar(a+4);break;
     case 3:putchar(a+6);break;
     case 4:putchar(a+8);break;
     default:putchar(a+32);
    }
}
```

　　　A. C　　　　　　B. A　　　　　　C. B　　　　　　D. ?

【分析、解答】　因为'A'的 ASCII 码是 65，而 a-'A'的值是 0，所以执行 case 0：后面的语句 putchar(a-2);break;，a-2 的值是 63，对应的字符是?。本题答案：D。

（17）找出与 y=(x>0? 1:x<0? -1:0);功能相同的 if 语句是_____。

　　　A. if(x>0)y=1;else if(x<0)y=-1;else y=0

　　　B. if(x)if(x>0)y=1;else if(x<0)y=-1;else y=0;

　　　C. y=-1;if(x>0)y=1;else y=-1;

　　　D. y=0;if(x>=0)y=1;else if(x>=0)y=0;else y=-1;

【分析、解答】　因为语句 if(x>0)y=1;else if(x<0)y=-1;else y=0 完成的是当 x>0 时，y 的值为 1，否则当 x<0 时，y 的值为-1，当 x=0 时，y 的值为 0，与 y=(x>0? 1:x<0? -1:0);功能相同。本题答案：A。

（18）找出与 y=(x>0? 1:-1);功能相同的 if 语句是_____。

　　　A. if(x<0)y=-1 else y=1　　　　　　B. if(x>=0)y=1 else y=-1

　　　C. if(x<=0)y=1 else y=-1　　　　　　D. if(x<=0)y=-1 else y=1

【分析、解答】　因为语句 if(x<=0)y=-1 else y=1 完成的是当 x>0 时 y 的值为 1，否则 y 的值为-1 与 y=(x>1? 1:-1);功能相同。本题答案：D。

（19）当设置 x 的值是 36 时，表达式 y=(x>1? 1:-1)的值是_____。

　　　A. 4　　　　　　B. 0　　　　　　C. -1　　　　　　D. 以上都不对

【分析、解答】　当 x=36 时，因为 x>1，所以 y 的值为 1。本题答案：D。

（20）当设置 x 的值是 2 时，表达式 y=(x>0? x*x:x<0? -x:0);的值是_____。

　　A. −2　　　　　　　B. 0　　　　　　　C. 4　　　　　　　D. 2

　　【分析、解答】　x 的值是 2，大于 0，表达式(x＞0？ x＊x：x＜0？ −x：0)将计算 x＊x，故 y 的值是 4。本题答案：C。

2. 填空题

　　(1) 结构化程序设计规定的 3 种基本结构是_____结构、选择结构和_____结构。

　　【分析、解答】　结构化程序设计的 3 种基本控制结构是顺序结构、选择结构和循环结构。本题答案：顺序结构、循环结构。

　　(2) 若有定义语句"int a＝25，b＝14，c＝19;"，以下语句的执行结果是_____。

```
if(a++<=25 && b--<=2 && c++)
    printf("* * * a=%d,b=%d,c=%d\n", a, b, c);
else printf("###a=%d,b=%d,c=%d\n", a, b, c);
```

　　【分析、解答】　问题所给的 if 语句中，条件 a＋＋＜＝25 ＆＆ b－－＜＝2 ＆＆ c＋＋是先求逻辑与的第一个运算分量，它是一个关系式，关系成立。接着判定第二个逻辑与运算分量，又是一个关系式，由于变量 b 的值是 14，b 不小于等于 2，运算分量的关系式不成立，导致 if 语句的条件为假，执行 else 部分。在求 if 语句的条件时，计算了 2 个逻辑与分量，使变量 a 的值增了 1，变量 b 的值被减了 1。本题答案：＃＃＃a＝26，b＝13，c＝19。

　　(3) 以下两条 if 语句可合并成一条 if 语句为_____。

```
if(a<=b)x=1;
  else  y=2;
if(a>b) printf("****y=%d\n", y);
  else  printf("####x=%d\n", x);
```

　　【分析、解答】　以上两条 if 语句中，两个条件刚巧相反。若将前一个 if 语句的第一个成分语句与第二个 if 语句的第二个成分语句合并；第一个 if 语句的第二个成分语句与第二个 if 语句的第一个成分语句合并，写成一条 if 语句如下：

```
if(a <=b)   {x=1; printf("####x=%d\n", x); }
   else     {y=2; printf("****y=%d\n", y);}
```

　　本题答案：

```
if(a <=b)   {x=1; printf("####x=%d\n", x); }
   else     {y=2; printf("****y=%d\n", y);}
```

　　(4) 该语句 if a＞b {t＝a;a＝b;b＝t;}的正确写法是_____。

　　【分析、解答】　该语句是条件语句，一般形式为：if(表达式)语句。表达式应加括号。本题答案：if(a＞b){t＝a;a＝b;b＝t;}。

　　(5) 程序在运行过程中，能自动根据当前情况选择不同的计算是对计算机程序的一个基本要求。这样的控制要求用_____实现。

【分析、解答】　能自动根据当前情况选择不同的计算是对计算机程序的一个基本要求。这样的控制要求用选择结构实现。本题答案：选择结构。

（6）在 C 语言中，if/else 语句根据条件表达式的值为非 0 或为 0 两种情况，从两个语句中自动选取_____语句执行。

【分析、解答】　在 C 语言中，if/else 语句是双分支选择结构。if 语句根据条件表达式的值为非 0 或为 0 两种相反情况，从两个语句中自动选取一个语句执行。本题答案：一个。

（7）语句"if(a!＝0 && x/a＞0.5)"的写法是否正确_____。

【分析、解答】　(a!＝0 && x/a＞0.5)表达式是逻辑表达式，其值为 0 或 1，因此是正确的。本题答案：是。

（8）语句 if(x＋y)printf("x＋y!＝0\n");的写法是否正确_____。

【分析、解答】　在 C 语言中，if 语句对表达式值的测试以非 0 或 0 作为条件成立或不成立的标准，所以当 if 语句以某表达式的值不等于 0 作为条件时可直接简写成表达式作为条件。if(x＋y)printf("x＋y!＝0\n");是语句 if(x＋y!＝0)printf("x＋y!＝0\n");的简写形式。本题答案：是。

（9）写出下列程序的结果_____。

```
#include <stdio.h>
main()
{
  int x=10,m;
  if(x>=0)m=x+10;
  else if(x<10)m=x+120;
  printf("x=%d,m=%d",x,m);
}
```

【分析、解答】　因为 x 等于 10，大于 0，程序选择 m＝x＋10 语句，结果为 20。本题答案：x＝10，m＝20。

（10）写出下列程序结果_____。

```
#include <stdio.h>
main()
{
    int x=1,y=5,d;
    switch(x)
    {
        case 1: d=x++;
        case 2: d=y++;
        case 3: d=x+y;
        default: d=x-y;
    }
```

```
    printf("d=%d",d);
}
```

【分析、解答】　因为在所有的 case 语句后没有 break 语句强行退出 switch 语句，最后执行了 default:d＝x－y 语句。本题答案：d＝－4。

（11）下列程序在输入一个不多余 5 位正整数时，输出其位数，并反序输出其各位数字的程序，请填上正确的语句后，使程序运行正确。

源程序如下：

```
main()
{
    unsigned int x;
    int a1,a2,a3,a4,a5,i;
    printf("input x(0～65535)");
    scanf("%d",&x);
    a1=x/10000;
    a2=(x-a1*10000)/1000;
    a3=(x-a1*10000-a2*1000)/100;
    a4=(x-a1*10000-a2*1000-a3*100)/10;
    a5=(x-a1*10000-a2*1000-a3*100-a4*10);
    _____
    if(a1!=0)i=5;
    else if(a2!=0)i=4;
    else if(a3!=0)i=3;
    else if(a4!=0)i=2;
    else if(a5!=0)i=1;
    printf("\ni=%d",i);
    printf("\n%d,%d,%d,%d,%d",_____);
}
```

【分析、解答】　a1、a2、a3、a4、a5 分别表示个、十、百、千、万位上的数字，i 表示统计共有几位数字，所以 i 的初值为 0，printf("\n%d,%d,%d,%d,%d", a5,a4,a3,a2,a1);语句表示反序输出各位置上的数字。

本题答案：i＝0

　　　　　　a5,a4,a3,a2,a1

（12）输入 3 个整数，按值从大到小的顺序输出它们，请写出算法_____。

【分析、解答】　设 3 个整数的变量分别为 x、y、z，可以通过调整它们的值来实现。经调整后，使它们满足关系 x＞＝y＞＝z，然后依次输出它们的值。调整变量 x、y、z 的值，使它们满足 x＞＝y＞＝z，可分 3 步来实现，先调整 x 和 y，使 x＞＝y。再调整 x 和 z，使 x＞＝z。至此，x 有最大值。最后再调整 y 和 z，使 y＞＝z。这样就完成全部调整的要求。写成算法如下：

```
    {
        输入 x、y、z;
```

```
    if(x<y)交换变量 x 和 y;              /*使 x>=y*/
    if(x<z)交换变量 x 和 z;              /*使 x>=z*/
    if(y<z)交换变量 y 和 z;              /*使 y>=z*/
    输出 x、y、z;
}
```

程序代码如下。

```
#include <stdio.h>
void main()
{
  int x, y, z, temp;
  printf("Enter x, y, z.\n");
  scanf("%d%d%d", &x, &y, &z);
  if(x<y){ temp=x; x=y; y=temp;}       /*使 x>=y*/
  if(x<z){ temp=x; x=z; z=temp;}       /*使 x>=z*/
  if(y<z){ temp=y; y=z; z=temp;}       /*使 y>=z*/
  printf("%d\t%d\t%d\n", x, y, z);
}
```

（13）下列程序运行的结果是_____。

```
#include <stdio.h>
main()
{
  int x=6, y=5, z=9, temp;
  if(x>y){ temp=x; x=y; y=temp;}
  if(x>z){ temp=x; x=z; z=temp;}
  if(y>z){ temp=y; y=z; z=temp;}
  printf("%d\t%d\t%d\n", x, y, z);
}
```

【分析、解答】 本程序完成的是将 x、y、z 3 个数按小到大的次序重新排序。本题答案：5 6 9。

（14）下列程序运行的结果是_____。

```
main()
{
  int x=6, y=5, z=19, m;
  if(x>y)m=y;
    else m=x;
  if(m>z)m=z;
  printf("\n%d\n",m);
}
```

【分析、解答】 本题完成的是，从 x、y、z 3 个数中挑选出一个最小数的程序。本题答案：5。

（15）下列程序运行的结果是_____。

```
main()
{
  int x=6,f;
  if(x<=2)f=x+6;
    else if(x<=7)f=x+16;
    else f=x * x-5;
  printf("%d\n",f);
}
```

【分析、解答】 本题完成的是下列分段函数的计算,因为 x＝6 满足小余 7 大于 2,故使用 f＝x＋16 计算。

$$f=\begin{cases} x+6, & x\leqslant 2 \\ x+16, & 2<x\leqslant 7 \\ x*x-5, & x>7 \end{cases}$$

本题答案：22。

（16）下列程序运行的结果是_____。

```
main()
{ int x=11,f;
  if(x<0)f=x+9;
  else if(x<=5)f=x+16;
  else if(x<=10)f=x * x-5;
  else f=x+0.5 * x+8;
  printf("%d\n",f);
}
```

【分析、解答】 本题完成的是下列分段函数的计算,因为 x＝11 满足大于 10,故使用 f＝x＋0.5＊x＋8 计算。

$$f=\begin{cases} x+9, & x<0 \\ x+16, & 0\leqslant x\leqslant 5 \\ x*x-5, & 5<x\leqslant 10 \\ x+0.5*x+8, & x>10 \end{cases}$$

本题答案：24。

（17）下列程序完成的是当 x＞0,交换 a 和 b 的值,请填上正确的语句。

```
main()
{
    int x,a,b,t;
    printf("input x,a,b");
    scanf("%d,%d,%d",&x,&a,&b);
    if(x>0)_____
      printf("%d,%d\n",a,b);
}
```

【分析、解答】　本题答案：{t＝a;a＝b;b＝a;}。

(18) 下列程序完成的是计算正整数和的程序,请填上正确的语句。

```
main()
{
    int a ,s _____;
    printf("input a=");
    scanf("%d",&a);
    if(a>=0)_____;
    printf("%d \n",i);
}
```

【分析、解答】　本题答案：s＝0；s＝s＋a；。

(19) 下列程序是完成当满足 a＞b 时输出 a 的值,请填上正确的语句。

```
main()
{
    int a ,b;
    printf("input a=,b=");
    scanf("%d,%d",&a,&b);
    if(a>b)_____;
}
```

【分析、解答】　本题答案：printf("a＝％d \n",a)。

(20) 下列程序完成的是当 x＞0,输出－x 的值,否则输出 x 的值,请填上正确的语句。

```
main()
{
    int x;
    printf("input x=");
    scanf("%d",&x);
    if(x>0)
        _____;
    else
        _____;
}
```

【分析、解答】　本题答案：printf("％d \n",－x)； printf("％d \n",x)；。

9.4　实　验　指　导

1. 实验目的

(1) 了解用计算机解决问题的基本方法。

（2）掌握算法的设计过程（在程序设计之前首先要设计求解问题的算法，然后再编写程序）。

（3）掌握 C 语言中条件结构的基本语句和语法规则。

（4）掌握条件结构程序的书写方法。

2. 实验内容

（1）从键盘上输入 3 个数 a、b、c（假设 a、b、c 为不同的数），编写求最大值的程序。

（2）用 if/else if 语句编写实现如下计算的程序。

$$y = \begin{cases} x^2, & x \geqslant 4 \\ x^2 - 5, & 3 \leqslant x < 4 \\ x^2 - 2x - 1, & 2 \leqslant x < 3 \\ x^2 + 6x - 18, & 1 \leqslant x < 2 \end{cases}$$

（3）在键盘上输入今天的日期（年/月/日），输出明天的日期（月/日/年）。

（4）编写输入 a、b、c 后，当 a+b>c、a+c>b、b+c>a 同时成立时，计算这 3 个数的平方和，否则输出"is not T"的程序。

（5）设吴林、金静、余华、马利、张晓轩为 5 个候选人，用 switch 语句编写一个只选其中一人的选票统计程序。

3. 编程环境及程序代码

（1）编程环境：Visual C++ 6.0 或 Turbo C 2.0。

（2）程序代码（所附程序均为参考程序，答案并不唯一）。

第（1）题：

```
main()
{
    int a,b,c,big;
    scanf("%d%d%d",&a,&b,&c);
    if(a>b)
      if(a>c)
        big=a;
      else
        big=c;
      else
        if(b>c)
         big=b;
        else
         big=c;
    printf("a=%d,b=%d,c=%d\n",a,b,c);
    printf("big=%d\n",big);
}
```

第(2)题：

```
main()
{
    float x,y;
    scanf("%f",&x);
    {
      if(x>=4){ y=x*x; }
      else if (x>=3){y=x*x-5; }
      else if(x>=2){y=x*x-2*x-1; }
      else if(x>=1){y=x*x+6*x-18; }
      else {printf("x is outsize"); exit(0);}
    }
    printf("x=%f,y=%f\n",x,y);
}
```

以上为分段函数，题意为：

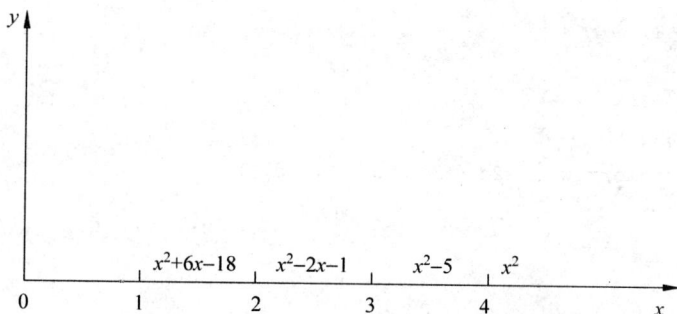

第(3)题：

算法：

① 设 y、m、d 为输入的日期(年/月/日)。

② 用 monthday 表示某个月的天数：当 m=1、3、5、7、8、10、12 时，monthday=31；当 m=4、6、9、11 时 monthday=30；当 m=2 时，为 28 或 29 天。其中每隔 400 年或每 4 年且不相隔 100 年为 29 天，其余为 28 天。

③ 根据 d 求月份和年份，当天数与 d 不相等时，y、m 不变，d=d+1；相等时，当 m=12 时，m=1、y=y+1，否则 m=m+1,d=1,y 不变。

程序：

```
main()
{
    int y,m,d,monthday;
    int b1,b2,b3;
    scanf("%d%d%d",&y,&m,&d);
    printf("today is %2d/%2d/%2d\n",m,d,y);
    b1= (y%400)==0;
```

```
        b2= (y%4)==0;
        b3= (y%100)!=0;
        switch(m)
        {
            case 1:case3:case5:case7:case8:case10:case12: monthday=31; break;
            case 4:case 6:case 9:case 11: monthday=30; break;
            case 2: monthday=28; if(b1||(b2&&b3))monthday=29; break;
        }
        if(d==monthday)
        {
        d=1;
        if(m==12)
        {
            m=1;
            y=y+1;
        }
        else
            m=m+1;
        }
        else
            d=d+1;
        printf("tomorrow is %2d /%2d/ %d \n",m,d,y);
    }
```

第(4)题：

```
main()
{
    int a,b,c;
    float s;
    printf("input a,b,c");
    scanf("%d,%d,%d",&a,&b,&c);
    if(a+b>c && b+c>a &&c+a>b)
    {
        s=a*a+b*b+c*c;
        printf("\ns=%f",s);
    }
    else
        printf("\n is not T");
}
```

第(5)题：

设选票为：

姓名	吴林	金静	余华	马利	张晓轩
结果					

说明：在候选人名单下画（√）

分析：输入的选票为 a。以上问题可归纳为：

$$a = \begin{cases} \text{'w'} & w = w + 1 & \text{当选"吴林"时} \\ \text{'j'} & j = j + 1 & \text{当选"金静"时} \\ \text{'y'} & y = y + 1 & \text{当选"余华"时} \\ \text{'m'} & m = m + 1 & \text{当选"马利"时} \\ \text{'z'} & z = z + 1 & \text{当选"张晓轩"时} \end{cases}$$

设置 w、j、y、m、z 的初值为 0。

程序如下：

```
main()
{
    int w,j,y,m,z;
    char a;
    printf("\n input xuanpiao(w,j,y,m,z):");
    w=0;j=0;y=0;m=0;z=0;
    scanf("%c",&a);
    switch(a)
    {
      case  'w': {w=w+1;printf("\n wu=%d\n",w);break;}
      case  'j': {j=j+1;printf("\n jin=%d\n",j);break;}
      case  'y': {y=j+1;printf("\n yu=%d\n",y);break;}
      case  'm': {m=y+1;printf("\n ma=%d\n",m);break;}
      case  'z': {z=z+1;printf("\n zhang=%d\n",z);break;}
      default: printf("The  name is  black!\n");
    }
}
```

第 10 章

循 环 控 制

10.1 本章基本知识结构

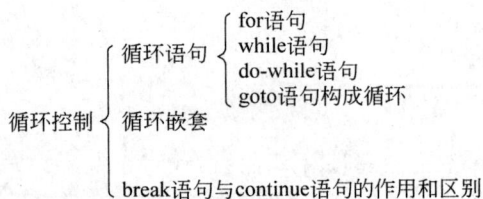

循环控制 {
  循环语句 {
    for语句
    while语句
    do-while语句
    goto语句构成循环
  }
  循环嵌套
  break语句与continue语句的作用和区别
}

10.2 知识难点解析

（1）while 循环和 do-while 循环有什么不同？

【解答】 do-while 循环与 while 循环最本质的区别是 do-while 循环在判断条件是否成立前，先执行循环体语句一次，所以无论条件成立与否循环体都至少执行过一次。而 while 循环则是先判断条件是否成立，若成立才能继续执行循环体内的语句。

程序 1：

```
main()
{
  int a=0;
  while(a<0)a++;
  printf("%d",a);
}
```

程序 2：

```
main()
{
  int a=0;
  do
  {
    a++;
```

```
    }
    while(a<0);
    printf("%d",a);
}
```

程序 1 输出的结果是 0,说明 while 循环先对条件表达式进行了判断,由于表达式为假,所以循环体没有被执行。程序 2 的输出结果是 1,说明 do-while 循环先执行了循环体,再判断条件表达式,由于表达式为假,循环结束,循环体被执行了一次。

(2) break 语句与 continue 语句的区别是什么?

【解答】　在 switch 语句中,break 语句可用于 case 分支的后面,用于执行完某个分支后跳出 switch 语句。而 continue 语句不能用于 switch 结构中。

在循环语句中,break 语句用于结束循环。当有循环嵌套时,break 语句只能跳出本层循环,并不能使多重循环全部结束。continue 语句的作用是:提前结束本次循环体的执行,接着进行下一次循环条件的判断。

(3) 为什么运行下面程序时屏幕上没有输出结果且不能返回到 Turbo C 的集成环境中?

```
main()
{
    int i=1;
    while(i=2)
    {
        i++;
    }
    printf("%d",i++);
}
```

【解答】　此题本意应该是比较 i 是否等于 2,若等于则循环继续。但程序中误将条件表达式的比较运算符 == 写成了赋值运算符 =,所以 i 的值始终为 2,所以条件表达式的值始终为真,循环无法结束,出现死循环。此时可以同时按 Ctrl 和 Break 键强制中断程序执行,返回编辑环境。

10.3　练　习

1. 选择题

(1) 对于 $s=1+2+3+\cdots+100$ 的计算,下面不合理的 for 语句描述是_____。
　　A. for(s=0,i=1; i<=100; s+=i, i++);
　　B. for(s=0, i=1; s+=i, i<100; i++);
　　C. for(s=0, i=0; i<100;++i, s+=i);
　　D. for(s=0,i=0; s+=i, i<=100);

【分析、解答】　for 语句的一般形式是 for(表达式 1 ;表达式 2 ;表达式 3);表达式 1

是变量赋初值表达式,表达式 2 是比较循环条件表达式,表达式 3 是变量修正表达式,D 答案中将表达式 2 和表达式 3 的位置对换了,不能完成循环的控制。本题答案：D。

(2) 执行下列程序段后输出的结果是_____。

```
x=9;
while(x>7)
{
    printf("*");
    x--;
}
```

    A. ****   B. ***   C. **   D. *

【分析、解答】 上述代码以 x 的初值为 9,在 x>7 成立的情况下循环,每次循环输出一个 * 字符,并让 x 的值减 1。共执行 2 次循环,也就共输出了 2 个 * 字符。本题答案：C。

(3) 下列语句中,错误的是_____。

    A. while(x=y)5;   B. do x++ while(x==10);
    C. while(0);   D. do 2; while(a==b);

【分析、解答】 while 语句的一般形式是 while(表达式)语句,这里的表达式可以是任何合理的表达式,语句可以是任何语句,包括空语句,或表达式语句。答案 while(x=y)5;和 while(0);两个语句的句法没有任何错误。选择答案 do x++while(x==10);中的代码 x++是一个表达式,不是语句,所以是错误的。本题答案：B。

(4) 循环语句"for(x=0, y=0;(y!=123)||(x<4); x++);"的循环执行次数是_____。

    A. 无限次   B. 不确定   C. 4 次   D. 3 次

【分析、解答】 for 循环语句的初始化部分置变量 x 和 y 的初值为 0,循环条件是 (y!=123)||(x<4),每次循环后变量 x 的值增 1。由于循环过程中变量 y 的值未被修改过,循环条件又是一个逻辑或,其左分量(y!=123)永远成立。所以该循环语句将循环执行无限次。本题答案：A。

(5) 若 i、j 已定义为 int 类型,则以下程序段中的内循环体的执行次数是_____。

```
for(i=5; i; i--)
    for(j=0; j<4; j++){ ... }
```

    A. 20   B. 30   C. 35   D. 25

【分析、解答】 程序段的外循环是一个 for 循环语句,变量 i 的初值为 5,循环条件简写成 i,即 i!=0,每次循环后变量 i 的值减 1。所以外循环共控制 5 次循环。内循环也是一个 for 循环语句,变量 j 的初值为 0,循环条件是 j<4,每次循环后变量 j 的值增 1。所以内循环共控制 4 次循环。在内外循环一起控制下,内循环体共被重复执行 20 次。本题答案：A。

（6）假定 a 和 b 为 int 型变量,则执行以下语句后 b 的值为_____。

```
a=1; b=10;
do
{
    b-=a;
    a++;
} while(b--<0);
```

　　A. 9　　　　　　B. −2　　　　　　C. −1　　　　　　D. 8

　　【分析、解答】　程序段中循环开始前变量 a 的值为 1,b 的值为 10,每次循环从变量 b 减去 a,并让 a 增 1,在循环条件判定时,又让 b 减去 1。第一次循环后,变量 b 的值变成 9,变量 a 的值变为 2,循环判断时,因 b 的值大于 0,循环条件不成立,结束循环。但在循环判断时,让 b 减去了 1,所以循环结束时变量 b 的值为 8。本题答案:D。

　　（7）设 x 和 y 为 int 型变量,则执行下面的循环后,y 的值为_____。

```
for(y=1, x=1; y<=50; y++)
{
    if(x>=10)break;
    if(x%2==1){ x+=5; continue;}
    x-=3;
}
```

　　A. 2　　　　　　B. 4　　　　　　C. 6　　　　　　D. 8

　　【分析、解答】　for 循环语句中,变量 x 和 y 的初值为 1,循环条件是(y<=50),每次循环后变量 y 的值增 1,控制循环最多执行 50 次。循环体有 3 个语句:首先在发现变量 x 的值大于等于 10 时,结束循环;接着是当变量 x 除 2 的余数为 1(即变量 x 是奇数)时,让变量 x 值增 5,让 x 变成偶数,并直接进入下一轮循环;如变量 x 是偶数,则从变量 x 减去 3,让变量 x 变成奇数。由上述分析知,每两次循环使变量 x 的值增加 2。第一次循环后,变量 x 的值变成 6。第二次循环后,变量 x 的值变成 3。第三次循环后,变量 x 的值变成 8。第四次循环后,变量 x 的值变成 5。第五次循环后,变量 x 的值变成 10。第六次循环时,因变量 x 的值大于等于 10,直接跳出循环,这次循环是非正常结束,对变量 y 的修正只执行了 5 次。所以循环结束后,变量 y 的值增至 6。正确的解答是 C。

　　（8）在 C 语言中,下列说法中正确的是_____。

　　A. 编程时尽量不要使用"do 语句 while(条件)"的循环

　　B. "do 语句 while(条件)"的循环中必须使用"break"语句退出循环

　　C. "do 语句 while(条件)"的循环中,当条件非 0 时将结束循环

　　D. "do 语句 while(条件)"的循环中,当条件为 0 时将结束循环

　　【分析、解答】　do-while 语句的一般形式是:

```
do 语句
while(表达式);
```

其语义是重复执行其成分语句,直至表示条件的表达式值为 0 时结束。do-while 语句是正常使用的一种循环结构之一。do-while 语句的循环结束条件由 while 后的表达式值为 0 所控制,并不一定要有 break 语句跳出循环来结束循环。do-while 语句在条件值非 0 时,将继续循环,而不是结束循环。条件值为 0 时,才结束循环。本题答案:D。

(9) 下列程序运行的结果是_____。

```
main()
{
    int s=0,a=0,i,j;
    for(i=0;i<2;i++)
    {
        for(j=0;j<3;j++)
            s++;
        a++;
    }
    a=i+j;
    printf("s=%d,a=%d\n",s,a);
}
```

　　A. s=6,a=5　　　B. s=6,a=3　　　C. s=1,a=3　　　D. s=0;a=5

【分析、解答】　当 i=0 时,内循环 for(j=0;j<3;j++)的循环体是 s++,s 的值为 3,a 的值为 1。当 i=1 时,内循环 for(j=0;j<3;j++)的循环体是 s++,s 的值为 6,a 的值为 2。当 i=2 时,退出外循环,此时,i=2,j=3,执行 a=i+j;语句后,a 的值为 5。本题答案:A。

(10) 执行下列语句,正确的是_____。

```
int i,a;
for(i=0,a=1;i<=6 && a!=56;i++)
scanf("%d",&a);
```

　　A. 最多 7 次　　　B. 最多 6 次　　　C. 一次也不执行　　D. 无限循环

【分析、解答】　for 语句中 i<=6 && a!=56 条件中,i 的最大值是 6,而只要 i<=6,a 不等于 56 时就可执行循环体一次,故最多只能执行 7 次。本题答案:A。

(11) 设 a 和 b 是整型变量,则对下列语句正确的解释是_____。

```
for(a=0,b=-1,b=1,a++,b++)
  printf("######"\n);
```

　　A. 无限循环　　　　　　　　　　B. 一次也不执行
　　C. for 语句不合法　　　　　　　　D. 执行一次

【分析、解答】　for 语句的一般形式是 for(表达式 1;表达式 2;表达式 3);,表达式 1 是变量赋初值表达式,表达式 2 是比较循环条件表达式,表达式 3 是变量修正表达式,本语句循环控制的条件不合法,不能完成循环的控制。本题答案:C。

（12）下列程序没有构成死循环的语句是_____。

    A. for(;;)

    B. int i=2; while(i){i=i+2; if(i=99)break;}

    C. int k,i; for(k=-1;k>1;k--)i+=k;

    D. int a,s; for(a=1,s=0;a<=10;a++)s++;

【分析、解答】　A、B、C 语句中循环控制条件无法实现,构成了死循环。而 D 语句中能实现循环控制的条件,即当 a<=10 时执行循环体;否则,结束循环。本题答案:D。

（13）下列程序运行的结果是_____。

```
main()
{
    int a=10,b=10,i;
    for(i=0;a>8;b=++i)
        printf("%d,%d ",a--,b);
}
```

    A. 10,1 9,2　　　　B. 9,8 7,6　　　　C. 10,9 9,0　　　　D. 10,10 9,1

【分析、解答】　因为 b 的初值是 10,i 的初值是 0,执行语句 printf("%d,%d",a--,b)输出 a,b 的值 10,10,然后执行 a--,得到 a=9,返回 for 语句执行 b=++i,得到 i=1,b=1,因为 a>8 条件成立,执行语句 printf("%d,%d",a--,b)输出 a,b 的值 9,1,然后执行 a--,得到 a=8,返回 for 语句执行 b=++i,得到 i=2,b=1,因为 a<8 条件不成立,结束程序的运行。本题答案:D。

（14）下列叙述正确的是_____。

    A. do-while 语句构成循环时,不能用其他语句构成的循环来代替

    B. do-while 语句构成的循环只能使用 break 语句退出循环

    C. do-while 语句构成循环时,while 后的表达式为非零时结束循环

    D. do-while 语句构成循环时,while 后的表达式为零时结束循环

【分析、解答】　do-while 语句在条件值非 0 时,将继续循环。条件值为 0 时,才结束循环。本题答案:D。

（15）下列程序完成的功能是_____。

```
main()
{
    int i,a,s;
    scanf("%d",&a);
    s=a;
    for(i=1;i<=10;i++)
    {
        scanf("%d",&a);
        if(s<a)s=a;
    }
    printf("s=%d",s);
}
```

　　A. 求和　　　　　　B. 求最大值　　　　C. 求阶乘　　　　D. 求最小值

【分析、解答】　因为 if(s<a)s=a;语句完成的是当 s 的值小于 a 的值时,将 a 的值存储到 s 中,所以程序运行的结果是得到 10 个数中的最大值。本题答案:B。

　　(16) 下列程序运行的结果是_____。

```
main()
{
    int a,b,z=0;
    for(a=0;a<2;a++)
    {
        z++;
        for(b=0;b<3;b++)
        {
            if(b%2)continue;
            z++;
        }
        z++;
    }
    printf("z=%d",z);
}
```

　　　　A. z=4　　　　　　B. z=8　　　　　　C. z=6　　　　　　D. z=12

【分析、解答】　本程序外循环变量 a=0 和 1 循环 2 次,其循环体为:

①z++;

②for(b=0;b<3;b++)

③{

　　if(b%2)continue;

　　z++;

　}

④z++;

内循环变量 b=0,1,2。其循环体为:

```
{
  if(b%2)continue;
  z++;
}
```

即当 b 除以 2 的余数为 0 时跳过 z++;语句;否则,执行 z++;语句。本题答案:B。

　　(17) s、a=5、b、c=2 均已定义为整型变量,程序段"s=a;for(b=1;b<=c;b++)s=s+1;"的功能等价于语句_____。

　　　　A. s=a+c　　　　B. s=a+b　　　　C. s=s+1　　　　D. s=b+c

【分析、解答】　因为程序段 s=a;for(b=1;b<=c;b++)s=s+1;等价于程序段 s=5;for(b=1;b<=2;b++)s=s+1;执行的结果 s 的值为 7。而 s=a+c 语句的值也

是 7。本题答案：A。

（18）下列不能构成循环的语句是_____。

　　A. for　　　　　B. continue　　　　C. do while　　　　D. while

【分析、解答】　continue 语句是用于结束本次循环。本题答案：B。

（19）如下语句的运行结果是_____。

```
s=0;
i=1;
while(i <=10)
{
    s+=i;
    i=i+2;
}
```

　　A. 计算 1＋3＋5＋7＋9

　　B. 计算 2＋4＋6＋8＋10

　　C. 计算 1＋2＋3＋4＋5＋6＋7＋8＋9＋10

　　D. 计算 1＋3＋5＋7＋9＋10

【分析、解答】　因为循环体语句为 s＋＝i;i＝i＋2;而控制变量的初始值为 1、增量为 2,所以 i 从 1,3,5,7,9 作为加数,当 i＝11 时退出循环体,循环结束。本题答案：A。

（20）执行语句：for(j＝1;j＋＋＜4;);后,变量 j 的值是_____。

　　A. 4　　　　　　　B. 8　　　　　　　C. 5　　　　　　　D. 不确定

【分析、解答】　for(j＝1;j＋＋＜4;);语句中省略了"表达式 3"选项,而在表达式 j＋＋＜4 实现了控制变量的修正作用,可完成循环变量的增值,实现了循环的控制。本题答案：C。

2. 填空题

（1）C 程序可以用 goto 语句,将程序的控制无条件地转移到_____处继续执行。

【分析、解答】　任何语句都可带语句标号,如果语句有标号,程序就可以用 goto 语句,将程序的控制无条件地转移到指定的语句处继续执行。本题答案：指定的语句标号。

（2）continue 语句可以_____,进入下一轮循环。

【分析、解答】　continue 语句只能出现在循环结构中,continue 语句的执行将忽略它所在的循环体中在它之后的语句。如果 continue 语句在 while 语句或 do_while 语句循环体中,使控制转入对循环条件表达式的计算和测试;如果在 for 语句的循环体中,使控制转入到对 for 控制结构的表达式 3 的求值。简单地说,continue 语句提早结束当前轮次循环体的执行,进入下一轮循环。本题答案：提早结束当前轮次循环体的执行。

（3）循环结构主要由控制循环的条件和一个重复计算的_____组成。

【分析、解答】　通常,计算机要处理一系列数据,会有许多重复计算,重复计算过程用循环结构控制。循环结构用于描述在某个条件成立时,重复执行某个计算。循环结构主要由控制循环的条件和一个重复计算的循环体组成。本题答案：循环体。

（4）while 循环也称当型循环，每次执行语句之前，_____，在条件成立时，执行语句，然后继续去计算和判定条件，由此实现重复计算。直至条件不成立，才结束循环控制。

【分析、解答】　while 循环也称当型循环，while 循环结构由一个循环条件和一个作为循环体的语句组成，while 循环的意义是当条件成立时重复执行指定的语句。每次执行语句之前，先计算并判定条件，在条件成立时，执行语句，然后继续去计算和判定条件，由此实现重复计算。直至条件不成立，才结束循环控制。本题答案：先计算并判定条件。

（5）do_while 循环结构，执行过程是：_____，再计算并判定条件，在条件成立时，继续执行语句；直至语句执行后，条件不成立，结束循环控制。

【分析、解答】　do_while 循环结构也由一个循环条件和一个循环体语句组成，do_while 循环的意义是重复执行指定的语句，直至条件不成立结束循环。本题答案：先执行循环体语句。

（6）下列程序是寻找一个满足以下条件：被 3 除余 2，被 5 除余 3，被 7 除余 4 的最小整数。请填上正确的表达式。程序代码如下。

```
#include <stdio.h>
main()
{
    int i=2;
    do i++;
    while(!    );
    printf("%d\n\n", i);
}
```

【分析、解答】　最直观的解法是采用穷举法，让变量从初值 2 开始，测试解的条件是否满足，不满足情况下重复让变量的值增 1，直至变量的值满足条件结束循环。

本题答案：(i%3==2 && i%5==3 && i%7==4)。

（7）下列程序实现输入 n 个整数，输出其中的最大数，并指出其是第几个数，请填上正确的语句。程序代码如下。

```
#include <stdio.h>
main()
{
    int n, i, max, x, index;
    printf("input n!\n");
    scanf("%d", &n);
    for(i=1; i <=n; i++)
    {
        printf("i=%d", i);
        scanf("%d", &x);
```

```
        if(i==1)
        {
            max=x;
            index=1;
            continue;
        }
        if(x>max)
        {
            _____;
        }
    }
    printf("max=%d,max is number %d。\n\n", max, index);
}
```

【分析、解答】 设存储输入整数的变量为 x,程序另引入记录输入整数序号的变量 i,存储最大值的变量为 max,最大值的序号为 index。程序首先输入 n,接着是一个重复 n 次的循环,用于输入 n 个整数,并找出最大值。在循环体中,如果输入的 x 是第一个整数,则 x 应直接作为最大值的初值;以后输入的 x 应与 max 比较,如果 x 比 max 更大,就要用 x 更新 max 和 i 更新 index;如果 x 不比 max 大,程序就忽略 x。循环结束后,输出 max 和 index 即可。本题答案:max=x;index=i。

(8) 当循环结构的循环体中又包含循环结构时,循环结构就_____。在实际应用中,3 种循环语句可以相互嵌套,会呈现多种复杂形式。

【分析、解答】 当循环结构的循环体中又包含循环结构时,循环结构就呈嵌套的形式。在实际应用中,3 种循环语句可以相互嵌套,会呈现多种复杂形式。在阅读循环嵌套的程序时,要注意各层次上控制循环变量的变化规律。本题答案:呈嵌套的形式。

(9) 下列程序完成输入整数 n,输出由 $2 \times n + 1$ 行 $2 \times n + 1$ 列,如下是($n=2$)的图案。

```
        *
      *   *   *
    *   *   *   *   *
      *   *   *
        *
```

程序代码如下。

```
#include <stdio.h>
void main()
{
    int n, j, k, space;
    printf("Enter n!\n"); scanf("%d", &n);
    space=40;
    for(j=0;j <=n; j++, space-=2)
```

```
    {
        printf("%*c", space, ' ');              /*输出 space 个空格符*/
        for(k=1; k<=2*j+1; k++)                 /*输出 2*j+1 个星号*/
            printf(" *");
        printf("\n");
    }
    space+=4;                            /*下半部的第一行比上半部的最后一行后移两个位置*/
    for(j=n-1; j>=0; j--, space+=2)
    {
        _____
        for(k=1; k<=2*j+1; k++)                 /*输出 2*j+1 个星号*/

        _____
        printf("\n");
    }
}
```

【分析、解答】 按图案的构成规律,将图案分成上下两部分。上半部分 $n+1$ 行,下半部分 n 行。图案中,同一行上的两个星号字符之间有一个空格符。对于上半部分,假设第一行的星号字符位于屏幕的中间,则后行图案的起始位置比前一行起始位置提前两个位置。而对于下半部,第一行的起始位置比上半部最后一行起始位置后移两个字符位置,以后各行相继比前一行后移两个位置。对于上半部,如果行从 0 开始至 n 编号,则 j 行有 $2*j+1$ 个星号字符。对于下半部,如果行从 $n-1$ 至 0 编号,同样,j 行有 $2*j+1$ 个星号字符。本题答案: printf("%*c", space, ');和 printf(" *");。

(10) 设 i、j、k 均为 int 型变量,则执行完下面的 for 语句后,k 的值为_____。

```
for(i=0, j=10; i<=j; i++, j--)k=i+j;
```

【分析、解答】 该语句以 i 为 0、j 为 10 初始化,循环条件是 i<=j,每次循环后 i 增 1,j 减 1,循环体是将 i 与 j 的和赋给 k。这样变量 k 将保存的是最后一次赋给它的值。一次循环后 i 为 1、j 为 9,二次循环后 i 为 2、j 为 8……五次循环后 i 为 5、j 为 5,继续第六次循环,将 i 与 j 的和 10 存于 k 后,i 为 6、j 为 4,结束循环。本题答案: k 为 10。

(11) 下列程序的功能是输入 n 整数,判断是否是 3 的倍数,若是输出 1,否则输出 0,请为程序填空。

```
#include <stdio.h>
void main()
{
    int i, x, n;
    scanf("%d", &n);
    for(i=1; i<=n; i++)
    {
        scanf("%d", &x);
        if _____
            printf("1\n", x);
```

```
    else
        printf("0\n", x);}
}
```

【分析、解答】　为判数 x 是否是 3 的倍数,可用求余运算 x%3 等于 0 来判定。

本题答案:(x%3==0)。

(12) C 语言提供 3 种形式的循环控制结构,它们是 while 循环、_____ 和 for 循环。

【分析、解答】　C 语言提供 3 种形式的循环控制结构,它们是 while 循环、do_while 循环和 for 循环。本题答案:do_while 循环。

(13) while 语句的执行过程是:先计算循环条件表达式的值,当值为非 0 时,_____;当值为 0 时,结束循环。

【分析、解答】　在 C 语言中,while 循环结构用 while 语句描述,while 语句的一般形式为:

```
while(表达式)
    语句
```

while 语句的执行过程是:

① 计算循环条件表达式的值;

② 计算并测试表达式的值,当值为非 0 时,转步骤③;当值为 0 时,结束循环;

③ 执行语句,并转步骤①。

本题答案:执行循环体。

(14) 下列程序是完成输出 100 以内能被 3 整除且个位数为 6 的所有整数,请完成所缺少的语句。

```
main()
{
    int i,j;
    for(i=0;i<=9;i++)
    {
        j=i*10+6;
        if(_____)continue;
        printf("%d", j);
    }
}
```

【分析、解答】　实现个位数是 6 的计算公式是 j=i*10+6;因此 i<=9 控制条件能保证输出的数是在 100 以内的整数。而 j%3!=0 条件能保证是 3 的倍数的整数。本题答案:j%3!=0。

(15) 以下程序运行的结果是_____。

```
main()
{
```

```
    int x=15;
    while(x>10&&x<50)
    {
        x++;
        if(x/3){x++;break;}
        else continue;
    }
    printf("%d\n",x);
}
```

【分析、解答】　本题答案：17。

（16）下面程序是完成求 100 以内的偶数和，填上正确的语句。

```
main()
{
    int s=0,i;
    for(i=2;;i++)
    {
        if(i%2==0)
            _____;
        else
            s=s+i;
        if(i>100)
            _____;
    }
}
```

　　【分析、解答】　本题要求求偶数的和，因此当奇数时，结束本次循环，并开始下一次循环。因为 for 语句省略了结束循环的控制条件，因此要使用 continue 结束循环。而 break 语句是控制 100 以内的整数而跳出循环。本题答案：continue，break。

　　（17）下列程序完成挑选出 10 个数中大于 120 的数，并统计共有多少个 。请填上正确的语句。

```
main()
{
    int x, i;
    _____
    for(i=1;i<=10;i++)
    {
        printf("input x");
        scanf("%d",&x);
        if(x>120)
        {
            printf("%d,%d\n",x,i);
```

```
        }
    }
}
```

【分析、解答】 循环体应该由 3 个语句组成，即

printf("input x");scanf("%d",&x);if(x>120){printf("%d,%d\n",x,i);i=i+1;}，而当输入的数据大于 120 时，打印 x、i，并统计个数，所以 {printf("%d,%d\n",x,i);i=i+1} 是 if 语句条件成立时的执行语句。本题答案：i=0; i=i+1;。

（18）下列程序完成挑选出 10 个数中第一次出现等于 333 的数，并输出它是第几个所输入的数。请填上正确的语句。

```
main()
{
    int x,i;
    for(i=1;i<=10;i++)
    {
        printf("input x");
        scanf("%d",&x);
        if(x==333)
        {
            _____;
            _____;
        }
    }
}
```

【分析、解答】 当输入的数据等于 333 时，退出循环因此可将循环控制变量 i 的值设置为大于 10 的数（如 i=11），并打印它的输入位置，即打印 i 的值。语句再排列位置是应该先打印 i 的值，后改变 i 的值。本题答案：printf("i=%d \n",i)i=11。

（19）写出下列程序运行的结果。

```
main()
{
    int d=5;
    while(d)
    {
        printf("%d, ",d);
        d--;
    }
}
```

【分析、解答】 程序中 while(d) 表示当 d=0 时执行循环体 "{printf("%d\n",d);d--;}"，当 d=0 时退出循环，结束程序运行。本题答案：5，4，3，2，1。

（20）下列程序是统计五位数中个位数为 6，且能被 3 整除的数共有多少？请填写空缺。

```
main()
{
    int i=0,m=10026;
    while _____
    {
        if(m%3==0)
        {
            _____
            m+=10;
        }
        printf("i=%d",i);
    }
}
```

【分析、解答】　最小五位数为 10000，能被 3 整除的个位数为 6 的最小五位数为 10026。

设：（1）m≥10026，m≤99996

（2）当 m%3==0 时作 i++；m+=10 的操作（i 为统计个数）

本题答案：(m<=99996)；i++；。

10.4　实　验　指　导

1. 实验目的

（1）掌握程序算法的设计过程（程序设计首先是要设计求解问题的算法，然后是编写程序）。

（2）掌握 C 语言中循环结构的基本语句和语法规则。

（3）掌握循环结构程序的书写方法。

2. 实验内容

（1）设有一台阶，每步跨 2 阶最后余 1 阶，每步跨 3 阶最后余 2 阶，每步跨 5 阶最后余 4 阶，每步跨 6 阶最后余 5 阶，每步跨 7 阶正好走完，求台阶的台数。

（2）求 $N_1 - N_2$ 中所有的素数。

（3）编写打印不定方程 $x+y=20$ 的所有正整数解。

（4）编写当输入班级学生考试成绩后，求考试平均成绩的程序。

（5）试编制一个程序，实现输出以下形式的乘法表。

	1	2	3	4	5	6	7	8	9
1	1								
2	2	4							
3	3	6	9						
4	4	8	12	16					
5	5	10	15	20	25				
6	6	12	18	24	30	36			
7	7	14	21	28	35	42	49		
8	8	16	24	32	40	48	56	64	
9	9	18	27	36	45	54	63	72	81

（6）编写使用牛顿迭代方法求方程 $f(x)=0$ 的根的近似解的程序。

3. 编程环境及程序代码

（1）编程环境：Visual C++ 6.0 或 Turbo C 2.0。

（2）程序代码（所附程序均为参考程序，答案并不唯一）。

第（1）题：

分析：问题归纳为爱因斯坦的数学题：某数除 2 余 1，除 3 余 2，除 5 余 4，除 6 余 5，除 7 余 0，求某数。

设 X 为某数，根据定义，X 除 2 余 1，则 X 为奇数，初值为 3。

① 将 X 除以 3，若 X%3! =2，则 X=X+2 直至 X%3==0。

② 将 X 除以 5，若 X%5! =4，则 X=X+6 直至 X%5==0。

③ 将 X 除以 6，若 X%6! =5，则 X=X+30 直至 X%6==0。（2,3,5 的最小公倍数为 30）。

④ 将 X 除以 7，若 X%7! =0，则 X=X+30。（2,3,5,6 的最小公倍数为 30）。

当 X%7==0 时 X 为所求的数。

程序为：

```
main()
{
    int x=3;
    while(x%3!=2)x+=2;
    while(x%5!=4)x+=6;
    while(x%6!=5)x+=30;
    while(x%7!=0)x+=30;
    printf("\n\tx=%d",x);
}
```

结果为：x=119。

第（2）题：

素数的定义：除了能被 1 或自己本身整除外，不能被其他数所整除的数为素数。

分析：对于任意正整数 m，m∈[n1，n]，若 m％2＝＝0 则 m 不是素数。而 m％2！＝0，m％3！＝0，m％4！＝0…m％(m−1)！＝0，则 m 为素数。

程序为：

```
main()
{
    int m,n1,n2,i;
    scanf("%d%d",&n1,&n2);
    for(m=n1;m<=n2;m++)
    {
        for(i=2;i<=m-1;i++)
          if(m%i==0)break;
        if(i==m-1)printf("\t%d",m);
    }
}
```

第（3）题：

```
main()
{
    int x,y,z;
    for(x=1;x<=20;x++)
    {
        for(y=19;y>=1;y--)
            if(x+y==20)
                printf("x=%d,y=%d,x+y=%d\n",x,y,x+y);
    }
}
```

第（4）题：

分析：约定当输入负数时，表示输入结束。采用考试成绩逐个输入、累计全班总分和计算学生人数的方法，直到输入成绩是负数时循环结束，然后求出平均成绩，并输出。

程序代码如下。

```
#include <stdio.h>
main()
{
    int sum, count, mark;
    sum=0;
    count=0;
    while(1)                        /* 循环体执行之前,还不能知道循环的条件,让它永远为真 */
    {
        printf("输入成绩(小于 0 结束)\n");
        scanf("%d", &mark);
        if(mark<0)break;    /* 发现输入成绩小于 0,跳出循环 */
```

```
        sum+=mark;                      /* 累计总分 */
        count++;                        /* 学生人数计数器增 1 */
    }
    if(count)printf("平均成绩为 %.2f\n",((float)sum)/count);
    else      printf("没有数据输入成绩.\n");
}
```

第(5)题：

分析：表的首行可直接调用输出函数输出，以后各行从 1 开始至 9 编号，i 行输出内容依次是 $1*i$、$2*i$、……、$i*i$。这可用循环实现，引入变量 j，让 j 从 1 至 i 循环变化即可。

程序代码如下。

```
#include <stdio.h>
void main()
{
    int i, j;
    printf("\n\t    1  2  3  4  5  6  7  8  9\n");
    for(i=1; i<=9; i++)
    {                                   /* 再输出 9 行 */
        printf("\t%d", i);              /* 一行的第一个数 i */
        for(j=1; j<=i; j++)             /* 顺序输出 i 的倍数 */
            printf("%4d", i*j);
        printf("\n");
    }
}
```

第(6)题：

分析：牛顿迭代方法求方程 $f(x)=0$ 的根的近似解：
$$x_{k+1} = x_k - f(x_k)/f'(x_k), \quad k = 0,1,\cdots$$
当修正量 $d_k = f(x_k)/f'(x_k)$ 的绝对值小于某个很小数 ε 时，x_{k+1} 就作为方程的近似解。

按以上迭代公式编写程序，只要一个 x 变量和一个 d 变量即可。数学上，重复计算过程产生数列 $\{x_k\}$。对于程序来说，数列的前项是变量的原来值，后项是变量的新值。迭代过程是一个循环，不断按计算公式由变量的原来值，计算产生新的值。循环直至变量的修正值满足要求结束。下面的程序取迭代初值为 -2，$\varepsilon=1.0e-6$。

程序代码如下。

```
#include <stdio.h>
#include <math.h>                       /* 引用数学函数 */
#define Epsilon    1.0e-6
void main()
{
    double x, d;
    x=-2.0;
```

```
    do
    {
        d=(((3.0 * x+4.0) * x-2.0) * x+5.0)/((9.0 * x+8.0) * x-2.0);
        x=x-d;                        //求出新的 x
    }while(fabs(d)>Epsilon);          //未满足精度要求循环
    printf("The root is %.6f\n", x);
}
```

第 11 章

数　　组

11.1　本章基本知识结构

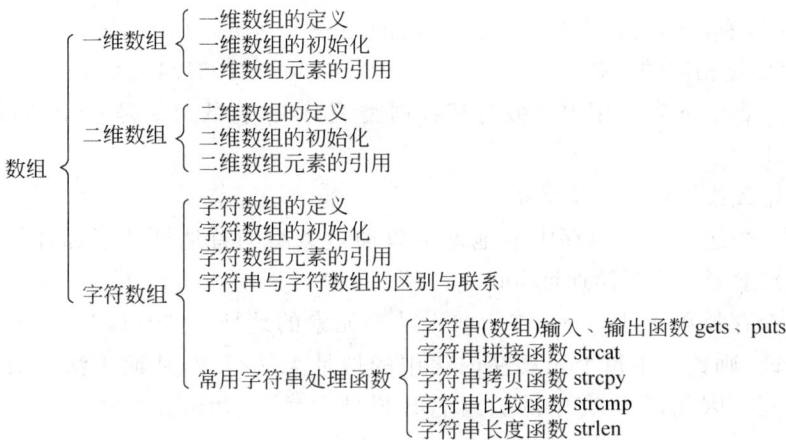

$$
数组
\begin{cases}
一维数组
\begin{cases}
一维数组的定义 \\
一维数组的初始化 \\
一维数组元素的引用
\end{cases} \\[2ex]
二维数组
\begin{cases}
二维数组的定义 \\
二维数组的初始化 \\
二维数组元素的引用
\end{cases} \\[2ex]
字符数组
\begin{cases}
字符数组的定义 \\
字符数组的初始化 \\
字符数组元素的引用 \\
字符串与字符数组的区别与联系 \\[1ex]
常用字符串处理函数
\begin{cases}
字符串(数组)输入、输出函数 gets、puts \\
字符串拼接函数 strcat \\
字符串拷贝函数 strcpy \\
字符串比较函数 strcmp \\
字符串长度函数 strlen
\end{cases}
\end{cases}
\end{cases}
$$

11.2　知识难点解析

（1）一个数组究竟要占用多少内存？

【解答】　数组与变量一样都是用于存放数据的，所以同样需要占用一定内存空间。一个数组被定义后，系统将在内存中为它分配一块连续的内存空间，内存空间的大小为元素个数 * sizeof(数据类型)。含有 n 个（n 为数组长度）存储单元的存储空间，每个存储单元的字节数等于元素类型的长度。例如，如果在 32 位机环境下，定义一个含有 10 个 int 型元素的一维数组，它共占用 $10 \times 4 = 40$ 字节的存储空间。

（2）若有数组 a，则 a 代表什么？&a[1]−&a[0]=？

【解答】　一个数组占用一段连续的内存，其第一个字节的位置为数组的首地址。数组名 a 代表了数组的首地址。数组中包含了若干个元素，每个元素相当于一个普通变量。下面的程序能够展示出数组在内存中的占用情况。

```
main()
{
    int a[3];
    printf("a 的地址是%d\n",a);
    printf("a[0]的地址是%d\n",&a[0]);
    printf("a[1]的地址是%d\n",&a[1]);
    printf("a[2]的地址是%d\n",&a[2]);
}
```

可能输出结果是：

a 的地址是 2708134

a[0]的地址是 2708134

a[1]的地址是 2708138

a[2]的地址是 2708142

由此，可以看出输出数组名实际上输出的是一个地址，这个地址与数组的第一个元素 a[0]的地址是相同的。$\&a[1]-\&a[0]=2708138-2708134=4$，表示数组元素 a[0]占用 4 字节。数组元素占用内存数与其数据类型有关，若数组 a 是 char，则 a[0]占用的字节数将为 1。

（3）为什么数组名必须是常量？

【解答】　数组元素在内存中的地址可以通过数组的首地址及下标计算得到。下标为 i 的数组元素 a[i]的存储地址 loc(a[i])为：loc(a[i])=loc(a[0])+i*k，其中每个数组元素占 k 个存储单元，loc(*)表示取得某一元素的地址，$i=0,1,2,\cdots,n-1$。若首地址被任意修改，则数组中每个元素在内存中的地址无从得知，从而无法再对数组元素中的值进行读写。因此，C 语言中的数组名必须是常量，一切试图修改数组首地址的操作都是不合法的。

（4）strlen 与 sizeof 有什么区别？

【解答】　sizeof 是一个操作符，它以字节形式给出其操作数所占存储大小。strlen 是一个函数，用于返回字符数组的实际长度。如下面的例子：

```
main()
{ char st[20]="hel\0t";
    printf("%d,%d\n",strlen(st),sizeof(st));
}
```

程序的运行结果是 3,20。程序中定义了一个包含 20 个元素的字符数组 st，每个元素占 1 字节，则整个数组占 20 字节，所以 sizeof(st)为 20。strlen()函数返回的是转义字符'\0'之前的字符个数，所以 strlen(st)为 3。

（5）若有定义"char s[]="well";char t[]={'w', 'e','l', 'l'};"则 s 与 t 相同吗？

【解答】　s 和 t 是不同的。虽然这两种字符数组初始化方式都是合法的，但两者产生的结果并不同。若使用 printf 的"％s"格式分别输出两个数组时，s 的值能够正确输出，但输出 t 时将会出现乱码。原因是 s 被赋予了整个字符串，其中包括字符串结束符

'\0'。t 被逐个赋值,数组中不包括字符串结束符'\0'。为了使 t 能够正常输出,须对 t 的初始化语句修改如下:

```
char t[]={'w', 'e', 'l', 'l', '\0'};
```

11.3　练　　习

1. 选择题

(1) 以下叙述中错误的是_____。(全国二级考试 2005 年 4 月)

  A. 对于 double 类型的数组,不可以直接用数组名对数组进行整体输入或输出

  B. 数组名代表的是数组所占存储区的首地址,其值不可改变

  C. 当程序执行中,数组元素的下标超出所定义的下标范围时,系统将给出"下标越界"的出错信息

  D. 可以通过赋初值的方式确定数组元素的个数

【分析、解答】　答案为 C。本题考核的是数组的基本概念。在 C 语言中,除字符数组外,一个数组不能通过数组名对数组进行整体引用,因此选项 A 正确。数组名中存放的是一个地址常量,它代表整个数组的首地址,因此选项 B 正确。C 语言程序在运行过程中,系统不自动检验数组元素的下标是否越界,因此选项 C 错误。C 语言规定可以通过赋初值来定义数组的大小,这时数组说明符的一对方括号中可以不指定数组的大小,因此选项 D 正确。

(2) 以下能正确定义一维数组的选项是_____。(全国二级考试 2003 年 9 月)

  A. int num[];   B. #define N 100

              int num[N];

  C. int num[0..100];   D. int N=100;

              int num[N];

【分析、解答】　答案为 B。本题考核的知识点是一维数组的定义。选项 A 定义数组时省略了长度,而 C 语言中规定,只有在定义并同时进行初始化时,数组的长度才可以省略,数组的长度为初始化时候的成员个数,故选项 A 错误。在 C 语言中规定,数组的长度必须是一个整数或整型常量表达式,故选项 C 错误。定义时数组的长度不能使用变量表示,故选项 D 错误。因此,选项 B 符合题意。

(3) 若有定义:int aa[8];则以下表达式中不能代表数组元素 aa[1]的地址的是_____。(全国二级考试 2002 年 4 月)

  A. &aa[0]+1 B. &aa[1] C. &aa[0]++ D. aa+1

【分析、解答】　答案为 C。本题考核的知识点是数组中元素地址的表示方法。在 C 语言中数组的地址和数组中第一个元素的地址相同。数组中第一个元素地址的表示方法为 &aa[0],与其等价的有 &aa[0]++,所以选项 C 不正确。选项 A 为数组的第一个元素的地址下移一位即是第二个元素 a[1]的地址;B 也为数组的第二个元素的地址;选项 D 中 aa 表示数组的地址,加 1 表示数组首地址后移一位,即代表数组元素中的第二

个元素 aa[1]的地址。

（4）假定 int 类型变量占用两个字节,若有定义"int x[10]={0,2,4};",则数组 x 在内存中所占的字节数是_____。（全国二级考试 2001 年 9 月）

    A. 3   B. 6   C. 10   D. 20

【分析、解答】 答案为 D。本题考核的知识点是 C 语言中数组在内存中占据的字节个数。本题数组 x 有 10 个元素,每个元素在内存中占 2 字节,所以数组 x 在内存中共占 $10 \times 2 = 20$ 字节,与数组的初值个数无关。

（5）以下能正确定义二维数组的是_____。（全国二级考试 2004 年 9 月）

    A. int a[][3];   B. int a[][3]={2 * 3};

    C. int a[][3]={};   D. int a[2][3]={{1},{2},{3,4}}

【分析、解答】 答案为 B。本题考核的知识点是二维数组的定义。选项 A 中省略了第一维的长度,在 C 语言中是不允许的;选项 C 也是省略了第一维的长度;选项 D 中定义了一个 2 行 3 列的数组,而在赋值的时候却赋了一个 3 行的值给它,显然是不正确的。所以选项 B 符合题意。

（6）有以下程序

```
main()
{ int m[][3]={1,4,7,2,5,8,3,6,9};
  int i, j, k=2;
  for(i=0;i<3;i++)
    printf("%d ", m[k][i]);
}
```

执行后输出的结果是_____。（全国二级考试 2003 年 4 月）

    A. 4 5 6   B. 2 5 8   C. 3 6 9   D. 7 8 9

【分析、解答】 答案为 C。本题考核的知识点是二维数组的定义、赋值以及数组元素的引用。变量 k 的初值为 2,循环执行了 3 次,分别输出 m[2][0]、m[2][1] 和 m[2][2],其值分别为 3、6、9。所以,C 选项为所选。

（7）以下程序的输出结果是_____。（全国二级考试 2001 年 9 月）

```
main()
{ int a[4][4]={{1,3,5},{2,4,6},{3,5,7}};
  printf("%d%d%d%d\n", a[0][3],a[1][2] a[2][1] a[3][0]);
}
```

    A. 0650   B. 1470

    C. 5430   D. 输出值不确定

【分析、解答】 答案为 A。本题考核的知识点是二维数组的定义及其初始化。二维数组在内存中是按行优先的顺序存放的,数组 a 初始化后 a[0][0]=1、a[0][1]=3、a[0][2]=5、a[0][3]=0、a[1][0]=2、a[1][1]=4、a[1][2]=6、a[1][3]=0、a[2][0]=3、a[2][1]=5、a[2][2]=7、a[2][3]=0、a[3][0]=0、a[3][1]=0、a[3][2]=0、a[3][3]=0。

（8）以下不能正确进行字符串赋初值的语句是_____。（全国二级考试 2002 年 4 月）

　　　A. char str[5]="good!";　　　　　　B. char str[]="good!";

　　　C. char * str="good!";　　　　　　D. char str[5]={'g', 'o', 'o', 'd'};

【分析、解答】 答案为 A。本题考核的知识点是字符串的赋值问题。选项 A 定义了一个字符数组 str，具有 5 个元素，但赋初值的时候，初值个数却是 6 个（有一个'\0'），故选项 A 错误；选项 B 定义了一个字符数组 str 并给它赋初值，由于省去了长度定义，长度由初值个数确定，相当于 str[6]，选项 B 正确；选项 C 定义了一个字符型指针变量并用一个字符串给它赋初值，使该字符型指针指向了该字符串，选项 C 正确；选项 D 是对字符型数组中单个元素依次赋初值，选项 D 正确。所以，选项 A 为所选。

（9）已有定义："char a[]="xyz", b[]={'x', 'y', 'z'};"，以下叙述中正确的是_____。（全国二级考试 2005 年 4 月）

　　　A. 数组 a 和数组 b 的长度相同　　　B. a 数组的长度小于 b 数组的长度

　　　C. a 数组的长度大于 b 数组的长度　　D. 上述说法都不对

【分析、解答】 答案为 C。本题考核的知识点是字符数组的初始化。对字符数组在定义时初始化，既可以使用初始化列表，也可以使用字符串常量。不过由于字符串常量会自动在结尾添加\0字符作结束标志，所以字符串常量的初始化列表项个数是字符串的长度加 1。因此题目中的 char a[]="xyz"等价于 char a[]={'x', 'y', 'z' , '\0'}。所以数组 a 的长度大于数组 b 的长度。

（10）以下程序的输出结果是_____。（全国二级考试 2002 年 4 月）

```
main()
{ char ch[3][5]={"AAAA", "BBB", "CC"};
  printf("\"%s\"\n", ch[1]);
}
```

　　　A. "AAAA"　　　B. "BBB"　　　　C. "BBBCC"　　　D. "CC"

【分析、解答】 答案为 B。本题考核的知识点是二维字符数组的应用。二维字符数组可以看成由若干个一维字符数组组成，每行是一个一维字符数组。本题首先定义了一个数组 ch[3][5]，并给它们按行赋初值，即相当于给 ch[0]赋值"AAAA"，给 ch[1]赋值"BBB"，给 ch[2]赋值"CC"，最后输出转义字符"\""、ch[1]和转义字符"\""，因此输出为"BBB"。

（11）有以下程序

```
main()
{ char a[7]="a0\0a0\0";
  int i, j;
  i=sizeof(a); j=strlen(a);
  printf("%d %d", i, j);
}
```

程序运行后输出结果是_____。（全国二级考试 2005 年 4 月）

A. 2 2　　　　　　B. 7 6　　　　　　C. 7 2　　　　　　D. 6 2

【分析、解答】　答案为 C。本题考核的知识点是 C 语言中数组长度和字符串长度。数组长度是指一个数组所占内存空间的字节数，数组长度可以通过 sizeof（＜数组名＞）来求得；字符串长度是指从指定内存地址开始直到碰到第一个\0字符为止所经过的字符数（不包括\0字符），字符串长度可以通过字符串函数 strlen（＜字符串首地址值＞）来求得。所以本题程序运行后，变量 i 中是数组 a 的长度 7，变量 j 中是数组 a 中第一个\0字符之前的字符数 2。选项 C 符合题意。

（12）以下程序执行后的输出结果是_____。（全国二级考试 2000 年 4 月）

```
main()
{ char arr[2][4];
  strcpy(arr, "you");
  strcpy(arr[1], "me");
  arr[0][3]='&';
  printf("%s \n", arr);
}
```

A. you&me　　　　B. you　　　　　C. me　　　　　　D. err

【分析、解答】　答案为 A。本题考核的知识点是库函数 strcpy 的应用。程序中的二维字符数组 arr 可以存放两行字符串，每行字符串的长度不能大于 3。执行语句 strcpy（arr，"you"）后，数字 arr 中存放的字符串是"you\0"；执行语句 strcpy（arr[1]，"me"）后，数组 arr 中存放的字符串是"you\0me\0"；执行语句 arr[0][3]='&'后，数组 arr 中存放的字符串是"you&me\0"，所以语句的输出结果为 you&me。

（13）s1 和 s2 已正确定义并分别指向两个字符串。若要求：当 s1 所指串大于 s2 所指串时，执行语句 S。则以下选项中正确的是_____。（全国二级考试 2004 年 9 月）

A. if(s1＞s2)S;　　　　　　　　B. if(strcmp(s1,s2))S;

C. if(strcmp(s2,s1)＞0)S;　　　　D. if(strcmp(s1,s2)＞0)S;

【分析、解答】　答案为 D。本题考核的知识点是字符串的比较。在 C 语言中字符串的比较用 strcmp()函数，该函数有两个参数，分别为被比较的两个字符串。如果第一个字符串大于第二个字符串返回值大于 0，若小于返回值小于 0，相等返回值为 0。字符串比较大小的标准是从第一个字符开始依次向右比较，遇到某一字符大，该字符所在的字符串就是较大的字符串，如果遇到某一个字符小，该字符所在的字符串就是较小的字符串。本题中要求当 s1 所指字符串大于 s2 所指串时，执行语句 s，因此应该为 strcmp(s1,s2)＞0 或者 strcmp(s2,s1)＜0，所以，4 个选项中 D 符合题意。

（14）以下关于 C 语言中数组的描述正确的是_____。

A. 数组的大小是固定的，但可以有不同类型的数组元素

B. 数组的大小是可变的，但所有数组元素的类型必须相同

C. 数组的大小是固定的，所有数组元素的类型必须相同

D. 数组的大小是可变的，可以有不同类型的数组元素

【分析、解答】　答案为 C。数组是具有相同类型的数据的集合，在 C 语言中规定数

组的大小是固定的。所以选项 C 是正确的。

(15) 当接受用户输入的含空格的字符串时,应使用_____函数。

    A. scanf()   B. gets()   C. getchar()   D. getc()

【分析、解答】   答案为 B。上述 4 个选项中只有 scanf() 和 gets() 能够接受用户输入的字符串。scanf() 函数以空格表示输入结束,而 gets() 函数能够接受用户输入的含空格的字符串。所以选项 B 是正确的答案。

(16) 以下程序语句输出的结果是_____。

```c
printf("%d\n",strlen("AST\n012\1\\"));
```

    A. 11   B. 10   C. 9   D. 8

【分析、解答】   答案为 C。因为字符串"AST\n012\1\\"中,'\n'是一个字符,'\1'是一个字符,'\\'也是一个字符(即'\',第一个反斜杠是转义字符),所以该字符串的长度是 9。因此本题答案为 C。

(17) 有以下程序段

```c
char str[14]={"I am "};
strcat(str, "sad!");
scanf("%s",str);
printf("%s",str);
```

当输入为 happy! 时,程序运行后输出结果是_____。

    A. I am sad!   B. happy!   C. I am happy!   D. happy!sad!

【分析、解答】   答案为 B。strcat 的功能是连接两个字符串,此时字符串的长度为 9,虽然用 scanf 语句输入的字符串只有 6 个字符,但由于系统自动加上了'\0'标志,所以原字符串中未被覆盖的部分并不会被输出。因此,选项 B 是正确的。

(18) 若有定义"float y[5]={1,2,3};",则下列描述正确的是_____。

    A. y 并不代表数组的元素

    B. 定义此数组时不指定数组的长度,定义效果相同

    C. 数组含有 3 个元素

    D. y[3]的值为 3

【分析、解答】   答案为 A。y 是数组名,代表了数组的首地址,并不能代表数组的某个元素,所以答案 A 正确。语句"float y[5]={1,2,3};"和"float y[]={1,2,3};"的定义效果是不同的,前者定义了一个包含 5 个元素的数组,但只有 3 个元素被赋了初值。而后者定义的是 1 个只包含 3 个元素的数组,数组元素个数是由初始化列表中初值的个数决定的。所以选项 B 不正确。数组 y 是一个包含 5 个元素的数组,所以答案 C 不正确。数组的下标是从 0 开始,第 3 个元素的下标为 2,所以 y[2]的值为 3。

(19) 以下程序的输出结果是_____。

```c
main()
{ int z,y[3]={2,3,4};
  y[y[2]]=10;
```

```
    printf("%d",z);
}
```

　　A. 10　　　　　　　　　　　　　　　B. 2
　　C. 3　　　　　　　　　　　　　　　D. 运行时出错,得不到值

　　【分析、解答】　答案为 D。虽然数组元素 y[2] 的值为 4,所以 y[y[2]] 相当于 y[4],数组 y 的合法下标是 0、1、2,所以访问 y[4] 时,出现了下标越界现象,运行时出错。因此本题答案为 D。

　　(20) 定义如下变量和数组:

```
int i;
int x[3][3]={1,2,3,4,5,6,7,8,9};
```

则以下语句的输出结果是_____。

```
for(i=0;i<3;i++)
  printf("%d",x[i][2-i]);
```

　　　　A. 1 5 9　　　　　B. 1 4 7　　　　　C. 3 5 7　　　　　D. 3 6 9

　　【分析、解答】　答案为 C。二维数组初始化后有:

```
1 2 3
4 5 6
7 8 9
```

　　对于 for 循环,当 i=0 时,输出 x[0][2] 即 3;当 i=1 时,输出 x[1][1] 即 5;当 i=2 时,输出 x[2][0] 即 7。因此本题答案为 C。

2. 填空题

　　(1) 下列程序的输出结果是_____。（全国二级考试 2002 年 4 月）

```
main()
{ char s[]="abcdef";
  s[3]='\0';
  printf("%s\n",s);
}
```

　　【分析、解答】　答案为 abc。本题考核的知识点是字符串的输出。字符串结束标记 '\0',当输出一个存放在字符数组中的字符串时,只需输出到 '\0' 为止,而不管其后有什么数据。本题给字符串数组 s 的元素 s[3] 赋值为 '\0',故只能输出 3 个字符 abc。

　　(2) 当执行下面的程序时,如果输入 ABC,则输出的结果是_____。

```
main()
{ char ss[10]="12345";
  gets(ss);
  strcat(ss, "6789");
```

```
printf("%s\n",ss);
}
```

【分析、解答】　答案为 ABC6789。字符数组 ss 共有 10 个元素,初始化为"12345\
0"。执行语句 gets(ss)后 ss 的内容变为"ABC\05\0",执行 strcat(ss, "6789")后 ss 的内
容变为"ABC6789\0",该程序的输出结果为 ABC6789。

(3) 以下程序段输出的结果是_____。

```
char st[20]="hello\0\t\'\\\141";
printf("%d %d \n",strlen(st),sizeof(st));
```

【分析、解答】　答案为 5 20。字符数组 st 有 20 个元素,其初始化的内容为"hello\0\
t\'\\\141\0",其中'\t'、'\''、'\\'和'\141'是转义字符。strlen(st)是求第一个'\0'前的字符个
数,sizeof(st)是求字符数组 st 在内存中占据的字节个数,strlen(st)=5,sizeof(st)=20。

(4) 以下程序运行后输出的结果是_____。

```
main()
{ char ch[]="abc",x[3][4];
  int i;
  for(i=0;i<3;i++)strcpy(x[i],ch);
  for(i=0;i<3;i++)printf("%s",&x[i][i]);
}
```

【分析、解答】　答案为 abcbcc。语句 strcpy(x[i],ch)使得 x 数组的第 i 行存放
"abc",第一个循环就是数组 x 的每一行都存放了"abc",语句 printf("%s",&x[i][i])输
出从 x[i][i]开始的字符串。因此,第一次输出"abc",第二次输出"bc",第三次输出"c"。

(5) 以下程序段把 b 字符串连接到 a 字符串的后面,请填空。

```
int num=0,n=0;
while(a[num]!=_____)num++;
while(b[n]){a[num]=b[n]; num++;_____;}
```

【分析、解答】　答案为'\0' n++或 n+=1。程序中第一个 while 循环语句的功能是
计算 a 字符串的长度,存放于 num 中。第二个 while 循环语句的功能是把 b 字符串连接
到 a 字符串的后面,b 的循环变量为 n,所以第一个空格应填'\0',第二个空格应填 n++。

(6) 设有数组定义:char array[]="China";,则数组 array 所占的空间为_____
字节。

【分析、解答】　答案为 6。用字符串"China"初始化字符数组是,数组中存放的是
"China\0",由于定义时没有指定 array 数组的元素个数,所以数组的元素个数默认为 6,
array 数组占据 6 字节的存储单元。

(7) 执行下面的程序段后,变量 k 中的值为_____。

```
int k=3,s[1];
s[0]=k; k=s[1] * 10;
```

【分析、解答】 答案为不定值。C语言规定只有静态数组和全局数组不用初始化，且默认值为0；动态存储类型的数组如果没有进行初始化，它存放的内容就是随机的。数组 s 是动态数组且没有进行初始化，因此 k 的值不确定。

（8）下面程序输出的结果是_____。

```
main()
{ int a[3][3]={{1,2},{3,4},{5,6}}, i, j, s=0;
  for(i=1;i<3;i++)
  for(j=0;j<=i;j++)
  s+=a[i][j];
  printf("%d\n",s);
}
```

【分析、解答】 答案为18。数组 a 的初始值分别为 a[0][0]＝1、a[0][1]＝2、a[0][2]＝0、a[1][0]＝3、a[1][1]＝4、a[1][2]＝0、a[2][0]＝5、a[2][1]＝6、a[2][2]＝0。二重 for 循环控制数组元素的累加。循环结束后 s 中累加的数组元素为 a[1][0]、a[1][1]、a[2][0]、a[2][1]和a[2][2]。

（9）执行下列程序时输入：123＜空格＞456＜空格＞789＜回车＞，输出结果是_____。

```
main()
{ char s[100];int c,i;
  scanf("%c",&c); scanf("%d",&i); scanf("%s",s);
  printf("%c,%d,%s\n",c,i,s);
}
```

【分析、解答】 答案为1,23,456。第一个 scanf 函数读入字符'1'到变量 c 中；第二个 scanf 函数遇到第一个空格符结束，将1后面的23作为整数读入 i 中；第三个 scanf 函数遇到第二个空格后将456作为字符串读入数组 s 中。因此输出为1,23,456。

（10）下列程序的运行结果是_____。

```
main()
{ char s[]="a good world";int i,j;
  for(i=j=0;s[i]!='\0';i++)
      if(s[i]!='d')s[j++]=s[i];
  s[j]='\0';
  printf("%s\n",s);
}
```

【分析、解答】 答案为 a goo worl。for 循环的功能是将字符串中的字符 d 去掉，并将其后面的所有字符向前移动一位。变量 i 依次指示原字符串中字符的位置，变量 j 依次指示所形成的新字符串中字符的位置，原字符串和新字符串占据同一内存空间数组 s。最后给新字符串添加结束符'\0'。

11.4　实 验 指 导

1. 实验目的

（1）掌握一维数组和二维数组的定义、引用、初始化和输入输出的方法。

（2）掌握字符数组和字符串函数的使用。

（3）掌握与数组有关的算法，尤其是排序算法。

2. 实验内容

（1）用选择法对 10 个整数排序（从小到大）。

（2）编写一个程序，处理某班 3 门课程的成绩，它们是语文、数学和英语。先输入学生人数（最多为 50 个人），然后按编号从小到大的顺序依次输入学生成绩，最后统计每门课程全班的总成绩和平均成绩以及每个学生课程的总成绩和平均成绩。

（3）编程将以下数列延长到 35 个数据。1,1,1,1,2,1,1,3,3,1,1,4,6,4,1,1,5,10,10,5,1,…

（4）编写一个程序，将两个字符串连接起来，不要用 strcat 函数。

（5）有 15 个数按由小到大的顺序存放在一个数组中，输入一个数，要求用折半查找法找出该数是数组中第几个元素的值。如果该数不在数组中，则打印出"无此数"。

3. 编程环境及程序代码

（1）编程环境：Visual C++ 6.0 或 Turbo C 2.0。

（2）编程代码（所附程序均为参考程序，答案并不唯一）。

第（1）题：

设数组中待排序的数据为 n 个，选择排序算法描述如下：

① 从全部 n 个数中找到最小的数，若此数不是数组的第一个元素，则与第一个元素交换位置。

② 从剩下的 $n-1$ 个数中找到最小的数，若此数不是数组的第二个元素，则与第二个元素交换位置。

③ 依此类推，直到完成排序。

```
#include <stdio.h>
void main()
{
    int i,j,min,temp,a[11];
    printf("请输入十个整数:\n");
    for(i=1;i<=10;i++)
    {
        printf("a[%d]=",i);
        scanf("%d", &a[i]);               /* 输入 10 个整数 */
```

```
      }
      printf("\n");
      for(i=1;i<=10;i++)                      /*输出这 10 个整数*/
        printf("%5d",a[i]);
      printf("\n");
      for(i=1;i<=9;i++)                       /*每次从 i 到数组末尾的范围内选出最小数*/
      {
          min=i;                              /*min 记录选出的最小数的位置*/
          for(j=i+1;j<=10;j++)                /*逐一比较选出最小数*/
            if(a[min]>a[j])min=j;
          temp=a[i];                          /*将最小数交换到待选择序列的最前面*/
          a[i]=a[min];
          a[min]=temp;
      }
      printf("\n 已排序的整数为:\n");
      for(i=1;i<=10;i++)                      /*输出已排好序的 10 个整数*/
        printf("%5d",a[i]);
  }
```

第（2）题：

定义一个 score[50][5]，score[i][0]、score[i][1]、score[i][2]分别存储每个学生 3 门课程的分数，score[i][3] 和 score[i][4]分别存储每个学生的总分和平均分；定义 total 和 avg 两个长度为 3 的一维数组，分别存放所有学生每门课程的总成绩和平均分。

```
#include <stdio.h>
void main()
{
    int score[50][5],total[3],avg[3];
    int i,j,n;
    printf("学生人数:");
    scanf("%d",&n);
    printf("输入成绩:\n");
    for(i=0;i<n;i++)                          /*输入学生分数*/
    {
        printf("第%d 个学生:", i+1);
        scanf("%d%d%d",& score[i][0],& score[i][1],& score[i][2]);
    }
    for(i=0;i<n;i++)                          /*计算每个学生 3门课的总分和平均分*/
    {
        score[i][3]=0;
        for(j=0;j<3;j++)
          score[i][3]+=score[i][j];           /*求总分*/
        score[i][4]=score[i][3]/3;            /*求平均分*/
    }
```

```
    for(j=0;j<3;j++)                    /*计算每门课程的总分和平均分*/
    {
        total[j]=0;
        for(i=0;i<n;i++)
          total[j]+=score[i][j];
        avg[j]=total[j]/n;
    }
    printf("\n 编号　语文　数学　英语　总分　平均分\n");
    for(i=0;i<n;i++)                     /*输出每个学生的成绩记录*/
    {
        printf("%5d: ",i+1);
        for(j=0;j<5;j++)
          printf("%7d",score[i][j]);
        printf("\n");
    }
    printf("总分:");
    for(i=0;i<3;i++)                     /*输出每门课程的总分*/
        printf("%7d",total[i]);
    printf("\n 平均分:");
    for(i=0;i<3;i++)                     /*输出每门课程的平均分*/
        printf("%7d",avg[i]);
    printf("\n");
}
```

第(3)题：

该数列可看成是杨辉三角形：

```
1
1  1
1  2  1
1  3  3  1
1  4  6  4  1
1  5  10 10  5  1
```

其各行系数有以下规律：各行第一个数都是 1；各行最后一个数都是 1；从第三行起，除上面指出的各行第一个数和最后一个数外，其余各数是上一行同列和前一列两数之和。用数组 a 存放杨辉三角形元素，除第一列和对角线元素均为 1 外，其他数组元素关系可表示为：$a[i][j] = a[i-1][j-1] + a[i-1][j]$。

```
#include <stdio.h>
#define N 11
void main()
{
    int i,j,count=1;
    int a[N][N];
```

```
    for(i=1;i<N;i++)                        /* 第一列和对角线元素均为 1 */
    {
        a[i][i]=1;
        a[i][1]=1;
    }
    for(i=3;i<N;i++)                        /* 计算除第一列和对角线元素外其他元素的值 */
      for(j=2;j<=i-1;j++)
      a[i][j]=a[i-1][j-1]+a[i-1][j];
    for(i=1;i<N;i++)                        /* 输出数列 */
    {
      for(j=1;j<=i;j++)
        if(count++<=35)printf("%6d",a[i][j]);
      printf("\n");
    }
    printf("\n");
}
```

第(4)题：

为了把字符数组 B 加在字符数组 A 的尾部，首先需要获得字符数组 A 最后一个元素所在的下标，然后是字符数组 A 和 B 的下标同步移动，将字符数组 B 的字符逐个赋给 A，赋值完毕后需要给字符数组 A 加上结束符。注意字符 A 数组的存储要足够大。

```
#include <stdio.h>
void main()
{
  char st[80],s[40];
  int i=0,j=0;
  printf("输入第一个字符串:\n");
  scanf("%s",st);
  printf("输入第二个字符串:\n");
  scanf("%s",s);
  while(st[i]!='\0')i++;                    /* 得到字符数组 st 最后一个元素的下标 */
  while(s[j]!='\0')st[i++]=s[j++];          /* 同步移动字符数组 st 和 s 的下标并赋值 */
  s[i]='\0';
  printf("连接后的字符串为:\n");
  printf("%s",st);
}
```

第(5)题：

折半查找思路如下：

假如有已按由小到大排好序的 9 个数，a[1]～a[9]，其值分别为 1、3、5、7、9、11、13、15、17。若输入一个数 3，想查看 3 是否在此数列中，先找出数列中居中的数，即 a[5]，将要找的 3 与 a[5]比较，发现 a[5]>3，显然，3 应当在 a[1]～a[5]范围内，而不会在 a[6]～a[9]范围内。这样就可以将查找范围缩小为一半。依此类推，在比较 2 次以后找到值为

3 的元素 a[2]。

```
#include <stdio.h>
#define N 15
void main()
{
int i,j,number,mid,a[N];
  int top,bott,loca;  /* top、bott 指示查找区间两端点下标,loca 指示找到元素的位置 */
  int flag=1,sign=1;  /* flag 指示是否继续新一轮的查找,sign 指示当前查找是否成功 */
  char c;
  printf("输入数据:\n");
  scanf("%d",&a[0]);
  i=1;
  while(i<N)                         /* 按由小到大的顺序输入数据 */
  {
    scanf("%d",&a[i]);
    if(a[i]>=a[i-1])
      i++;
    else
      printf("请按升序输入数据:");
  }
  printf("\n");
  for(i=0;i<N;i++)                   /* 输出有序数据 */
    printf("%4d",a[i]);
  printf("\n");
  while(flag)                        /* 连续查找多个数据 */
  {
    printf("请输入要查找的数据:");
    scanf("%d",&number);
    loca=0;                          /* 折半查找法 */
    top=0;                           /* 设置搜索区域为数组中全部数据 */
    bott=N-1;
    if((number<a[0])||(number>a[N-1]))loca=-1;
    while((sign==1)&&(top<=bott))
    {
      mid=(bott+top)/2;              /* 对中点进行比较 */
      if(number==a[mid])
      {
        loca=mid;
        printf("找到所查数据%d,其下标为%d\n",number,loca+1);
        sign=0;
      }
      else if(number<a[mid])
            bott=mid-1;              /* 将搜索范围置为前半区 */
```

```
        else
            top=mid+1;                          /*将搜索范围置为后半区*/
    }
    if(sign==1||loca==-1)
        printf("数据%d不能找到。\n",number);
    printf("是否继续查找(Y/N)?");
    scanf("%c",&c);
    if(c=='N'|| c=='n')flag=0;
    }
}
```

第 12 章

chapter *12*

函 数

12.1 本章基本知识结构

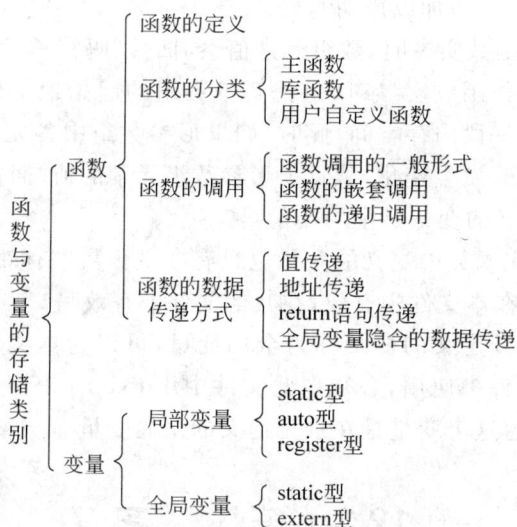

函数与变量的存储类别
├─ 函数
│   ├─ 函数的定义
│   ├─ 函数的分类
│   │   ├─ 主函数
│   │   ├─ 库函数
│   │   └─ 用户自定义函数
│   ├─ 函数的调用
│   │   ├─ 函数调用的一般形式
│   │   ├─ 函数的嵌套调用
│   │   └─ 函数的递归调用
│   └─ 函数的数据传递方式
│   ├─ 值传递
│   ├─ 地址传递
│   ├─ return语句传递
│   └─ 全局变量隐含的数据传递
└─ 变量
    ├─ 局部变量
    │   ├─ static型
    │   ├─ auto型
    │   └─ register型
    └─ 全局变量
        ├─ static型
        └─ extern型

12.2 知识难点解析

(1) 自定义的函数之间及它们和主函数之间是什么关系?

【解答】 所有的函数都是平行的,即在定义函数时是相互独立的,一个函数并不从属于另一个函数,函数之间不能嵌套定义,可以相互调用,但不能调用主函数。C 程序的执行从主函数开始,也结束于主函数。

(2) 什么是"形参"? 什么是"实参"?

【解答】 在定义函数时函数名后面括号中的变量名称为"形参",在主调函数中调用一个函数时,函数名后面括号中的参数称为"实参"。实参与形参的类型应相同或赋值相容,实参变量对形参变量的数据传递是值传递,即单向传递,只由实参传给形参,而不能由形参传回给实参。

（3）函数调用的方式有哪些？

【解答】 有 3 种：一是函数语句，此时函数没有带回值；二是函数表达式，此时函数带回一个确定的值；三是函数参数，即函数调用作为一个函数的实参，此时函数也要带回一个确定的值。

（4）函数的定义和声明有何不同？

【解答】 函数的定义是给出函数的功能，其中包括指定函数名、函数值类型、形参及其类型、函数体等，是对函数的一个完整叙述。函数声明的作用是把函数的名字、函数类型以及形参的类型、个数和顺序通知编译系统，以便在调用该函数时系统进行语法检查。

（5）如果在同一文件中，使用自己定义的函数，是否一定要在主调函数中对被调用的函数作声明？

【解答】 不是必需的要求，有两种情况可以不声明：第一，如果被调用的函数的定义出现在主调函数之前；第二，如果被调用的函数的函数类型是整型，但这种情况，建议最好还是为了程序清晰和安全，加以声明为好。

（6）当数组名作为函数实参时，数组元素值会"回传"吗？

【解答】 用数组名作函数实参时，是把实参数组的起始地址传递给了形参数组，这样两个数组共同占用同一段内存空间，此时，如果形参数组中各元素的值发生了变化，会使实参数组元素的值同时发生变化，感觉上形参数组元素的值"回传"给了实参。

（7）在主函数中定义的变量是全局变量吗？

【解答】 不是的，主函数中定义的变量也只有在主函数中有效，是局部变量。

（8）全局变量除了在本文件中有效，在其他文件中有效吗？

【解答】 在函数之外定义的变量称为全局变量，可以为本文件中其他函数所共用，如果需要在另外一个文件中使用，必须在此文件中用 extern 来声明该变量，这样在编译和连接时，系统就会知道这个变量是在别处定义的全局变量。

12.3　练　习

1. 选择题

（1）下面关于函数的说法正确的是_____。

  A. 任何一个 C 程序都由函数构成

  B. 如果函数值的类型和 return 语句中表达式的值不一致，则以 return 语句中表达式的类型为准

  C. 凡不加函数值类型说明的函数，一律自动按 void 类型处理

  D. 实参不可以是表达式

【分析、解答】 答案为 A。答案 B 不正确，应该以函数值的类型为准，答案 C 中，一律按整型处理，答案 D 中，实参可以是表达式。

（2）下面关于函数参数的说法正确的是_____。

  A. 函数必须要有参数，否则就不是函数了

B. 实参变量对形参变量的数据传递是"值传递"

C. 实参与形参的类型必须一致

D. 定义函数时,形参的类型可以不指定

【分析、解答】　答案为 B。答案 A 不正确,函数可以是无参函数,但如果有参数,必须指定具体的数据类型,所以 D 不正确,实参和形参的数据类型不一定要一致,也可以是赋值兼容的数据类型,所以 C 不正确。

(3) 函数 max(1.3,2.8) 的值是_____。

```
max(float x,float y)
{
    float z;
    z=x>y?x:y;
    return(z);
}
```

　　A. 3　　　　　　　B. 2.8　　　　　　C. 2　　　　　　D. 1

【分析、解答】　答案为 C。max 函数定义时没有加类型说明符,默认函数值的类型为整型,虽然与 return 语句中表达式的值(实型)不一致,以函数类型为准,即为整型,把实型转换为整型(即 2.8 转换为 2)。

(4) 定义函数 max(同上题),另有实型数 a、b、c,则下面_____调用方式是不正确的。

　　A. printf("%d",max(a,max(b,c)));　　B. c＝max(a,b)＊2;

　　C. max(a,b);　　　　　　　　　　　D. printf("%d",max(a,b));

【分析、解答】　答案为 C。

(5) 下面关于函数调用的说法不正确的是_____。

　　A. 函数可以嵌套调用

　　B. 函数可以调用自身,形成递归调用

　　C. 在主调函数中对被调用的函数作声明是必需的

　　D. 如果调用无参函数,则实参可以没有,但是括号不能省略

【分析、解答】　答案为 C。在主调函数中对被调用函数作声明不是必需的,例如,当被调用函数定义在主调函数之前,就不需要声明。

(6) 下面程序的运行结果为_____。

```
f(int x,int y)
{
    int m;
    if(x>y)m=x-y;
    if(x<=y)m=y-x;
    return(m);
}
main()
{
```

```
    int i=5;
    int c;
    c=f(i++,i--);
    printf("%d",c);
}
```

　　　　A. －1　　　　　　　　B. 0　　　　　　　　C. 2　　　　　　　　D. 1

【分析、解答】　答案为 D。f(i＋＋,i－－)等价于 f(5,6)。

（7）下面程序的运行结果是_____。

```
void swap(int x,int y)
{
    int t;
    t=x;x=y;y=t;
    printf("%d,%d ",x,y);
}
main()
{
    int a=1,b=2;
    swap(a,b);
    printf("%d,%d\n",a,b);
}
```

　　　　A. 1,2 1,2　　　　　B. 2,1 1,2　　　　　C. 2,1 2,1　　　　D. 1,2 2,1

【分析、解答】　答案为 B。此题考核了函数调用的过程中,实参变量对形参变量的数据传递是单向传递的,故而在 swap 函数中形参 x 和 y 的值发生了变化,但是实际参数 a 和 b 的值并未变化。

（8）已知如下函数 add 及 float s[5],avg;_____语句不正确。

```
float add(float array[],int n)
{
    int i;
    float sum;
    sum=0;
    for(i=0;i<n;i++)
        sum=sum+array[i];
    return(sum);
}
```

　　　　A. printf("%7.2f",add(s,3));　　　　　　B. printf("%7.2f",add(s,5));
　　　　C. printf("%7.2f",add(s[],5));　　　　　D. avg＝add(s,5)/5;

【分析、解答】　答案为 C。此题考核了数组作为函数参数。

（9）执行下列程序,运行结果为_____。

```
int p=1,q=5;
```

```
int f1(int a)
{
    p=p+q;
    return(a+p);
}
int f2(int a)
{
    p=a*2;
    return(p);
}
main()
{
    int c;
    c=f1(f2(3));
    printf("f1(f2(3))=%d,p=%d,q=%d",c,p,q);
}
```

  A. f1(f2(3))=12,p=6,q=5   B. f1(f2(3))=12,p=1,q=5

  C. f1(f2(3))=17,p=11,q=5   D. f1(f2(3))=17,p=6,q=5

 【分析、解答】 答案为 C。此题考核了全局变量和局部变量的概念,难点在于求 p 的值,p 和 q 是全局变量,在调用函数 f2 和 f1 后,p 的值都会发生变化,依次为 6、11。

 (10) 将上题中的 f2 函数做如下修改,则运行结果为_____。

```
int f2(int a)
{
    int p;
    p=a*2;
    return(p);
}
```

  A. f1(f2(3))=12,p=6,q=5   B. f1(f2(3))=12,p=1,q=5

  C. f1(f2(3))=17,p=11,q=5   D. f1(f2(3))=17,p=6,q=5

 【分析、解答】 答案为 A。此题与上题的不同之处在于,在函数 f2 中定义了 p,这样全局变量 p 在函数 f2 中就不起作用了,f2 中的 p 就是只在 f2 中有效的局部变量。

 (11) 下面关于局部变量和全局变量的说法正确的是_____。

  A. 在 main 函数中定义的变量是全局变量

  B. 在任何函数中定义的变量都是局部变量

  C. 所有的全局变量都是在程序运行期间根据需要动态分配存储空间的

  D. 所有的局部变量都是在程序运行期间根据需要动态分配存储空间的

 【分析、解答】 答案为 B。答案 A 不对,在 main 中定义的变量也是局部变量,C 不对,全局变量是静态存储方式,D 不正确,局部变量有些是动态存储方式,有些是静态存储方式,如用 static 声明的局部变量就是静态存储方式。

（12）下面关于内部函数和外部函数说法不正确的是_____。

　　A. 在定义函数时，缺省状态下定义的是外部函数

　　B. 在需要调用外部函数的文件中，可直接调用已定义为外部函数的函数

　　C. 内部函数的使用只局限于所在文件

　　D. 用 static 来定义的函数为内部函数

【分析、解答】　答案为 B。

（13）程序运行结果是_____。

```
f(int a)
{
    static int c=5;
    c++;
    return(a+c);
}
main()
{
    int i;
    for(i=0;i<=2;i++)
    printf("%d  ",f(i));
}
```

　　　A. 6 6 6　　　　　B. 6 7 8　　　　　C. 8 8 8　　　　　D. 6 8 10

【分析、解答】　答案为 D。此题考核了静态变量的概念，函数 f 中静态变量 c，在每次函数调用结束后，它并不释放，依然保留着上次调用函数结束时的值。

（14）有函数 f 如下：

```
f(char c[],char a)
{
    int i,n,cnt=0;
    n=strlen(c);
    for(i=0;i<n;i++)
     if(c[i]==a)cnt++;
    if(cnt>=3)
    {
        for(i=0;i<n;i++)
            if(c[i]==a)
            {c[i]='\0';break;}
    }
    return(cnt);
}
```

如果定义 char c[]＝"this is a string."，那么语句 printf("there are %d %c in %s.",f(c,'i'),'i',c);的运行结果是_____。

　　A. there are 0 i in this is a string.　　　B. there are 0 i in th.

　　C. there are 3 i in th.　　　　　　　　D. there are 3 i in this is a string.

【分析、解答】　答案为 C。注意此题有个陷阱,在调用完函数 f 后,字符数组 c 的值已经发生了变化,变成了 th。

（15）当用多维数组名作函数参数时,下列说法中正确的是_____。

　　A. 在被调用函数中对形参数组定义时,必须指明每一维的大小

　　B. 在被调用函数中对形参数组定义时,可以省略第一维的大小说明

　　C. 在被调用函数中对形参数组定义时,可以省略所有维数的说明

　　D. 在被调用函数中对形参数组定义时,必须保留第一维的大小说明

【分析、解答】　答案为 B。

（16）已知有如下的程序,如果想要在 main 函数中使用全局变量 m,则必须在 main 函数中对 m 进行声明,语句形式为_____。

```
main()
{
    printf("%d",m);
}
int m=45;
```

　　A. auto int m；　　B. register int m；　　C. static int m；　　D. extern int m；

【分析、解答】　答案为 D。

（17）下面关于变量的说法不正确的是_____。

　　A. 在函数中定义的变量,默认情况都是自动变量

　　B. 自动变量和寄存器变量都只能在函数内部发挥作用

　　C. 静态外部变量的作用范围可以扩展到其他文件

　　D. 全局变量不能定义为寄存器变量

【分析、解答】　答案为 C。

2. 填空题

（1）C 程序是由_____组成。

【分析、解答】　答案为函数。

（2）填充完整下面的函数,该函数完成矩阵转置的功能。

```
invert(int array[3][3])
{
    int i,j,tem;
    for(i=0;i<3;i++)
        for(j=0;j<3;j++)
        {_____}
}
```

【分析、解答】　答案为 tem＝a[i][j];a[i][j]＝a[j][i];a[j][i]＝tem;三条语句完成 a[i][j]和 a[j][i]两数值的交换。

（3）试把下面函数补充完整，使得函数可以表达如下数学公式的功能。

$$f(n) = \begin{cases} 1, & n=1 \\ 2f(n-1)+1, & n>1 \end{cases}$$

```
f(int n)
{
    int c;
    if(n==1)c=1;
    else _____;
    return(c);
}
```

【分析、解答】 答案为 c=2*f(n-1)+1。此题考核了递归函数。

（4）把下面程序补充完整，函数 find 功能是在数组中寻找指定数，并返回该数所在的位置。

```
int find(int array[],int n,int a)
{
    int i;
    int m;
    m=n;
    for(i=0;i<n;i++)
      if(array[i]==a) m=i;
    return(m);
}
main()
{
    int arr[5];
    int i,pos,f;
    for(i=0;i<5;i++)
      scanf("%d",&arr[i]);
    scanf("%d",&f);
    _____;
    if(pos==5)printf("not find %d in array",f);
    else printf("find %d in array %d position",f,pos);
}
```

【分析、解答】 答案为 pos=find(arr,5,f)。

（5）下面程序的运行结果为_____。

```
fun(int a)
{
    int b=0;
    static int c=0;
    b++;c++;a++;
```

```
    return(a+b+c);
}
main()
{
    int i,a=1;
    for(i=0;i<2;i++)printf("%d %d ",i,fun(a));
    printf("\n");
}
```

【分析、解答】　答案为 0 4 1 5。第一调用 fun 函数时,函数值为 4,调用结束后静态变量 c 的值 1 依然保留,第二次调用 fun 函数时,初始状态为 a＝1、b＝0、c＝1,函数值为 5。

（6）调用函数 fac(4)＝＿＿＿＿＿。

```
float fac(int n)
{
    float f;
    if(n<0){printf("error");}
    else if(n==0||n==1)f=1;
    else f=fac(n-1) * n;
    return(f);
}
```

【分析、解答】　答案为 24。fac 函数是一个递归函数,求 $n!$。

（7）调用函数 printnum(2345)的结果是输出＿＿＿＿＿。

```
#include <math.h>
printnum(unsigned u)
{
    int i;
    unsigned tem;
    for(i=0;i<4;i++)
    {
        tem=u/(int)pow(10,4-i-1);
        printf("%d ",tem);
        u=u-tem * (int)pow(10,4-i-1);
    }
}
```

【分析、解答】　答案为 2 3 4 5 。

（8）已知一数组 b[3][3]＝{{1,23,6},{3,7,9},{5,2,3}},则函数 add(b)＝
＿＿＿＿＿。

```
add(int a[3][3])
{
    int m;
```

```
    int i,j;
    m=0;
    for(i=0;i<3;i++)
        for(j=0;j<3;j++)
            if(i==j)m=a[i][j]+m;
    return(m);
}
```

【分析、解答】 答案为 11。函数 add 的作用是求矩阵对角线的和。

（9）下面程序的运行结果_____。

```
int a=8,b=9;
mul(int a,int b)
{
    int c;
    c=a*b;
    return(c);
}
main()
{
    int a=10;
    printf("%d   ",mul(a,b));
    printf("%d   ",mul(7,8));
}
```

【分析、解答】 答案为 90 56。此题考核了局部变量和全局变量的使用。因在 main 函数中又定义了局部变量 a，故而在 main 函数范围内全局变量 a 不起作用，起作用的是局部变量 a，这样第一次调用函数 mul(10,9)。

（10）下面程序的输出结果_____。

```
int f()
{
    static int a=1;
    a=a+2;
    return(a);
}
main()
{
    int total,n;
    total=1;
    while(total<=10)
    {
        n=f();
        total=total+n;
    }
```

```
    printf("1+3+…+%d=%d\n",n,total);
}
```

【分析、解答】　答案为 $1+3+\cdots+7=16$。此题考核了 static 的应用。

12.4　实　验　指　导

1. 实验目的

(1) 掌握函数的定义、使用。
(2) 理解数组元素作为函数参数的使用。
(3) 掌握局部变量和全局变量的使用。

2. 实验内容

(1) 编写一函数,统计字符串中字母、数字和其他字符的个数。
(2) 编写一函数,给出两个 3×4 的矩阵 A、B,求 $A+B$。
(3) 教师在统计学生的成绩时,如果发现平均分低于 75 分,则把学生成绩进行如下处理:用成绩的平方根乘以 10 来提高分数,再计算平均分,如果发现依然低于 75 分,则继续用上述方法来处理,直到平均分大于或等于 75 分。试用函数来实现。
(4) 编写一函数,找出字符串中最长的单词,并输出该单词。

3. 编程环境及程序代码

(1) 编程环境:Visual C++ 6.0 或 Turbo C 2.0。
(2) 程序代码(所附程序均为参考程序,答案并不唯一)。
第(1)题:

```
total(char s[])
{
    int len=strlen(s);
    int i,letter=0,num=0,other=0;
    for(i=0;i<len;i++)
    {
        if((s[i]<='z' && s[i]>='a')||(s[i]<='Z' && s[i]>='A'))letter++;
        if(s[i]<='9' && s[i]>='0')num++;
    }
    other=len-letter-num;
    printf("there are %d letters,%d number and %d others char in %s.",letter,num,
other,s);
}
```

第(2)题:

```
addarray(int arr1[3][4],int arr2[3][4])          /* arr1 中放置求和结果 */
```

```
{
    int i,j;
    for(i=0;i<3;i++)
        for(j=0;j<4;j++)
        arr1[i][j]=arr1[i][j]+arr2[i][j];
    for(i=0;i<3;i++)
    {
        for(j=0;j<4;j++)
            printf("%6d",arr1[i][j]);
        printf("\n");
    }
}
```

第(3)题:

```
#include <math.h>
float avg;
f1(float a[],int n)                                    /*求平均分*/
{
    int i;
    float total=0;
    for(i=0;i<n;i++)
        total=total+a[i];
    avg=total/n;
    f2(a,n);
}
f2(float a[],int n)                                    /*调整分数*/
{
    int i;
    if(avg<75.0)
    {
        for(i=0;i<n;i++)
            a[i]=sqrt(a[i]) * 10;
        f1(a,n);
    }
    else
        {
        printf("everyone's score is:\n");
        for(i=0;i<n;i++)
            printf("%7.2f ",a[i]);
        printf("\nthe average score:%7.2f\n",avg);
        }
}
main()
```

```
{
    float score[5];
    int i;
    for(i=0;i<5;i++)
        scanf("%f",&score[i]);
    f1(score,5);
}
```

第(4)题:

```
findlong(char c[])
{
    int len=strlen(c);
    int i,start=0,end=0,maxstart=0,maxend=0;
    /* start、end 分别用来标记一个单词的开始和结束 */
    /* maxstart、maxend 分别用来标记最长的单词的开始和结束 */
    int wordlen=0,maxword=0;
    /* wordlen 来记录当前单词的长度,maxword 来记录当前最长的单词的长度 */
    int state=0;
    /* state 有两个值 0 和 1,为 1 时,说明前面一个字符是空格 */
    /* state 为 0 时,说明前面一个字符不是空格或者初值状态 */
    for(i=0;i<len;i++)
    {
        if(c[i]==' '&&state==0)        /* 单词结束:当前字符为空格,前面字符不为空格 */
        {
            state++;
            end=i-1;
            wordlen=end-start+1;
            if(wordlen>maxword)
            {maxstart=start;maxend=end;maxword=wordlen;}
        }
        if(c[i]!=' '&&state==1)        /* 单词开始:当前字符不为空格,前面字符为空格 */
        {start=i;state--;}
        if(i==len-1)                   /* 对最后一个字符的处理 */
        {
            if((c[i]<'z'&&c[i]>'a')||(c[i]<'Z'&&c[i]>'A'))
                                       /* 最后一个字符是字母 */
                end=i;
            else
                end=i-1;               /* 最后一个字符不是字母,而是标点符号 */
            wordlen=end-start+1;
            if(wordlen>maxword)
            {maxstart=start;maxend=end;maxword=wordlen;}
        }
```

```
    }
      printf("the longest word is:");
      for(i=maxstart;i<=maxend;i++)
      printf("%c",c[i]);
    }
```

第 13 章

chapter *13*

预处理命令

13.1　本章基本知识结构

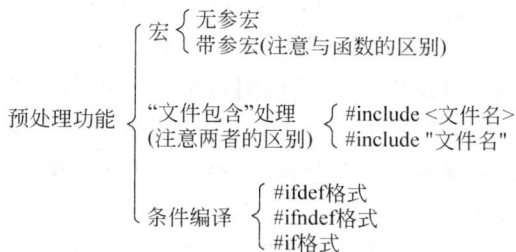

预处理功能
- 宏
  - 无参宏
  - 带参宏(注意与函数的区别)
- "文件包含"处理 (注意两者的区别)
  - #include <文件名>
  - #include "文件名"
- 条件编译
  - #ifdef格式
  - #ifndef格式
  - #if格式

13.2　知识难点解析

（1）什么是预处理?

【解答】　预处理是编译之前所进行的处理工作。现在许多 C 编译系统都包括了预处理、编译和连接等部分。当对一个源文件进行编译时,如果源程序中有预处理命令,系统将自动引用预处理程序对源程序中的预处理部分进行处理,然后再对源程序进行编译。如果程序中没有预处命令,将直接进行编译。

预处理命令是由 ANSI C 统一规定的,并不是 C 语言的一部分,而且编译程序也不能识别它们。合理地使用预处理功能,可使程序书写简练清晰,便于阅读、修改、移植和调试,也有利于模块化程序设计。

C 语言提供的预处理功能主要有 3 种:宏定义、文件包含和条件编译。

（2）预处理语句的特点有哪些?

【解答】　预处理语句都以♯开头,每个预处理语句必须单独占一行,语句末尾不使用分号作为结束符。一般将编译预处理语句放在源程序的首部。预处理语句主要有宏、文件包含和条件编译。

（3）带参宏与函数的区别有哪些?

【解答】　带参宏与函数的区别有以下几个方面:

① 调用函数时,先求出实参表达式的值,然后代入函数定义中的形参;而使用带参宏

只是进行简单的字符替换，不进行计算。

② 函数调用是在程序运行时处理的，分配临时的内存单元；而宏扩展则是在编译之前进行的，在展开时并不分配内存单元，也不进行值的传递处理，也没有"返回值"的概念。

③ 对函数中的实参和形参都要定义类型，且两者的类型要求一致，如不一致应进行类型转换；而宏不存在类型问题，宏名无类型，它的参数也无类型，只是一个符号代表，展开时代入指定的字符即可。

④ 使用宏次数多时，宏展开后源程序变长，而函数调用不使源程序变长。因此，一般用宏替换小的、可重复的代码段，对于代码行较多的应使用函数方式。

⑤ 宏替换不占运行时间，只占编译预处理时间，而函数调用则占运行时间（分配内存、保留现场、值传递、返回等）。

（4）＃include ＜文件名＞和＃include "文件名"的区别是什么？

【解答】 C语言系统提供了＃include 编译预处理命令来实现文件包含操作，其格式为＃include ＜文件名＞或者＃include "文件名"。两者的区别在于查找文件的方式上。用尖括号括住包含文件名，指示编译器直接到指定的标准包含文件目录（对于 Turbo C系统，通常是\TC\INCLUDE）中寻找文件；用双引号括住包含文件名，指示编译器先在当前工作目录中寻找，如果找不到再到标准包含文件目录中寻找。

（5）什么是条件编译？

【解答】 一般情况下，C源程序中所有的行都参加编译过程。但有时出于对程序代码优化的考虑，希望对其中一部分内容只是在满足一定条件时才进行编译，形成目标代码。这种对程序中一部分内容指定编译的条件称为条件编译。

（6）如何防止头文件被重复引用？

【解答】 为了防止头文件被重复引用，应当用＃ifndef/＃define/＃endif 结构产生预处理块。其基本思想是，用＃define 为头文件定义一个唯一的标识，用＃ifndef 判断标识是否已被定义过。如果定义过，说明文件已包含，则不能再次包含它；否则，说明文件未被包含，因此为此头文件定义一个唯一的标识并包含它，避免以后再次包含此文件。

```
#ifndef GRAPHICS_H                       /* 防止 graphics.h 被重复引用 */
#define GRAPHICS_H

#include <math.h>                         /* 引用标准库的头文件 */
  ⋮
#include "myheader.h"                     /* 引用非标准库的头文件 */
  ⋮
void Function1(...);                      /* 全局函数声明 */
  ⋮
struct Box                               /* 结构体声明 */
{
  ⋮
};
```

```
#endif
```

13.3　练　　习

1. 选择题

（1）以下叙述不正确的是＿＿＿＿＿＿＿。

    A. 预处理命令行都必须以♯开始

    B. 在程序中凡是以♯开始的语句行都是预处理命令行

    C. C程序在执行过程中对预处理命令进行处理

    D. ♯define ABCD 是正确的宏定义

【分析、解答】　答案为 C。A、B 是正确的，♯是预处理命令行的开头标志。在 D 中，♯define ABCD 表示定义了 ABCD 宏（defined(ABCD)返回真值），也是正确的。例如，以下程序输出 ABCD。

```
#include <stdio.h>
#define ABCD
main()
{
  #if defined(ABCD)
      printf("ABCD\n");
  #else
      printf("!ABCD\n");
  #endif
}
```

C 是错误的，因为是在预编译阶段而不是在程序执行时对预处理命令行进行处理。本题答案为 C。

（2）以下程序输出的结果是＿＿＿＿＿＿＿。（全国二级考试 2001 年 4 月）

```
#define SQR(X)X * X
main()
{ int a=10, k=2, m=1;
  a/=SQR(k+m)/SQR(k+m);
  printf("%d\n", a);
}
```

    A. 16　　　　　　　　B. 2　　　　　　　　C. 9　　　　　　　　D. 1

【分析、解答】　答案为 D。本题考核的知识点是带参数的宏调用。$a/=SQR(k+m)/SQR(k+m)$ 进行宏替换后得：$a=a/(k+m*k+m/k+m*k+m)=10/(2+1*2+1/2+1*2+1)=10/7=1$。

（3）程序中头文件 type1.h 的内容是

```
#define N 5
#define M1 N * 3
```

程序如下：

```
#define "type1.h"
#define M2 N * 2
main()
{ int i;
  i=M1+M2;printf("%d\n", i);
}
```

程序编译后运行的输出结果是_____。（全国二级考试 2003 年 4 月）

  A. 10   B. 20   C. 25   D. 30

  【分析、解答】 答案为 C。本题考核的知识点是"文件包含"。编译预处理时，用"type1.h"中的内容替代命令 ♯ include "type1.h"。表达式 i＝M1＋M2 经过宏替换为 i＝5＊3＋5＊2，即 i＝25，最后输出的 i 的值为 25。所以选项 C 正确。

  （4）以下叙述正确的是_____。（全国二级考试 2005 年 4 月）

    A. 预处理命令必须位于源文件的开头

    B. 在源文件的一行上可以有多条预处理命令

    C. 宏名必须用大写字母表示

    D. 宏替换不占用程序运行时间

  【分析、解答】 答案为 D。本题考核的知识点是编译预处理的一些基本概念。在 C 语言中，凡是以 ♯ 号开头的行，都称为"编译预处理"命令行。它们可以根据需要出现在程序的任何一行的开始部位，选项 A 是错误的。一条预处理命令至少占一行，选项 B 错误。宏名可以是任何合法的 C 语言标识符，只不过通常习惯用大写字母，因此选项 C 是错误的。宏定义是"编译预处理"命令，它们的替换过程在编译时期就已经完成了，因此不会占用程序运行的时间，选项 D 正确。

  （5）C 语言的编译系统对宏命令是_____。

    A. 在程序运行时进行处理的

    B. 在程序连接时进行处理的

    C. 和源程序中的其他 C 语言同时进行编译的

    D. 在对源程序中其他成分进行正式编译之前处理的

  【分析、解答】 答案为 D。预处理命令行包括宏命令是在预编译阶段，即正式编译之前进行处理的。所以本题的答案为 D。

2. 填空题

（1）下列程序执行后的输出结果是_____。

```
#define MA(x)x * (x-1)
```

```
main()
{ int a=1, b=2; printf("%d \n", MA(1+a+b)); }
```

【分析、解答】　答案为 8。本题考核的知识点是带参数的宏调用。MA(1+a+b)展开为：$1+a+b*(1+a+b-1)=1+1+2*(1+1+2-1)=2+2*3=8$。

(2) 有如下程序

```
#define N 2
#define M N+1
#define NUM 2*M+1
main()
{ int i;
  for(i=1;i<=NUM;i++)
    printf("%d\n",i);
}
```

该程序中的 for 循环执行的次数是＿＿＿＿。

【分析、解答】　答案为 6。本题考核的知识点是宏定义的使用。本题定义了 3 个宏名，分别是 N、M 和 NUM。对 NUM 展开得 $2*M+1=2*N+1+1=2*2+1+1=6$。

(3) 有以下程序

```
#include <stdio.h>
#define F(X, Y)(X)*(Y)
main()
{ int a=3, b=4;
  printf("%d\n",F(a++, b++));
}
```

程序运行后输出的结果是＿＿＿＿。

【分析、解答】　答案为 12。本题考核的知识点是宏与自增运算符的综合使用。在程序中先用表达式将宏替换掉，则输出语句中的表达式为(a++)*(b++)，而 a++ 的值为 3，b++ 的值为 4。因此最后的值为 $3*4=12$。

(4) 设有如下宏定义

```
#define MYSWAP(z,x,y){z=x; x=y; y=z;}
```

以下程序段通过宏调用实现变量 a、b 内容的交换，请填空。（全国二级考试 2002 年 4 月）

```
float a=5,b=16,c;
MYSWAP(_____,a,b);
```

【分析、解答】　答案为 c。本题考核的知识点是带参宏定义。本题关键在于是否了解宏的基本运用，在使用宏的时候明显少了一个实参。在定义宏的时候变量 z 是用来做中间变量的，题目中缺的变量就是一个中间变量 c。

(5) 以下程序的输出结果是＿＿＿＿。（全国二级考试 2003 年 4 月）

```
#define MCRA(m)2*m
```

```
#define MCRB(n,m)2* MCRA(n)+m
main()
{ int i=2,j=3;
  printf("%d\n",MCRB(j,MCRA(i)));
}
```

【分析、解答】　答案为 16。首先将程序中的宏替换掉，先把 MCRA(i)替换成 $2*i$，然后把 MCRB(j,$2*i$)替换成 $2*2*j+2*i$，经计算该表达式的值为 16，所以最后输出为 16。

13.4　实 验 指 导

1. 实验目的

（1）掌握宏定义的方法。
（2）掌握文件包含处理方法。
（3）掌握条件编译的方法。

2. 实验内容

（1）输入两个整数，求它们相除的余数。用带参的宏来实现。

（2）设计所需的各种各样的输出格式（包括整数、实数、字符串等），用一个文件名 format.h，把这些信息都放到此文件内，另编一个程序文件，用 # include "format.h"命令以确保能使用这些格式。

（3）用条件编译的方法实现以下功能：

输入一行电报文字，可以任选两种输出：一为原文输出；一为将字母变成其下一个字母（如'a'变成'b'……'z'变成'a'，其他字符不变）。用 # define 命令来控制是否要译成密码。例如：

```
#define CHANGE 1
```

则输出密码。若

```
#define CHANGE 0
```

则不译成密码，按原码输出。

3. 编程环境及程序代码

（1）编程环境：Visual C++ 6.0 或 Turbo C 2.0。
（2）编程代码（所附程序均为参考程序，答案并不唯一）。
第（1）题：

```
#include <stdio.h>
#define SURPLUS(a, b)a%b              /*定义求余带参宏*/
```

```
void main()
{ int a, b;
  printf("请输入两个整数 a,b:");
  scanf("%d,%d", &a, &b);
  printf("余数是%d\n", SURPLUS(a, b));
}
```

第(2)题：

```
/* format.h 文件 */
#define INTEGER(d)printf("%d\n", d)      /* 输出整数 */
#define FLOAT(f)printf("%8.2f\n", f)     /* 输出实数 */
#define STRING(s)printf("%s\n", s)       /* 输出字符串 */
/* 以下为用户自己编写的程序,其中需要用到 format.h 文件中的输出格式 */
#include <stdio.h>
#include "format.h"                      /* 包含 format.h 文件 */
void main()
{ int d, num;
  float f;
  char s[80];
  printf("请选择数据格式:1-整数,2-实数,3-字符串:");
  scanf("%d", &num);
  switch(num)                            /* 以下验证 format.h 中定义的输出格式宏 */
  { case 1: printf("输入整数:");
            scanf("%d", &d);
            INTEGER(d);
            break;
    case 2: printf("输入实数:");
            scanf("%f", &f);
            FLOAT(f);
            break;
    case 3: printf("输入字符串:");
            scanf("%s", &s);
            STRING(s);
            break;
    default: printf("输入错误!");
  }
}
```

第(3)题：

```
#include <stdio.h>
#define MAX 80
#define CHANGE 1                         /* 定义 CHANGE 控制是否输出密码 */
void main()
{ char str[MAX];
```

```
  int i=0;
  printf("输入字符串:");
  scanf("%s", str);
#if CHANGE                    /* 如果 CHANGE 为 1 则进行密码转换,否则直接输出原文 */
  while(str[i] !='\0')
  { if(str[i]=='z'|| str[i]=='Z')
     str[i]=str[i]-25;
    else if(str[i] >='a' && str[i]<'z'|| str[i] >='A' && str[i]<'Z')
       str[i]=str[i]+1;
    i++;
  }
#endif
  printf("结果是:");
  printf("%s", str);
}
```

第14章

指　针

14.1　本章基本知识结构

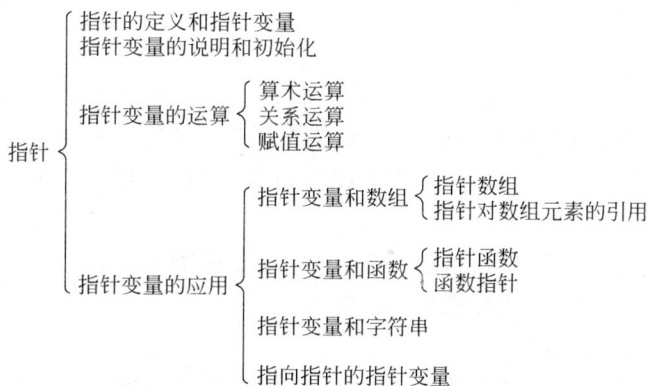

```
          ┌ 指针的定义和指针变量
          │ 指针变量的说明和初始化
          │
          │                  ┌ 算术运算
          │ 指针变量的运算 ┤ 关系运算
          │                  └ 赋值运算
     指针 ┤
          │                                  ┌ 指针数组
          │                  ┌ 指针变量和数组 ┤ 指针对数组元素的引用
          │                  │                └
          │                  │
          │                  │                ┌ 指针函数
          └ 指针变量的应用 ┤ 指针变量和函数 ┤ 函数指针
                             │                └
                             │
                             │ 指针变量和字符串
                             │
                             └ 指向指针的指针变量
```

14.2　知识难点解析

（1）指针和指针变量的概念。

【解答】　指针是个地址的概念。C 语言中普通变量数据存储在一定的存储空间中，存放变量数据的存储空间的首地址称为变量的地址，即变量的指针。可以定义一个指针变量存放变量的地址。指针变量和普通变量一样占用一定的存储空间，只是指针的存储空间中存放的不是普通数据，而是一个地址。指针变量定义的一般形式为：数据类型标识符 ＊指针变量名；其中 ＊ 标识该变量是指针变量。一个指针变量只能指向同一类型的变量，指针变量在使用前必须指向一个确定的地址单元。指针变量中只能存放地址，不能将一个整型数（或其他非地址类型的数据）赋给一个指针变量。指针变量有两个运算符——& 和 ＊ 。& 是取变量地址的运算符；＊是指针运算符，其后必须跟指针变量名，表示取指针变量所指单元的值。

（2）基类型不同的指针所占字节数相同吗？

【解答】　一个指针变量所指向的变量的数据类型称为该指针的基类型。无论指针变量的基类型是什么数据类型，所有指针占用内存字节数是相同的，它只随机器硬件的不同而不同。在 32 位平台上,所有指针变量必须占用 4 字节。

（3）为什么要对指针初始化?

【解答】 在定义了指针变量以后,系统将为此指针变量分配一个内存区域。若未对指针变量赋初值,则此内存区域的内容是未知的、随机的。也就是说,不能确定该指针将指向何地址。若此时对指针所指的内存区域进行写操作,很可能导致系统破坏而出现死机。

对指针变量进行初始化通常有以下几种方法:

- 使用取地址运算符 &,把变量的地址赋给指针变量,如 int i, * p=&i;。
- 将一个指针变量的值赋给另一个指针变量,如 int * p1=&i; int * p2=p1;。
- 使用整型地址常量赋初值,如 p=(int *)0x23;。
- 当不能确定指针变量的初值时,可先赋 NULL 或 0,如 p=NULL;或 p=0;。

（4）指针变量的运算。

【解答】 指针变量的运算实际上是地址计算。

① 指针变量的算术运算符。

C 语言的地址计算规则规定,一个地址量加上或减去一个整数 n,其计算结果仍然是一个地址量,它是以运算数的地址量为基点的前方或后方第 n 个数据的地址。

指针变量增 1 运算后就指向下一个数据的位置,指针变量减 1 运算后就指向上一个数据的位置。

两个指针变量相减的结果是整数,表示两指针变量所指地址之间的数据个数。

两个指针变量相加没有实际意义。

② 指针变量的关系运算符。

两个指针变量之间的关系运算表示它们指向的地址位置之间的关系。假设数据在内存中的存储顺序是由前向后,那么指向后方的指针变量大于指向前方的指针变量。指向不同数据类型的指针变量之间的关系运算是没有意义的。

③ 指针变量的赋值运算。

向指针变量赋值时,赋的值必须是地址常量或地址变量,不能是一般数据。

例如,分析以下程序的执行结果:

```c
#include <stdio.h>
main()
{
    int num[]={1,2,3,4,5,6,7,8,9}, * p, * q;
    p=&num[2];
    q=&num[8];
    printf("p=%xH q=%xH 字长=%d\n",p,q,sizeof(num[1]));
    printf("两指针变量差:%d\n",q-p);
    printf("指针变量加(p+2):%x,值:%d\n",p+2, * (p+2));
    printf("指针变量减(q-2):%x,值:%d\n",q-2, * (q-2));
}
```

该程序中,num 是一个数组,p 指向 num[2]即 3,q 指向 num[8]即 9。q-p 为两个指针变量相减的结果(实际上是两个指针变量相差的数组元素个数),p+2 为 p 所指元素后移两个元素的指针。q−2 为 q 所指元素前移两个元素的指针。该程序的执行结果如下(注释是另加的,不是程序输出结果):

```
p=ffd4H q=ffe0H 字长=2
两指针变量差:6                          /* (ffd4-ffe0)/2=6 */
指针变量加(p+2):ffd8,值:5               /* p+2≠ffd6 */
指针变量减(q-2):ffdc,值:7               /* q-2≠ffde */
```

(5) 通过指针变量和数组名引用一维数组第 i 个元素的方式。

【解答】 对于语句 int a[8], * p=a;引用一维数组第 i 个元素的方式有 a[i]、p[i]、* (p+i)和 * (a+i)。应该注意的是:p 与 a 不同,a 是数组名,代表数组的首地址,是一个常量,不能用作左值表达式,不能进行自增、自减和赋值等运算;p 是指针变量,可用作左值表达式,可进行自增、自减和赋值等运算。

(6) C 语言中,二维数组可当作一维数组来处理吗?

【解答】 C 语言中,一个二维数组可以被看成一个一维数组,其中每个元素又是一个包含若干元素的一维元素。设有一个二维数组 a,它有 3 行 4 列,定义为

```
int a[3][4]={{1,3,5,7},{9,11,13,15},{17,19,21,23}};
```

则 a 可看成一个由 3 个元素 a[0]、a[1]、a[2]所组成的一维数组,而它的每个元素又是一个包含 4 个元素的一维数组。例如,a[0]所代表的一维数组包含 4 个元素:a[0][0]、a[0][1]、a[0][2]和 a[0][3]。应当注意的是,虽然 a 和 a[0]都代表首地址,但两者表示的是两个不同的一维数组。如上所述,a 是一个具有 3 个元素的一维数组名,每个元素分别占用 8 字节(假定整数占用 2 字节)。a[0]是一个具有 4 个元素的一维数组名,每个元素分别占用 2 字节。

(7) 字符指针变量和字符数组的区别。

【解答】 字符指针变量和字符数组的区别如下:

① 字符数组由若干个元素组成,每个元素中放一个字符,而字符指针变量中存放的是地址(字符串的首地址),绝不能将字符串放在字符指针变量中。

② 赋初值方式。对字符指针变量赋初值 char * a="Good Bye";等价于 char * a;a="Good Bye";而字符数组初始化 char str[9]="Good Bye";不能等价于 char str[9];str[]="Good Bye";即数组可以在变量定义时整体赋初值,但不能在赋值语句中整体赋值。

③ 赋值方式。对字符数组只能对各个元素赋值,但不能直接给字符数组进行整体赋值;而对于字符指针,既可以用字符串常量进行初始化,又可以直接用字符串常量赋值。

④ 定义一个数组时,在编译时即已分配内存单元,有确定的位置;而定义一个字符指针变量时,给指针变量分配内存单元,在其中可以放一个地址值,也就是说,该指针变量可以指向一个字符型数据,但如果未对它赋一个地址值,则它并不具体指向某个字符数据。

⑤ 指针变量的值是可以改变的。虽然数组名代表地址,但它的值是不能改变的。

（8）指针数组和数组指针。

【解答】　指针数组和数组指针除了名称上相近之外，它们的定义和使用是完全不同的。

① 指针数组。

由于指针变量也是变量，因此可用若干个指向同一数据类型的指针变量来构成数组，即为指针数组。指针数组是指针变量的集合，它每一个元素都是一个指针变量。例如，int ＊ p[5]；定义了一个指针数组 p，组成该数组的 5 个元素都是指向整型量的指针变量。指针数组和一般数组一样，数组名代表数组的首地址，是一常量。指针数组比较适合用来处理字符串。

② 数组指针。

在 C 语言中，可以定义如下的一个指针变量：

int(＊ p)[4];

定义中 ＊ 与 p 先结合，表明 p 是一个指针；然后再与[]结合，表明 p 指向的是一个整型数组，这个数组的元素个数为 4。因此 p 是一个数组指针变量。在定义中圆括号是不能少的，否则将定义一个指针数组。数组指针处理二维数组比较方便。

14.3　练　　习

1. 选择题

（1）若有说明"int n＝2，＊ p＝&n，＊ q＝p；"，则以下非法的赋值语句为_____。（全国二级考试 2002 年 9 月）

　　　　A. p＝q;　　　　　　B. ＊ p＝＊ q;　　　　　C. n＝＊ q;　　　　　D. p＝n;

【分析、解答】　答案为 D。本题考核的是指针的赋值。选项 A 中给指针变量 p 赋值 q，这个语句正确；选项 B 就是将 ＊ q 的值赋给指针变量所指向的变量 n，故这个赋值语句不是非法赋值语句；选项 C 是将 ＊ q 赋值给变量 n，故这个表达式不是非法赋值语句；选项 D 中 p 为一指针变量，应该将一地址赋给它，而在此选项的表达式中将变量 n 而不是 n 的地址赋给它，故这个表达式不合法。

（2）若程序已包含头文件 stdio. h，以下选项中正确运用指针变量的程序段是_____。（全国二级考试 2003 年 9 月）

　　　　A. int i＝NULL;　　　　　　　　　　B. float ＊ f＝NULL;
　　　　　　scanf("％d",i);　　　　　　　　　　　＊ f＝10.5;
　　　　C. char t＝'m'，＊ c＝&t;　　　　　　D. long ＊ L;
　　　　　　＊ c＝&t;　　　　　　　　　　　　　　L＝'\0';

【分析、解答】　答案为 D。本题考核的知识点是指针基本运用。选项 A 中在 scanf()函数中第二个参数是地址参数，显然在这里 i 不表示地址，因此 A 不正确。当一个指针变量指向 NULL 后不能再给它赋值，因此选项 B 错误；选项 C 中第一个语句是正确的,而第二个语句"＊c＝&t;"应该将该语句中 c 前的 ＊ 去掉,故选项 C 运用指针变量不正确。所以 4 个选项中 D 符合题意。

（3）设有定义"int A,＊pA＝&A;",以下 scanf 语句中能正确为变量 A 读入数据的是_____。（全国二级考试 2004 年 4 月）

      A. scanf("%d",pA);   B. scanf("%d",A);

      C. scanf("%d",&pA);   D. scanf("%d",＊pA);

【分析、解答】 答案为 A。本题考核的知识点是 scanf()函数和指针变量的简单应用。选项 B 中不是变量 A 的地址,错误;选项 C 中是指针 pA 的地址,错误;选项 D 中 ＊pA 表示变量 A 的值,错误。

（4）已有定义:int i,a[10],＊p;,则合法的赋值语句是_____。（全国二级考试 2004 年 9 月）

      A. p＝100;   B. p＝a[5];   C. p＝a[2]+2;   D. p＝a+2;

【分析、解答】 答案为 D。本题考核的知识点是指针变量的赋值。选项 A 中将一个整型数赋值给一个指针变量,错误;选项 B 中 a[5]为一个数组元素,同样不是一个地址,错误;选项 C 中 a[2]为一数组元素,a[2]+2 不是一个地址,错误;选项 D 中数组名 a 代表数组首地址,a+2 代表第三个元素的地址,正确。

（5）有以下程序

```
main()
{ int x[8]={8,7,6,5,0,0},＊s;
  s=x+3;
  printf("%d\n", s[2]);
}
```

执行后输出的结果是_____。（全国二级考试 2003 年 4 月）

      A. 随机值   B. 0   C. 5   D. 6

【分析、解答】 答案为 B。本题考核的知识点是指向一维数组的指针变量。通过赋值语句 s＝x+3;,使指针变量 s 指向数组元素 x[3],输出语句中的 s[2]等价于 ＊(s+2)即 x[5]的值为 0。所以,B 选项为所选。

（6）有以下程序

```
main()
{ int a[3][2]={0},(＊ptr)[2],i,j;
  for(i=0;i<2;i++)
  { ptr=a+i; scanf("%d",ptr); ptr++;}
  for(i=0;i<3;i++)
  { for(j=0;j<2;j++)printf("%2d", a[i][j]);
    printf("\n");
  }
}
```

若运行时输入:１ ２ ３＜回车＞,则输出结果是_____。（全国二级考试 2005 年 4 月）

A. 产生错误信息　　B. 1 0　　　　　　C. 1 2　　　　　　D. 1 0
　　　　　　　　　　　　　　2 0　　　　　　　　3 0　　　　　　　　2 0
　　　　　　　　　　　　　　0 0　　　　　　　　0 0　　　　　　　　3 0

【分析、解答】　答案为 B。本题考核的知识点是数组地址的基本概念和数组指针。a 指向的是数组的首地址，即 a[0][0] 的地址，a+i 表示的是 a[i] 的首地址。因此第一个 for 循环使得 a[0][0]＝1，a[1][0]＝2。所以 B 选项为所选。

（7）有以下程序

```
void sort(int a[],int n)
{ int i,j,t;
  for(i=0;i<n-1;i++)
  for(j=i+1;j<n;j++)
    if(a[i]<a[j]){ t=a[i];a[i]=a[j];a[j]=t; }
}
main()
{ int aa[10]={1,2,3,4,5,6,7,8,9,10},I;
  sort(aa+2, 5);
  for(i=0;i<10;i++)printf("%d,", aa[i]);
  printf("\n");
}
```

程序运行后的输出结果是_____。（全国二级考试 2005 年 9 月）

A. 1,2,3,4,5,6,7,8,9,10　　　　　　B. 1,2,7,6,3,4,5,8,9,10
C. 1,2,7,6,5,4,3,8,9,10　　　　　　D. 1,2,9,8,7,6,5,4,3,10

【分析、解答】　答案为 C。本题考核的知识点是数组名作函数参数及考生的代码阅读能力。sort() 函数的功能是对 a[0]～a[n－1] 这 n 个数进行从大到小的选择排序。sort(aa＋2，5);的意思是将 aa[2]～aa[6] 范围的 5 个数据从大到小排序。所以排序以后数组 aa[10] 的内容是 1,2,7,6,5,4,3,8,9,10。故应该选择 C。

（8）若有以下定义和语句：

```
int s[4][5],(*ps)[5];
ps=s;
```

则对 s 数组元素的正确引用形式是_____。（全国二级考试 2002 年 4 月）

A. ps＋1　　　　　　　　　　　　B. ＊(ps＋3)
C. ps[0][2]　　　　　　　　　　　D. ＊(ps＋1)＋3

【分析、解答】　答案为 C。本题考核的知识点是利用指向一维数组的指针变量表示二维数组元素的方法。ps 是一个指向由 5 个元素组成的一维数组的指针变量，通过赋值让 ps 指向了数组 s 的首地址。此时，数组元素 s[i][j] 的地址为 ＊(ps＋i)＋j，数组元素 s[i][j] 可表示为 ＊(＊(ps＋i)＋j)。选项 A 中 ps＋1 表示 ps 所指的下一行的地址；选项 B 表示的是数组元素 a[3][0] 的地址；选项 D 表示数组元素 a[1][3] 的地址；选项 C 中 ps[0][2] 无条件等价于 ＊(＊(ps＋0)＋2)，即数组元素 s[0][2]。因此选项 C 正确。

(9) 有以下程序

```
main()
{ char str[]="xyz",*ps=str;
  while(*ps)ps++;
  for(ps--;ps-str>=0;ps--)puts(ps);
}
```

执行后输出结果是_____。（全国二级考试 2003 年 4 月）

    A. yz   B. z   C. z   D. x

       xyz   yz   yz   xy

                                                                        xyz   xyz

【分析、解答】 答案为 C。本题考核的知识点是字符型指针变量的应用。程序中字符指针变量 ps 指向字符串"xyz"，while 循环语句的作用使 ps 指向字符串的结尾，for 循环的执行过程如下：

第一次循环：ps 指向字符串"z"，输出 z；

第二次循环：ps 指向字符串"yz"，输出 yz；

第三次循环：ps 指向字符串"xyz"，输出 xyz。

(10) 下列选项中正确的语句组是_____。（全国二级考试 2003 年 9 月）

    A. char s[8]; s＝{"Bei jing"};   B. char *s; s＝{"Bei jing"};

    C. char s[8]; s＝"Bei jing";   D. char *s; s＝"Bei jing";

【分析、解答】 答案为 D。本题考核的知识点是字符数组初始化及字符型指针的应用。C 语言规定可以对字符指针变量直接赋字符串常量，但不能给字符数组直接赋字符串常量，对字符数组赋字符串常量应使用的是 strcpy 函数。正确答案为选项 D。

(11) 已定义以下函数

```
fun(char *p2,char *p1)
{ while((*p2=*p1)!='\0'){p1++;p2++;}}
```

该函数的功能是_____。（全国二级考试 2003 年 9 月）

    A. 将 p1 所指字符串复制到 p2 所指的内存空间

    B. 将 p1 所指字符串的地址赋给指针 p2

    C. 对 p1 和 p2 两个指针所指字符串进行比较

    D. 检查 p1 和 p2 两个指针所指字符串中是否有'\0'

【分析、解答】 答案为 A。本题考核的知识点是字符串指针的应用。while 循环语句的功能是将 p1 所指存储单元的内容赋值给 p2 所指的存储单元，然后 p1＋＋；p2＋＋;，分别指向下一个存储单元，直到 p1 指向符号串的结束字符'\0'为止。因此函数的功能是将 p1 所指字符串复制到 p2 所指的内存空间。

(12) 程序中若有如下说明和定义语句

```
char fun(char *);
main()
```

```
{ char * s="one",a[5]={0},( * f1)()=fun,ch;
  ⋮
}
```

以下选项中对函数 fun 的正确调用语句是_____。（全国二级考试 2005 年 4 月）

A.　(* f1)(a);　　　　　　　　　　B.　* f1(* s);

C.　fun(&a);　　　　　　　　　　D.　ch=fun * f1(s);

【分析、解答】　答案为 A。本题考核的知识点是函数指针的应用。通过函数指针调用函数的形式为(* 函数指针)(函数参数列表)。(* f1)()=fun 可以理解为将 fun 函数的函数名称用(* f1)()来代替,因此只有 A 是正确的。

（13）有以下程序

```
int * f(int * x, int * y)
{ if( * x< * y)
    return x;
  else
    return y;
}
main()
{ int a=7,b=8, * p, * q, * r;
  p=&a;
  q=&b;
  r=f(p,q);
  printf("%d,%d,%d\n", * p, * q, * r);
}
```

执行后输出结果是_____。（全国二级考试 2003 年 4 月）

A.　7,8,8　　　　　B.　7,8,7　　　　　C.　8,7,7　　　　　D.　8,7,8

【分析、解答】　答案为 B。本题考核的知识点是指针变量作为函数的参数和指针作为函数返回值的简单应用。函数 f 是一个返回值为指针的函数,其功能是比较两个数中的最小值,并返回最小值的存储单元地址。main 函数中定义了指针变量 p 和 q,p=&a,q=&b,即 * p=7, * q=8,调用函数 f 后 r=p,所以 * r=7,printf 函数输出结果为 7,8,7。

（14）有以下程序段

```
main()
{ int a=5, * b, * * c;
  c=&b;b=&a;
}
```

程序在执行了 c=&b;b=&a;语句后,表达式 * * c 的值是_____。（全国二级考试 2003 年 9 月）

A.　变量 a 的地址　　　　　　　　B.　变量 b 中的值

C.　变量 a 中的值　　　　　　　　D.　变量 b 的地址

【分析、解答】 答案为 C。本题考核的知识点是指向指针的指针。主函数中定义了一个整型变量 a、一个整型指针变量 b 和一个指向指针的指针变量 c,并让 c 指向指针变量 b,让指针 b 指向整型变量 a,所以 **c 为变量 a 的值。因此,选项 C 正确。

(15) 设有以下定义和语句

```
int a[3][2]={1,2,3,4,5}, * p[3];
p[0]=a[1];
```

则 *(p[0]+1)所代表的数组元素是_____。(全国二级考试 2004 年 9 月)

    A. a[0][1]   B. a[1][0]   C. a[1][1]   D. a[1][2]

【分析、解答】 答案为 C。本题考核的知识点是二维数组的定义和指针数组的基本概念。p 是一个指针数组,p[0]存放 a[1][0]的地址,p[0]+1 为 a[1][1]的地址,故 *(p[0]+1)代表的数组元素为 a[1][1]。

(16) 有以下程序

```
point(char * p){p+=3;}
main()
{ char b[4]={'a', 'b', 'c', 'd'}, * p=b;
  point(p); printf("%c\n", * p);
}
```

程序运行后的输出结果是_____。(全国二级考试 2005 年 4 月)

    A. a   B. b   C. c   D. d

【分析、解答】 答案为 A。本题考核的知识点是指针作为函数的形参和传值调用。因为进行参数传递时,不传递 p 的地址,虽然函数体对 p 进行了操作,但是并没有改变 p 在主函数中的情况,所以 p 还是指向 b 的首地址。

(17) 有如下程序段

```
#include <string.h>
main(int argc,char * argv[])
{ int i,len=0;
  for(i=1;i<argc;i++)
    len+=strlen(argv[i]);
  printf("%d\n",len);
}
```

程序编译连接后生成的可执行文件是 exel.exe,若运行时输入带参数的命令行是:

    ex1 abcd efg 10<回车>

则运行的结果是_____。(全国二级考试 2002 年 9 月)

    A. 22   B. 17   C. 12   D. 9

【分析、解答】 答案为 D。本题考核的知识点是带参数的 main 函数。本题中命令行输入 4 个符号串,所以 argc=4,argv[0]指向符号串"ex1",argv[1]指向符号串"abcd",argv[2]指向符号串"efg",argv[3]指向符号串"10",for 循环的作用是计算 strlen(argv

[1])＋strlen(argv[2])＋strlen(argv[3])＝4＋3＋2＝9。

(18) 对于基类型相同的两个指针变量之间，不能进行的运算是＿＿＿＿＿＿。

  A. ＜   B. ＝   C. ＋   D. －

【分析、解答】 答案为 C。基类型相同的两个指针变量可以进行比较、相减和赋值运算，但不能进行相加运算。

(19) 若有说明 int(＊p)[3]，则以下叙述正确的是＿＿＿＿＿＿。

  A. p 是一个指针数组

  B. p 是一个指针，它只能指向一个包含 3 个 int 类型元素的一维数组

  C. p 是一个指针，它可以指向一个一维数组中的任一元素

  D. （＊p)[3]与＊p[3]等价

【分析、解答】 答案为 B。在 int(＊p)[3]中，圆括号中有＊，表示 p 是一个指针，最后的说明符[3]表明是一个数组，前者优先，即 p 是指向含 3 个元素的一维数组的行指针。

(20) 若有以下程序

```
main()
{ int a,＊pa;
  char b,＊pb;
  printf("%d,%d",sizeof(pa),sizeof(pb));
}
```

则在 32 位机下的输出结果是＿＿＿＿＿＿。

  A. 4,1   B. 4,4   C. 1,4   D. 2,2

【分析、解答】 答案为 B。与普通变量不同，指针说明时所指定的数据类型并不是指针变量本身的数据类型，而是所指对象的数据类型，所以指针说明时所指定的数据类型并不决定指针变量所占用内存数。无论指针所指对象的数据类型如何，所有指针占用内存数是相同的，它只随机器硬件的不同而不同。在 32 位平台上，所有指针变量必占用 4 字节。

(21) 若有语句组 int a,＊p＝&a;＊p＝a;则下列说法正确的是＿＿＿＿＿＿。

  A. 两条语句中的＊p 含义完全相同

  B. 语句＊p＝&a;和 p＝&a;的功能完全相同

  C. 语句＊p＝&a;的作用是定义指针变量 p 并对其初始化

  D. 语句＊p＝a;是将 a 的值赋予变量 p

【分析、解答】 答案为 C。在指针定义语句中，＊p 表示所定义的变量 p 是指针型变量。语句＊p＝a;是赋值语句，其中的＊p 代表它所指向的变量 a，所以两个＊p 表示的含义不同，因此选项 A 是错误的。语句＊p＝&a;是将变量 a 的地址赋给＊p 代表的变量 a;而语句 p＝&a;是将变量 a 的地址赋给指针变量 p，p 指向变量 a。所以这两条语句是不相同的。至于语句＊p＝a;，它的作用是将 a 的值赋给 p 所指向的变量，而不是赋给指针变量 p 本身。

（22）以下程序

```
main()
{ int a[4][4]={{10,2,3,4},{51,6,7,8},{9,10,11,12},{1,14,15,16}};
  int(*p)[4];
  p=a;
  printf("%d",*(p+2)-*(p+1));
}
```

执行后输出的结果是_____。

     A. 41   B. 42   C. 1   D. 4

【分析、解答】 答案为 D。程序中 p＝a；使 p 指向数组首地址，指向了 a[0]。p+1 时所指向的是 a[1]，*(p+1)表示 a[1]的值，即第二行的首地址。同理，*(p+2)表示 a[2]的值，即第三行的首地址。两个地址相减的结果是地址之间的数据的个数，第二行与第三行之间有 4 个整型数，所以最终结果为 4。

（23）有以下函数

```
char * fun(char * p)
{ return(p); }
```

该函数的返回值是_____。

     A. 无确切值   B. 形参 p 中存放的地址值

     C. 一个临时存储单元的地址   D. 形参 p 自身的地址值

【分析、解答】 答案为 B。形参 p 为一个指针，在实际调用 fun()函数时，实参传递给 p 的应该是一个地址值。fun()函数是一个指针函数，它返回的是一个指针 p，也就是要把 p 的值传递出去，由于 p 中的值是一个地址，所以选项 B 正确。

（24）以下程序

```
main()
{ static char * a[]={"MORNING", "AFTERNOON", "EVENING"};
  char * * n;
  n=a;
  func(n);
}
func(char * * m)
{++m; printf("%s\n",*m); }
```

执行后输出的结果是_____。

     A. 为空   B. MORNING   C. AFTERNOON   D. EVENING

【分析、解答】 答案为 C。main()函数中 n 为指向指针的指针变量，其先指向 a[0]。调用 func(n)，m＝n，执行＋＋m，使得 m 指向 a[1]，printf 语句输出 a[1]所指字符串 "AFTERNOON"。因此，本题答案为 C。

（25）若有以下说明和语句，则在执行 for 语句后，*(*(pt+1)+2)表示的数组元素是_____。

```
int t[3][3],*pt[3],k;
for(k=0;k<3;k++)pt[k]=&t[k][0];
```

  A. t[2][0]   B. t[2][2]   C. t[1][2]   D. t[2][1]

  【分析、解答】 答案为 C。程序中定义了一个二维数组 t[3][3]，又定义了一个指针数组 pt[3]。执行 for 循环后，pt[0]指向数组 t 中的元素 t[0][0]，即 pt[0]中存放数组元素 t[0][0]的地址，pt[1]中存放数组元素 t[1][0]的地址，pt[2]中存放数组元素 t[2][0]的地址，由此可见，*(*(pt+1)+2)表示的数组元素是 t[1][2]。

  (26) 以下程序

```
main()
{ static char a[]="ABCDEFGH",b[]="abCDefGh";
  char *p1,*p2;
  int k;
  p1=a;p2=b;
  for(k=0;k<=7;k++)
  if(*(p1+k)==*(p2+k))
      printf("%c",*(p1+k));
  printf("\n");
}
```

执行后输出的结果是_____。

  A. ABCDEFG B. CDG   C. abcdefgh   D. abCDefGh

  【分析、解答】 答案为 B。本题中定义了两个字符数组 a 和 b，两个字符型指针变量 p1 和 p2，p1 和 p2 分别指向数组 a 和 b 的第一个元素。for 循环语句的功能是比较指针变量 p1 和 p2 指向的字符是否相同，如果相同，则将其输出到屏幕上，因字符串"ABCDEFGH"和"abCDefGh"对应位置处相同的字符为 CDG，所以程序的输出结果为 CDG。

  (27) 若有以下的说明和定义

```
fun(int *c){…}
main()
{ int(*a)()=fun,*b(),w[10],c;
    ⋮
}
```

则在必要的赋值之后，对 fun 函数的正确调用语句是_____。

  A. a=a(w); B. (*a)(&c); C. b=*b(w); D. fun(b);

  【分析、解答】 答案为 B。a 是一个指向函数 fun 的指针变量，即 a 中存放函数 fun 的入口地址，调用函数 fun 时可以用(*a)代替 fun。选项 A 和 C 错误，选项 D 中函数的实参应为地址。

  (28) 以下程序

```
main()
```

```
{ char * s[]={"one", "two", "three"}, * p;
  p=s[1];
  printf("%c,%s\n", * (p+1),s[0]);
}
```

执行后输出的结果是_____。

      A. n,two   B. t,one   C. w,one   D. o,two

【分析、解答】 答案为 C。程序定义了一个指针数组 s 和一个字符型指针变量 p。s 有 3 个元素,其中 s[0]指向字符串"one",s[1]指向字符串"two",s[2]指向字符串 "three"。执行 p=s[1];后 p 指向字符串"two",所以 * (p+1)=w。

(29) 以下程序

```
void fun(int * x,int * y)
{ printf("%d %d", * x, * y); * x=3; * y=4; }
main()
{ int x=1,y=2;
  fun(&y,&x);
  printf("%d %d",x,y);
}
```

执行后输出的结果是_____。

      A. 2 1 4 3   B. 1 2 1 2   C. 1 2 3 4   D. 2 1 1 2

【分析、解答】 答案为 A。main 函数中实参 x=1、y=2,调用函数 fun 时,将 y 的地址传送给第一个形参变量 x,将 x 的地址传递给第二个形参变量 y,fun 函数先输出 y 和 x 的原值 2 和 1,然后修改形参 x 和 y 的值,因形参是指针变量,所以执行完函数 fun 后 main 函数中的 y=3、x=4,printf 函数输出为 4 3。

(30) 下列不合法的 main 函数命令行参数表示形式是_____。

      A. main(int a,char * c[])   B. main(int arc,char * * arv)

      C. main(int argc,char * argv)   D. main(int argv,char * argc[])

【分析、解答】 答案为 C。C 语言规定 main 函数可以带两个形参,第一参数为整型变量,表示命令行中字符串的个数;第二个形参是字符型指针数组,存放命令行中各个字符串的首地址。选项 C 中 main 函数的第二个参数是指向字符型的指针,不是指针数组。

2. 填空题

(1) 以下程序的输出结果是_____。(全国二级考试 2002 年 4 月)

```
main()
{ char * p="abcdefgh", * r;
  long * q;
  q=(long * )p;
  q++;
  r=(char * )q;
  printf("%s\n",r);
}
```

【分析、解答】　答案为 efgh。本题考核的知识点是字符型指针变量的使用。语句 q＝(long＊)p；把 p 的地址值强制转换为长整型地址值并赋给 q，然后执行 q＋＋；，地址值增加了 4，执行语句 r＝(char＊)q；，把长整型指针变量 q 的值再强制转换成字符型地址值并赋给 r，r 的值应为字符串中字符 e 的地址，最后输出 r 指向的字符串，是 efgh。

（2）以下函数的功能是删除字符串 s 中的所有数字字符。请填空。（全国二级考试 2003 年 4 月）

```
void dele(char * s)
{ int n=0,i;
  for(i=0;s[i];i++)
  if(_____)
    s[n++]=s[i];
  s[n]=_____;
}
```

【分析、解答】　答案为 s[i]<'0'||s[i]>'9'和'\0'。本题考核的知识点是字符型指针变量作为函数的参数以及与字符串有关的算法。本题第一个空应判断 s[i]是否为数字字符，只有在不是数字字符的情况下才存入结果字符串，所以应填入 s[i]<'0'||s[i]>'9'。最后应在结果字符串的末尾填上字符串结束标志'\0'。

（3）以下程序段输出的结果是_____。（全国二级考试 2004 年 9 月）

```
main()
{ char a[]="Language",b[]="Programe";
  char * p1,* p2;
  int k;
  p1=a;p2=b;
  for(k=0;k<=7;k++)
    if(* (p1+k)== * (p2+k))printf("%c", * (p1+k));
}
```

【分析、解答】　答案为 gae。本题考核的知识点是通过指针变量对字符数组元素的引用。通过分析可知，for 循环中每循环一次就将 p1＋k 和 p2＋k 所指向的字符进行比较，如果相等就输出该字符，循环共执行 8 次。显然 Language 和 Programe 中只有字符 gae 相等。所以输出为 gae。

（4）以下程序运行后输出的结果是_____。（全国二级考试 2005 年 9 月）

```
#include <string.h>
char * ss(char * s)
{ char *p,t;
  p=s+1;t= * s;
  while(* p){* (p-1)= * p;p++;}
   * (p-1)=t;
  return s;
}
```

```
main()
{ char * p,str[10]="abcdefgh";
  p=ss(str);
  printf("%s\n",p);
}
```

【分析、解答】　答案为 bcdefgha。ss()函数实现的功能是让一个字符串循环左移一位。ss()函数中 p 指向参数指针变量 s 的下一个位置 s+1,并让 t 保存 s 位置的字符。while 循环将参数 s 所指的字符串从第二个字符开始整体往前移动一位。循环结束时 p 指向原 s 串的结束标志处,所以 *(p-1)=t;即是将原 s 串的第一个字符复制到 s 串的最后一个位置。

(5) 设有以下程序

```
main()
{ int a,b,k=4,m=6, * p1=&k, * p2=&m;
  a=p1==&m;
  b=( * p1)/( * p2)+7;
  printf("a=%d\n",a);
  printf("b=%d\n",b);
}
```

执行该程序后,a 的值为_____,b 的值为_____。

【分析、解答】　答案为 0 7。指针变量 p1 指向 k,p2 指向 m,故 p1==&m 不成立,所以 a=0,b=(* p1)/(* p2)+7=4/6+7=0+7=7。

(6) 有以下程序

```
main()
{ char a[][3]={{1,2,3},{4,5,0}},( * pa)[3],i;
  pa=a;
  for(i=0;i<3;i++)
    if(i<2)pa[1][i]=pa[1][i]-1;
    else    pa[1][i]=1;
  printf("%d\n",a[0][1]+a[1][1]+a[1][2]);
}
```

执行后输出结果是_____。

【分析、解答】　答案为 7。程序中 pa 是指向有 3 个元素的一维数组的指针,a 是一个二维数组并已初始化。执行 pa=a 后,pa 指向数组 a 中第一个元素 a[0][0]。for 循环执行了 3 次:第一次 i 值为 0,执行 pa[1][0]=pa[1][0]-1,执行后 a[1][0]的值变为 3;第二次 i 值为 1,执行 pa[1][1]=pa[1][1]-1,执行后 a[1][1]的值变为 4;第三次 i 值为 2,执行 pa[1][2]=1,执行后 a[1][2]的值变为 1。故 printf 语句输入的值为 2+4+1=7。

(7) 以下程序调用 findmax 函数返回数组中的最大值,在下划线处应填入的是_____。

```
findmax(int * a,int n)
{ int * p,* s;
  for(p=a,s=a;p-a<n;p++)
    if(_____)s=p;
  return(* s);
}
main()
{ int x[5]={12,21,13,6,18};
  printf("%d\n",findmax(x,5));
}
```

【分析、解答】 答案为 * p> * s。函数 findmax 的功能是找出数组 a 中的最大值。根据求最大值算法，函数中设两个指针变量 p 和 s，其中 s 记录最大值位置，p 做循环变量，所以应当填 * p> * s 或 * s< * p。

（8）若有以下定义，则不移动指针 p，且通过指针 p 引用值为 98 的数组元素的表达式是_____。

```
int w[10]={23,54,10,33,47,98,72,80,61}, * p=w;
```

【分析、解答】 答案为 * (p+5)或 p[5]。指针变量 p 指向数组 w 的第一个元素，w[5]=98，因此通过 p 引用值为 98 的数组元素的表达式为 * (p+5)或 p[5]。

（9）下面程序的输出结果是_____。

```
char b[]="ABCD";
main()
{ char * chp;
  for(chp=b;* chp;chp+=2)
      printf("%s",chp);
  printf("\n");
}
```

【分析、解答】 答案为 ABCDCD。在 for 循环中，第一次循环时指针变量 chp 指向符号串"ABCD"，因此 printf 函数输出 ABCD；第二次执行循环体时，因执行了 chp+=2 语句，所以 chp 指向数组 b 中的元素'C'，printf 函数的输出为 CD，然后再次执行 chp+=2，chp 指向字符串结束符'\0'，此时 * chp=0，结束 for 循环。因此程序输出结果为 ABCDCD。

（10）下列程序的运行结果是_____。

```
main()
{ char str[][10]={"China", "Beijing"}* p=str;
  printf("%s\n",p+10);
}
```

【分析、解答】 答案为 Beijing。本题中 p+10 表示字符串"Beijing"的地址，所以输出结果为 Beijing。

(11) 设函数 findbig 定义为求 3 个数中的最大值，以下程序将利用函数指针调用 findbig 函数。请填空。

```
main()
{ int findbig(int,int,int);
  int(*f)(),x,y,z,big;
  f=_____;
  scanf("%d%d%d",&x,&y,&z);
  big=(*f)(x,y,z);
  printf("bing=%d\n",big);
}
```

【分析、解答】　答案为 findbig。本题首先定义了一个指向函数的指针变量 f，如果希望让它指向某个函数，只需把函数名赋给该指针变量即可。所以本题空格处应该填入函数名 findbig。

(12) mystrlen 函数的功能是计算 str 所指字符串的长度，并作为函数值返回。请填空。

```
int mystrlen(char * str)
{ int i;
  for(i=0;_____!='\0';i++);
  return(_____);
}
```

【分析、解答】　答案为 str[i]或 *(str+i)i。for 循环体是一个空语句，根据题目要求，循环结束条件应为判断字符串是否结束，所以第一个空格应该填 str[i]或 *(str+i)；循环变量 i 的值即为字符串的长度，第二个空格应填 i。

(13) 下列程序的运行结果是_____。

```
void func(int * a,int b[])
{ b[0]=*a+6; }
main()
{ int a,b[5];
  a=0;b[0]=3;
  func(&a,b);
  printf("%d\n",b[0]);
}
```

【分析、解答】　答案为 6。函数 func 的形参都为地址，调用函数 func 可以实现双向值传递，即可将形参地址单元的内容带回主调函数 main，将 b[0]＝*a＋6＝0＋6＝6 的值带回 main 函数。

(14) 下面函数用来求出两个整数之和，并通过形参传回两数相加之和的值。请填空。

```
int add(int x, int y,_____ z)
```

```
{ _____=x+y; }
```

【分析、解答】 答案为 int * , * z。本题通过形参 z 将两个整数之和传回，所以 z 为指向 int 型的指针变量，第一个空格处应填 int *，第二个空格处应填 * z。

（15）有以下程序

```
main(int argc,char * argv[])
{ int n,i=0;
  while(argv[1][i]!='\0')
  { n=fun();i++; }
  printf("%d\n",n * argc);
}
int fun()
{ static int s=0;
  s+=1;
  return s;
}
```

假设程序经编译、连接后生成可执行文件 exam.exe，若输入如下命令行

```
exam 123<回车>
```

则输出结果是_____。

【分析、解答】 答案为 6。本题命令行输入 2 个符号串，所以 argc＝2，argv[0]指向符号串"exam"，argv[1]指向符号串"123"。while 循环的作用是计算 argv[1]所指向的字符串的长度，执行完 while 循环后 n＝3，所以 n * argc＝3 * 2＝6。

14.4　实　验　指　导

1. 实验目的

（1）通过实验进一步掌握指针的概念，会定义和使用指针变量。
（2）能正确使用数组的指针和指向数组的指针变量。
（3）能正确使用字符串的指针和指向字符串的指针变量。
（4）能正确使用指向函数的指针变量。
（5）了解指向指针的指针的概念及使用方法。

2. 实验内容

（1）写一个函数，将一个 3×3 的矩阵转置。
（2）用指向指针的方法对 5 个字符串排序并输出。
（3）编写一个程序，将一个串中指定的字串全部替换成另一个串。
（4）编写一个程序，求出以下两个字符串包含的最长的相同的单词（同一字母的大小写视为不同的字符）。规定单词全由英文字母组成，单词之间由一个或多个空格符分隔

s[]="This is C programming text" t[]="This is a text for C programming"

（5）输入一个字符串，内有数字和非数字字符，如 a123x456 17960?302tab5876，将其中连续的数字作为一个整数，依次存放到一数组 a 中。例如 123 放在 a[0]中，456 放在 a[1]中……统计共有多少个整数，并输出这些数。

3. 编程环境及程序代码

（1）编程环境：Visual C++ 6.0 或 Turbo C 2.0。
（2）编程代码（所附程序均为参考程序，答案并不唯一）。
第（1）题：

```c
#include <stdio.h>
void main()
{
    int a[3][3], * p,i;
    printf("输入数组元素:\n");
    for(i=0;i<3;i++)                      /*输入数组元素*/
      scanf("%d%d%d",&a[i][0], &a[i][1], &a[i][2]);
    p=&a[0][0];
    move(p);
    printf("转置后的数组为:\n");        /*输出数组元素*/
    for(i=0;i<3;i++)
      printf("%d %d %d",a[i][0], a[i][1], a[i][2]);
}
move(int * pointer)     /*通过交换第 i 行第 j 列元素和第 j 行第 i 列元素实现数组转置*/
{
    int i,j,t;
    for(i=0;i<3;i++)
      for(j=i;j<3;j++)
      {
        t= * (pointer+3 * i+j);
        * (pointer+3 * i+j)= * (pointer+3 * j+i);
        * (pointer+3 * j+i)=t;
      }
}
```

第（2）题：

```c
#include <stdio.h>
#include <string.h>
#define LINEMAX 20                      /*定义字符串的最大长度*/
void main()
{
    int i;
    char **p, * pstr[5],str[5][ LINEMAX];
```

```
    for(i=0;i<5;i++)
      pstr[i]=str[i];      /*将第 i 个字符串的首地址赋予指针数组 pstr 的第 i 个元素 */
    printf("输入 5 个字符串:\n");
    for(i=0;i<5;i++)
      scanf("%s", pstr[i]);
    p=pstr;
    sort(p);
    printf("排序后的字符串为:\n");
    for(i=0;i<5;i++)
      printf("%s", pstr[i]);
}
sort(char * * p)                               /*用冒泡法对 5 个字符串排序 */
{
    int i,j;
    char * temp;
    for(i=0;i<5;i++)
      for(j=i+1;i<5;j++)
        if(strcmp( * (p+i), * (p+j))>0)         /* 比较后交换字符串地址 */
        {
            temp= * (p+i);
            * (p+i)= * (p+j);
            * (p+j)=temp;
        }
}
```

第(3)题：

```
#include <stdio.h>
#include <string.h>
/*  replace 函数用于将串 old 中的字串 sub 全部替换成 rpl,并将新串放在 news 中。 */
void replace(char * old, char * sub, char * rpl, char * news)
{
    char * s1, * s2;
    while( * old!='\0')
    { /* for 循环从 old 所指位置开始查找与 sub 相匹配的字串 */
      for(s1=old,s2=sub; * s1!='\0'&& * s2!='\0'&& * s1== * s2;s1++,s2++);

      if( * s2!='\0')
              /* 未找到子串,则将当前 old 指向的字符复制到 news 中并开始新的搜索 */
          * news++= * old++;
      else
      { /* 找到子串,则将 rpl 指向的字符串复制到 news 中并开始新的搜索 */
        for(s2=rpl; * s2!='\0';s2++)
          * news++= * s2;
        old+=strlen(sub);
```

```
        }
    }
    * news='\0';
}
void main()
{
    char s[]="asabcaabcdefgabc",s1[80];
    char t[]="abc", t1[]="xyz";
    printf("原串:%s\n",s);
    replace(s,t,t1,s1);
    printf("\n");
}
```

第(4)题：

```
#include <stdio.h>
#include <string.h>
```

/* 该函数从左向右顺序扫描字符串 s,逐个找出单词(单词开始位置和单词长度),当该单词的
长度比已找到的单词更长时,就从头至尾扫描字符串 t。在从 t 字符串中找出与该字符串长度相
等、字符相同的单词后,记录该单词的开始位置和长度,再回到 s,在其中找出下一个更长的单词。
上述寻找过程直到字符串 s 扫描结束,最后输出找到的单词。*/

```
void maxword(char * s,char * t)
{
    char * res, * temp,chs,cht;
    int i,j,found,maxlen=0;
    while(* s!='\0')                    /* 扫描字符串 s */
    {
        while(* s==' ')s++;             /* 删除 s 开头的空格 */
        for(i=0;s[i]!=' ' && s[i]!='\0';i++);  /* 求当前 s 开始的一个单词的长度 */
        if(i>maxlen)                    /* maxlen 为最大相同单词长度 */
        {
            chs=s[i];                   /* i 存储 s 中单词的长度 */
            s[i]='\0';
                    /* 为了利用 strcmp 函数进行比较,后面由 chs 保存的字符进行恢复 */
            temp=t;
            found=0;                    /* 如果找到与当前 s 中单词匹配者,found 为 1 */
            while(* temp!='\0'&&!found) /* 扫描字符串 t */
            {
                while(* temp==' ')temp++;
                for(j=0;temp[j]!=' ' && temp[j]!='\0';j++);
                                        /* j 存储 t 中单词的长度 */
                if(j==i)                /* 找到了相同长度的单词 */
                {
                    cht=temp[j];
                    /* 为了利用 strcmp 函数进行比较,后面由 cht 保存的字符进行恢复 */
```

```
                        temp[j]='\0';
                        if(strcmp(s,temp)==0)      /* 判定是否相同 */
                        {
                            maxlen=i;
                            res=s;                  /* res 记录最大相同单词在 s 串中的位置 */
                            found=1;
                        }
                        temp[j]=cht;
                    }
                    temp=&temp[j];
                }
                s[i]=chs;
            }
            s=&s[i];                                /* 重新在 s 中查找 */
        }
        if(maxlen==0)
          printf("没有相同的单词。\n");
        else
        {
            chs=res[maxlen];
            res[maxlen]='\0';                       /* 为了输出以 res 为首地址的最大相同单词 */
            printf("%s\n",res);
            res[maxlen]=chs;
        }
}
void main()
{
  static char s[]="This is C programming text";
  static char t[]="This is a text for C programming";
  printf("输出结果:\n");
  maxword(s,t);
}
```

第(5)题：

```
#include <stdio.h>
void main()
{
    char str[50],*pstr;
    int i,j,k,m,e10,digit,ndigit,a[10],*pa;
    printf("输入字符串:\n");
    gets(str);
    printf("\n");
    pstr=&str[0];                           /* 字符指针变量 pstr 指向数组 str 首地址 */
    pa=&a[0];                               /* 指针变量 pa 指向数组 a 首地址 */
```

```
ndigit=0;                        /*ndigit 代表有多少个整数*/
i=0;                             /*代表字符串中字符的位置*/
j=0;                             /*代表连续数字的位数*/
while(*(pstr+i)!='\0')
{
    if((*(pstr+i)>='\0')&&(*(pstr+i)<='9'))
      j++;
    else
    {
        if(j>0)
        {
            digit=*(pstr+i-1)-48;  /*将个位数赋予 digit*/
            k=1;
            while(k<j)           /*将含有两位以上的数的其他位的数值累计于 digit*/
            {
                e10=1;
                for(m=1;m<=k;m++)
                    e10*=10;        /*e10 代表该位数所应乘的因子*/
                digit+=(*(pstr+i-1-k)-48)*e10;
                                    /*将该位数的数值累加于 digit*/
                k++;
            }
            *pa++=digit;            /*将数值赋予数组 a*/
            ndigit++;
            j=0;
        }
    }
    i++;
}
if(j>0)                          /*以数字结尾字符串的最后一个数据的处理*/
{
    digit=*(pstr+i-1)-48;
    k=1;
    while(k<j)
    {
        e10=1;
        for(m=1;m<=k;m++)
            e10*=10;
        digit+=(*(pstr+i-1-k)-48)*e10;
        k++;
    }
    *pa=digit;
    ndigit++;
    j=0;
```

```
     }
  printf("共有%d个整数,分别是:\n",ndigit);
  pa=&a[0];
  for(j=0;j<ndigit;j++)                    /*打印数据*/
    printf("%d",*(pa+j));
  printf("\n");
}
```

第 15 章

chapter 15

结构体和共用体

15.1　本章基本知识结构

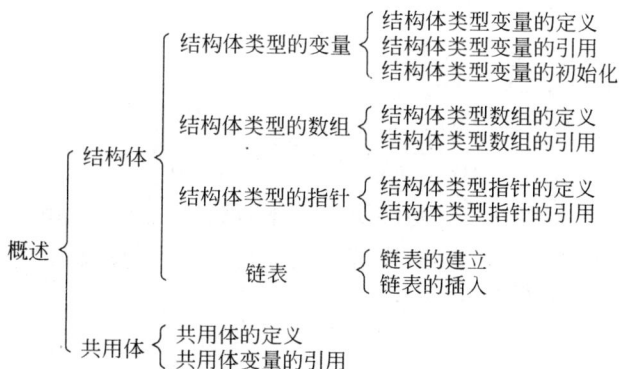

```
             ┌ 结构体类型的变量 ┌ 结构体类型变量的定义
             │                 ┤ 结构体类型变量的引用
             │                 └ 结构体类型变量的初始化
             │
             │ 结构体类型的数组 ┌ 结构体类型数组的定义
        ┌ 结构体                └ 结构体类型数组的引用
        │    │
        │    │ 结构体类型的指针 ┌ 结构体类型指针的定义
概述 ┤    │                 └ 结构体类型指针的引用
        │    │
        │    └ 链表           ┌ 链表的建立
        │                    └ 链表的插入
        │
        └ 共用体  ┌ 共用体的定义
                 └ 共用体变量的引用
```

15.2　知识难点解析

（1）结构体与共用体变量在计算机中占用多少内存？

【解答】　结构体变量所占的内存长度等于所有各成员的长度之和，每个成员分别占用自己的内存单元；共用体变量所占的内存长度等于最长的成员的长度。

（2）结构体和共用体有几种不同的引用方法？

【解答】　结构体和共用体一样，有两种引用办法，一种是采用成员（分量）运算符"."；还有一种是采用指针的办法。下面以结构体为例说明这两种不同的引用方法。

```
struct stu
{
    int num;
    char name[10];
    int age;
} zhangsan, * lisi;
```

要访问学生 zhangsan 年龄的办法有两种，即 zhangsan.age 或者(&zhangsan)->

age;要访问学生 lisi 年龄的办法也有两种，即(* lisi). age 或者 lisi->age。

15.3 练 习

1. 选择题

(1) 以下程序运行的输出结果是_____。

```
main()
{
    union
    {
        char i[2];
        int m;
    } r;
    r.i[0]=2;r.i[1]=0;
    printf("%d\n",r.m);
}
```

    A. 2   B. 1   C. 0   D. 不确定

【分析、解答】 答案为 A。本题涉及共用体的概念。字符数组 i[2]与整型变量 m 使用同一内存单元。m 占用 2 字节，高字节对应 i[1]，低字节对应 i[0]，所以答案为 A。

(2) 以下程序输出的结果是_____。

```
#include <stdio.h>
struct stu
{
    int num;
    char name[10];
    int age;
};
void fun(struct stu * p)
{printf("%s\n",( * p).name);}
main()
{
    struct stu students[3]={{9801,"zhang",20},{9802,"wang",19},{9803,"zhao",
    18}};
    fun(students+2);
}
```

    A. zhang   B. zhao   C. wang   D. 18

【分析、解答】 答案为 B。在 main 函数中，定义结构体类型数组 student[3]，并赋初值。即

```
student[0]={9801,"zhang",20};
```

```
student[1]={9802,"wang",19};
student[2]={9803,"zhao",18};
```

调用子函数 fun,实参 student+2 为 student[2]的首地址,则 p 指向 student[2]的首地址,(＊p).name 即"zhao"。

(3) 下列程序输出的结果是_____。

```
#include <stdio.h>
main()
{
    union
    {
        int k;
        char i[2];
    }*a,b;
    a=&b;
    a->i[0]=0x39;
    a->i[1]=0x38;
    printf("%x\n",a->k);
}
```

  A. 3839   B. 3938   C. 380039   D. 390038

【分析、解答】 答案为 A。题中 a 是指向共用体类型变量 b 的指针变量,整型变量 k 与字符数组 i[2]共用。一个存储单元,k 的高位字节对应 i[1],k 的低位字节对应 i[0]。0x39 表示十六进制数的 39,%x 表示十六进制的格式输出。

(4) 设有如下定义:

```
struct num
{
    int a;
    float b;
} data,*p;
```

若有 p=&data;,则对 data 中 a 域的正确引用是_____。

  A. (＊p).data.a   B. (＊p).a   C. p->data.a   D. p.data.a

【分析、解答】 答案为 B。p 指向结构体类型变量 data 的首地址,＊p 即代表 data。因此答案为 B。

(5) 若有下面的说明和定义,则 sizeof(struct aaa)的值是_____。

```
struct aaa
{
    int r1;
    double r2;
    float r3;
    union uuu
```

```
    {
        char u1[5];
        long u2[2];
    }ua;
}mya;
```

    A. 30   B. 29   C. 24   D. 22

【分析、解答】 答案为 D。这是结构体套用共用体的形式，共用体的长度为 8。sizeof 为长度运算符。sizeof(struct aaa)等价于 sizeof(mya)＝2＋8＋4＋8＝22。

（6）设有以下定义

```
typedef union
{
    long m;
    int k[5];
    char ch;
} DATE;
struct date
{
    int cat;
    DATE cow;
    double dog;
} too;
DATE max;
```

则语句 printf("％d",sizeof(struct date)＋sizeof(max)))的执行结果是_____。

    A. 25   B. 30   C. 18   D. 8

【分析、解答】 答案为 B。本题用 typedef 声明新的类型名 DATE 来代替已有的类型名 union。sizeof 是长度运算符。max、cow 都是共用体类型，长度为 10，所以，sizeof(struct date)＋sizeof(max)＝(2＋10＋8)＋10＝30。

（7）字符'0'的 ASCII 码的十进制数为 48，且数组的第 0 个元素在低位，则以下程序的输出结果是_____。

```
#include <stdio.h>
main()
{
    union
    {
        int i[2];
        long  m;
        char c[4];
    } r, * s=&r;
    s->i[0]=0x39;
    s->i[1]=0x38;
```

```
    printf("%c\n",s->c[0]);
}
```

  A. 39   B. 9   C. 38   D. 8

【分析、解答】 答案为 B。0x39 代表十六进制的 39，即十进制的 57，c[0] 对应 i[0]的低字节，由于十进制的 57 在内存中不超过 8 个二进制位（大于 255 不可），所以对应c[0]的就是 57。而字符 0 的 ASCII 码的十进制数为 48,57 就对应字符'9'。因此答案为 B。

  (8) 若已建立下面的链表结构,指针 p、s 分别指向图中所示的结点,则不能将 s 所指的结点插入链表末尾的语句组是_____。

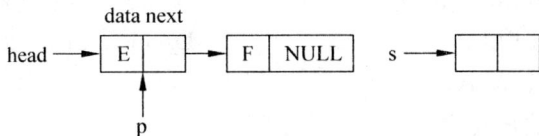

  A. s->next=null;p=p->next;p->next=s;
  B. p=p->next;s->next=p->next;p->next=s;
  C. p=p->next;s->next=p;p->next=s;
  D. p=(*p).next;(*s).next=(*p).next;(*p).next=s;

【分析、解答】 答案为 C。s->next=p；p->next=s 使得 p、s 所指的结点构成了环路而不是链表。

  (9) 根据下面的定义,能打出字母 M 的语句是_____。

```
struct student
{
    char name[9];
    int age;
}
struct student class[10]={ "John",17, "Paul",19, "Mary",18, "Adam",16};
```

  A. printf("%c\n",class[3].name);
  B. printf("%c\n",class[3].name[1]);
  C. printf("%c\n",class[2].name[1]);
  D. printf("%c\n",class[2].name[0]);

【分析、解答】：答案为 D。本题的要点是结构体成员的表示。class[10]是结构体类型的数组,每个元素的长度是 11,前 9 个字符型的放名字,后两个整型的放年龄。选项A 是指 Adam,B 是指 d,C 是指 a,D 指 M。

  (10) 下列程序的执行结果为_____。

```
struct str
{
    char *s;
    int i;
```

```
    struct str * sip;
}
main()
{
    static struct str a[]={{"abcd",1,a+1},{"efgh",2,a+2},{"ijkl",3,a}};
    struct str * p=a;int i=0;
    printf("%s%s%s",a[0].s,p->s,a[2].sip->s);
    printf("%d%d",i+2,--a[i].i);
    printf("%c\n",++a[i].s[3]);
}
```

A. abcd abcd abcd 2 0 e   B. abcd efgh ijkl 2 0 e

C. abcd abcd ijkl 2 0 e   D. abcd abcd abcd 2 1 e

【分析、解答】 答案为 A。

（11）下面程序的输出结果为_____。

```
struct st
{
    int x;
    int * y;
} * p;
int data[4]={10,20,30,40};
struct st aa[4]={50,&data[0],60,&data[1],70,&data[2],80,&data[3]};
main()
{
    p=aa;
    printf("%d\n",++p->x);
    printf("%d\n",(++p)->x);
    printf("%d\n",++(*p->y));
}
```

A. 10   B. 50   C. 51   D. 60

    20   60   60   70

    20   21   21   31

【分析、解答】 答案为 C。本题的说明中定义了一个名为 st 的结构体。它由两个成员组成：一个是整型变量 x，一个是指针变量。在定义的同时说明了一个指向这一结构类型的指针变量 p 数组 aa 的每个元素是一个含有两个成员的 struct st 型的结构，并赋有初值。在 main 函数中执行 p＝aa;语句后，p 指向了数值的首地址，它们之间的关系如图所示：

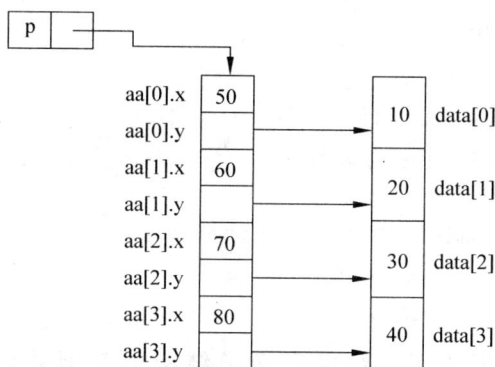

这里需要注意运算符的优先级,对于题目中涉及的运算符()、→、＋＋、＊,其中括号最优先,其次是指向结构体成员运算符→,接下来是自增运算符＋＋和指针运算符＊,它们属于同级运算,其结合方向是"自右至左"。参照上图可知,第一条 printf 语句的输出项＋＋p→x 是先找出 p→x(其值为 50),再将其值自增 1,取增值后的值,故输出 51。第二条 printf 语句的输出项为(＋＋p)→x,它表示先将指针 p 自增 1,指向 aa 数组的第二个元素 aa[1],然后取其第一个成员 aa[1].x 的值,故输出为 60。第三次的输出项为＋＋(＊p→y)。此时 p 已指向 aa[1],因此输出项等价于＋＋(data[1]),先取出 data[1]的值(20),再将其增 1,故输出 21。由此可见,答案 C 正确。

(12) 设有以下语句:

```
struct student{int n;struct student * next;};
static struct student a[3]={5,&a[1],7,&a[2],9,'\0'}, * p;
p=&a[0];
```

则表达式_____的值是 6。

     A. p＋＋→n   B. p→n＋＋   C. (＊p).n＋＋   D. ＋＋p→n

【分析、解答】 答案为 D。

(13) 下面程序的输出是_____。

```
main()
{
    enum team{a,b=4,c,d=c+10};
    printf("%d %d %d %d\n",a,b,c,d);
}
```

    A. 0 1 2 3   B. 0 4 0 10   C. 0 4 5 15   D. 1 4 5 15

【分析、解答】 答案为 C。根据 C 语言的语法规定,一旦定义了一个枚举类型,编译系统将按顺序为每个枚举元素分配一个对应的序号,序号值从 0 开始,后续元素的序号顺序加 1。此外,C 语言也允许在定义枚举类型的同时人为地指定枚举元素的序号值,凡没有指定序号值的元素则在前一元素序号的基础上顺序加 1。由此可知,题中第一个枚举元素 a 的序号值为 0,第二个元素 b 的序号值为 4,第三个元素 c 的序号值为 5,第四个元素 d 的序号值为 15。故本程序的输出结果应当是答案 C。

（14）下面程序的输出是_____。

```
main()
{
    struct cmplx{int x;int y;}
    num[2]={1,3,2,7};
    printf("%d\n",num[0].y/num[0].x*num[1].x);
}
```

　　A. 0　　　　　　　B. 1　　　　　　　C. 3　　　　　　　D. 6

【分析、解答】　答案为 D。题中定义了结构体类型数组 num，程序中已给出 num[0].x 的值是 1，num[0].y 的值是 3，num[1].x 的值是 2。由于 C 语言中的运算符 / 和 * 优先级相同，且运算顺序从左至右，因此该程序应输出结果是 6。

（15）下面程序的输出是_____。

```
typedef union
{
    long x[2];
    int y[4];
    char z[8];
} MYTYPE;
MYTYPE them;
main()
{
    printf("%d\n",sizeof(them));
}
```

　　A. 32　　　　　　　B. 16　　　　　　　C. 8　　　　　　　D. 24

【分析、解答】　答案为 C。此题参考知识难点解析 1。

2. 填空题

（1）有以下定义和语句，则 sizeof(a) 的值是_____，而 sizeof(a.share) 的值是_____。

```
struct date
{
  int day;
  int month;
  int year;
  union
  {
      int share1;
      float share2;
  }share;
} a;
```

【分析、解答】 答案为 10 4。本题的知识点是考察结构体、共用体变量占内存大小。具体参考知识难点解析 1。

（2）若有以下说明和定义语句,则变量 w 在内存中所占字节数_____。

```
union aa
{
  float x,y;
  char c[6];
};
struct st
{
  union aa v;
  float w[5];
  double ave;
} w;
```

【分析、解答】 答案为 34。w 占内存大小 sizeof(v)＋sizeof(w[5])＋sizeof(ave)＝6＋4×5＋8＝34。

（3）有以下说明定义语句,可用 a.day 引用结构体成员 day,请写出引用结构体成员 a.day 的其他两种形式_____、_____。

```
Struct birthday
{
  int day;
  char mouth;
  int year;
} a, * b;
b=&a;
```

【分析、解答】 答案为(＊b).day b->day。具体参考知识难点解析 2。

（4）为了建立如图所示的存储结构(即每个结点含两个域,data 是数据域,next 是指向该结构的指针域。data 用于存放整型数)请填空。

data	next

```
struct link {char data;_____}node;
```

【分析、解答】 答案为 struct link ＊next;。本题的知识点是链表。

（5）变量 root 有如图所示的存储结构,其中 sp 是指向字符串的指针的指针域,nextp 是指向该结构的指针域,data 用于存放整型数。请填空,完成此结构的类型说明和变量 root 的定义。

root	sp	data	nextp

```
struct list
```

```
{
    char * sp;
    _____
    _____
}root;
```

【分析、解答】　答案为 struct list ＊ nextp；int data；。本题的知识点是链表。

（6）下列程序的执行结果为_____。

```
main()
{
    union bt
    {
        int k;
        char c[2];
    }a;
    a.k=-7;
    printf("%o,%o\n",a.c[0],a.c[1]);
}
```

【分析、解答】　答案为 177771,177777。本题的知识点是共用体的各成员共用一段内存。

（7）若有以下的说明、定义和语句,则输出结果为_____（已知字母 A 的十进制数为 65）。

```
main()
{
    union un
    {
        int a;
        char c[2];
    } w;
    w.c[0]='A';w.c[1]='a';
    printf("%o\n",w.a);
}
```

【分析、解答】　答案为 60501。本题考查知识点还是共用体的各成员共用一段内存。w 占 2 字节的空间,第一个字节 w.c[0]='A',即 65,第二个字节 w.c[1]='a',即 97,整个 2 字节的空间里分布的二进制数值是 0110000101000001,八进制即 60501。

（8）程序运行的结果是_____。

```
main()
{
    union exam
    {
        struct
```

```
            {
                int x;
                int y;
            } in;
            int a;
            int b;
        }em;
        em.a=1;em.b=2;em.in.x=em.a * em.b;em.in.y=em.a+em.b;
        printf("%d,%d\n",em.in.x,em.in.y);
    }
```

【分析、解答】 答案为 4,8。

（9）下面程序的输出结果是_____。

```
struct em
{
  int a;
  int * b;
}
main()
{
    struct em s[4], * p;int n=1,i;
    for(i=0;i<4;i++)
    {
        s[i].a=n;
        s[i].b=&s[i].a;
        n=n+2;
    }
    p=&s[0];
    printf("%d,%d\n",++( * p->b), * (s+2)->b);
}
```

【分析、解答】 答案为 2,5。

（10）下面程序的输出结果是_____。

```
#include <stdio.h>
union un
{
    int i;
    char ch[2];
} a;
main()
{
    a.ch[0]=13;
    a.ch[1]=0;
    printf("%d\n",a.i);
```

```
    }
```

【分析、解答】 答案为 13。

(11) 若有以下的说明和语句，已知 int 类型占两个字节，则以下的输出结果为_____。

```
main()
{
    struct st
    {
        char a[10];
        int b;
        double c;
    };
    printf("%d\n",sizeof(struct st));
}
```

【分析、解答】 答案为 20。本题的知识点是考察结构体、共用体变量占内存大小。具体参考知识难点解析 1。

(12) 若有以下的说明和语句，已知 int 类型占两个字节，则以下的输出结果为_____。

```
main()
{
    union un
    {
        int i;
        double y;
    };
    struct st
    {
        char a[10];
        union un b;
    };
    printf("%d\n",sizeof(struct st));
}
```

【分析、解答】 答案为 18。本题的知识点是考察结构体、共用体变量占内存大小。具体参考知识难点解析 1。

(13) 下面程序的输出是_____。

```
main()
{
    enum em{em1=3,em2=1,em3};
    char * aa[]={"AA","BB","CC","DD"};
    printf("%s%s%s\n",aa[em1],aa[em2],aa[em3]);
```

```
}
```

【分析、解答】　答案为 DDBBCC。题目所给枚举表中的枚举符 em1 和 em2 已通过赋值改变其值为 3 和 1,而枚举符 em3 没有赋值,则其值为前面一个枚举符的值加 1,即 em3 取值为 2。这样在 printf 语句中输出的将是以 aa[3]、aa[1]和 aa[2]为起始地址的字符串 DD、BB 和 CC,考虑到输出格式控制中各字符串之间没有换行符,所以程序运行后其输出结果是 DDBBCC。

15.4　实　验　指　导

1. 实验目的

(1) 掌握结构类型变量与数组的定义和使用。
(2) 掌握使用结构指针和结构变量名使用结构成员的方法。
(3) 掌握链表的基本概念和操作。
(4) 掌握联合的概念与使用。

2. 实验内容

(1) 输入并运行实验用的程序代码,观察结果,分析联合变量的存储特点。
(2) 有 5 个学生,每个学生有 3 门课的成绩,从键盘输入以上数据(包括学生号、姓名、3 门课成绩),计算出平均成绩。
(3) 下面的程序,构造一个如图所示的 3 个结点的链表,并顺序输出链表中结点的数据。

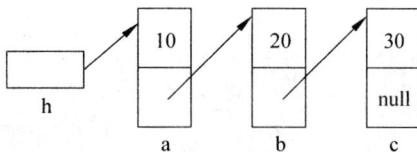

3. 编程环境及程序代码

(1) 编程环境：Visual C++ 6.0 或 Turbo C 2.0。
(2) 程序代码(所附程序均为参考程序,答案并不唯一)。

第(1)题：

```c
#include <stdio.h>
void main()
{
    union
    {
        int i[2];
        long k;
```

```
        char c[4];
    } t, * s=&t;
    s->i[0]=0x39;                    /*按照整型成员的类型赋值*/
    s->i[1]=0x38;
    printf("%lx\n",s->k);            /*按照长整型成员的类型使用存储内容*/
    printf("%c\n",s->c[0]);          /*按照字符型成员的类型使用存储内容*/
}
```

第(2)题：

```
#include <stdio.h>
struct student
{
    char num[6];
    char name[8];
    int score[3];
    float avr;
}stu[5];
main()
{
    int i,j,sum;
    /* input */
    for(i=0;i<5;i++)
    {
        printf("\n please input No. %d score:\n",i);
        printf("stuNo:");
        scanf("%s",stu[i].num);
        printf("name:");
        scanf("%s",stu[i].name);
        sum=0;
        for(j=0;j<3;j++)
        {
            printf("score %d",j+1);
            scanf("%d",&stu[i].score[j]);
            sum+=stu[i].score[j];
        }
        stu[i].avr=sum/3.0;
    }
}
```

第(3)题：

```
#include <stdio.h>
struct node
{
    int data;
```

```
        struct node  * next;                    /* 指向本结点类型的指针是实现链 */
};
void main()
{
        struct node a,b,c, * h, * p;            /* 定义 3 个结点,h 是头指针 */
        a.data=10; b.data=20; c.data=30;        /* 结点的数据赋值 */
        h=&a;                                   /* 头指针指向 a 结点 */
        a.next=&b;                              /* a 结点的指针指向 b 结点 */
        b.next=&c;                              /* b 结点的指针指向 c 结点 */
        c.next=NULL;                            /* c 结点的指针值为空,表示最后一个结点 */
        p=h;                                    /* 遍历每一个结点,打印数据 */
        while(p)
        {
            printf("%d ",p->data);
            p=p->next;                          /* 指针移到下一个结点 */
        }
}
```

第16章

位 运 算

16.1　本章基本知识结构

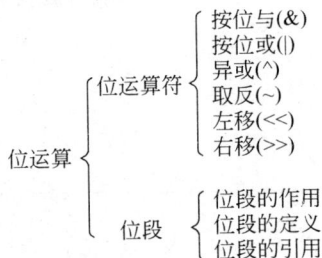

位运算 ⎰ 位运算符 ⎰ 按位与(&)
　　　　　　　　　　 按位或(|)
　　　　　　　　　　 异或(^)
　　　　　　　　　　 取反(~)
　　　　　　　　　　 左移(<<)
　　　　　　　　　　 右移(>>)
　　　　　　 位段 ⎰ 位段的作用
　　　　　　　　　　 位段的定义
　　　　　　　　　　 位段的引用

16.2　知识难点解析

(1) 位运算的作用是什么?

【解答】　位运算适应编写系统软件的需求,此外,当计算机用于检测和控制领域时也需要位运算的知识,位运算是 C 语言的重要特色。

(2) 按位与运算符有哪些特殊的用途?

【解答】　一个用途是清零,找一个二进制数与要清零的数进行与运算。其中,该二进制数的各个位符合以下条件:需要清零的数中为 1 的位,则该数中相应位为 0;第二个用途是取一个数中某些指定位,找一个二进制数与该数进行与运算,其中该二进制数的各个位符合以下条件:要取的指定位上该数取 1,其余位取 0。

(3) 异或运算符有哪些特殊的用途?

【解答】　一个用途是使特定位翻转,找一个二进制数与该数进行异或运算,其中该二进制数的各个位符合这样的条件:要进行翻转的特定位上该数取 1,其余位取 0;第二个用途是与 0 异或,保留原值;第三个用途是交换两个值,不用临时变量。

(4) 负数是怎样参与位运算的?

【解答】　负数按照补码形式参与位运算。

(5) 不同长度的数据怎样进行位运算?

【解答】　如果两个数据长度不同,系统会将二者按右端对齐,数据长度短的数补位。

如果该数是正数,则左侧补满 0;如果该数是负数,则左侧补满 1。

（6）什么是"逻辑右移"？什么是"算术右移"？

【解答】 在对负数进行右移时,若移入 0 的则称为"逻辑右移",若移入 1 的则称为"算术右移"。

（7）位段的作用是什么？

【解答】 当计算机用于过程控制、参数检测或数据通信领域时,控制信息往往只占一个字节中的一个或几个二进位,此时利用位段来存储这样的信息可以节约存储空间。

16.3 练 习

1. 选择题

（1）下面关于位运算符说法正确的是_____。

    A. 某数左移 1 位,相当于该数乘 2   B. 位运算符的优先级相同

    C. 实型数据不能参与位运算   D. 负数不能参与位运算

【分析、解答】 答案为 C。此题考查了关于位运算符的基本概念,答案 A 只有在左移时被溢出舍弃的高位不为 1 的情况才正确,答案 B 不正确,因为取反运算符的优先级比其他位运算符的优先级高,答案 C 是正确的,因为只有整型数据和字符型数据能参与位运算,负整数也是可以的,故而 D 不正确。

（2）以下程序运行后的输出结果是_____。

```
main()
{
    int c=10;
    printf("%d\n",c&c);
}
```

    A. 0   B. 20   C. 10   D. 1

【分析、解答】 答案为 C。

（3）下面程序的功能是_____。

```
main()
{
    unsigned a,b,c,d;
    a=219;
    b=a>>3;
    c=~(~0<<4);
    d=b&c;
    printf("%d,%d\n",a,d);
}
```

    A. 取整数 a 从右端开始的 3～6 位   B. 取整数 a 从右端开始的 4～6 位

　　C. 取整数 a 从右端开始的 3～5 位　　　　D. 取整数 a 从右端开始的 4～5 位

【分析、解答】　答案为 A。在该程序中有 3 个关键的地方，一是 b 中存放了 a 右移 3 位后的数据，目的是将要取出的那几位移到最右端；二是 c 中保存的数是低 4 位都为 1，其余全为 0 的数；三是 d 中保存的数是 b 的最右端的 4 位数，即 a 中从右端开始的 3～6 位。

　　(4) 下面的程序＿＿＿＿＿＿能实现 a、b 两数交换。

　　　　A. a＝a^b; b＝b^a; a＝a^b;　　　　　B. a＝a^b; a＝b^b; b＝a^a;

　　　　C. b＝b^a; a＝a^b; b＝a^b;　　　　　D. b＝b^b; a＝b^a; b＝a^a;

【分析、解答】　答案为 A。

　　(5) 下面关于位段的说法正确的是＿＿＿＿＿＿。

　　　　A. 一个位段可以存储在不同的存储单元中

　　　　B. 位段成员的数据类型必须指定为 unsigned 或 int 类型

　　　　C. 可以定义位段数组

　　　　D. 位段不可以在数值表达式中使用

【分析、解答】　答案为 B。此题考查了位段的基本概念，其中 A、C、D 的说法都不正确，一个位段只能存储在相同的存储单元中，不可以定义位段数组，位段可以参与数值表达式运算的。

　　(6) 下面关于位段的定义正确的是＿＿＿＿＿＿。

　　　　A. struct data　　　　　　　　　　　B. struct data
　　　　　　{ int a:4;　　　　　　　　　　　　{ char a:4;
　　　　　　　unsigned b:6;　　　　　　　　　　unsigned b:6;
　　　　　　　int c;}　　　　　　　　　　　　　int c;}

　　　　C. struct data　　　　　　　　　　　D. struct data
　　　　　　{ int a:35;　　　　　　　　　　　　{ int a:4;
　　　　　　　unsigned b:6;　　　　　　　　　　int b[5]:6;
　　　　　　　int c;}　　　　　　　　　　　　　int c;}

【分析、解答】　答案为 A。B、C、D 不正确，其中 B 违反了位段成员的类型必须是 unsigned 或 int 类型的约束，而 C 中定义的 a 超过整型数所能表示的位数范围了，D 中不能定义位段数组。

　　(7) 就如下的结构体定义，下面的说法中正确的是＿＿＿＿＿＿。

```
struct data
{
    unsigned a:1;
    unsigned b:2;
    unsigned  :0;
    unsigned c:3;
}
```

　　　　A. a、b、c 连续存放在一个存储单元中

B. b、c 连续存放在一个存储单元中

C. a、b、c 各自单独存放在存储单元中

D. a、b 连续存放在一个存储单元中

【分析、解答】 答案为 D。a、b 存放在一个存储单元中,c 另外存放在下一个单元。

(8) 执行下面的程序段

```
int x=35;
char z='M';
int b;
b=((x^15)&&(z<'a'));
```

后,b 的值为_____。

    A. 0   B. 1   C. 2   D. 3

【分析、解答】 答案为 B。

(9) 以下程序的输出结果是_____。

```
main()
{
    char x=040;
    printf("%o\n",x<<1);
}
```

    A. 100   B. 80   C. 64   D. 32

【分析、解答】 答案为 A,注意左移前要把 x 转换为二进制数,而输出的值为八进制数。

(10) 已知正整数 23122,与_____进行异或运算,结果依然是 23122。

    A. 0   B. 1   C. 01   D. -1

【分析、解答】 答案为 A。与 0 异或保留原值。

2. 填空题

(1) $57\&23=$_____ $57|23=$_____ $57^\wedge23=$_____

【分析、解答】 答案分别为 17,63,46。

(2) $20<<2=$_____ $20>>2=$_____

【分析、解答】 答案分别为 80,5。

(3) 已知 long a=98,int b=-98,表达式 a&b=_____

【分析、解答】 答案为 2。两个数的数据长度不同时,需要把负数 b 的左端补满 1,使得二者长度相同再运算。

(4) 已知整数 x=1,y=2,z=1,求表达式 x&y/$\sim$z 的值为_____。

【分析、解答】 答案为 1。因为'$\sim$'的优先级别比'/'高,'/'的优先级别又比'&'高,故而 x&y/$\sim$z 等价于 x&(y/($\sim$z)),求解过程:

$z=(0000000000000001)_2 \rightarrow \sim z=(1111111111111110)_2=-2 \rightarrow y/\sim z=2/-2=-1$

→ x& (y/−z) = 1& − 1 = （0000000000000001）$_2$ & （1111111111111111）$_2$ = （0000000000000001）$_2$＝1

（5）已知整型变量 x 的值为 167，则表达式（～2）^（4＋x）的值是＿＿＿＿。

【分析、解答】 答案为−170。求解过程：

（～2）^（4＋x）=（1111111111111101）$_2$ ^（0000000010101011）$_2$ =（11111111 0101 0110）$_2$＝−170

（6）假使有二进制数 10101100，想使其低 4 位翻转，可以将它与二进制数＿＿＿＿＿进行异或运算。

【分析、解答】 答案为 00001111。异或运算符有一个特点：与 0 异或结果保持原值，与 1 异或结果取反，根据题意则低 4 位应该取 1，高四位取 0。

（7）有一个整数（2 字节），想要取其中的低字节，则只需要将该数与八进制数＿＿＿＿＿按位作与运算。

【分析、解答】 答案为 377。

（8）a、b 两数值需要交换，通常情况下，需要一个中间变量来完成交换，但如果使用位运算符中的＿＿＿＿＿运算符可以不需要额外的变量。

【分析、解答】 答案为异或。

（9）下面程序运行的结果是＿＿＿＿。

```
main()
{
    int a;
    a=2;
    a=2<<2;
    a=a|017;
    printf("%d,%o\n",a,a);
}
```

【分析、解答】 答案为 15,17。注意在写程序输出结果时别忘了两个数中间的逗号。

（10）下面程序实行左循环移位（即将数的最左端几位移到最右面）的功能，请将该程序补充完整。

```
main()
{
    unsigned a,b,c;
    int n;
    scanf("a=%o,n=%d",&a,&n);
    b=a>>(16-n);
    _____;
    _____;
    printf("%o\n%o",a,c);          /＊a中存放需循环移位的数,c中存放循环移位后的数＊/
}
```

【分析、解答】 答案为 c＝a＜＜n、c＝c|b。该程序首先将 a 中的高 n 位放置到 b 的

低 n 位中,然后将 a 左移 n 位,右端低位补 0,放入 c 中,最后 c 与 b 按位或运算。

(11) 下面程序用来取一个 16 位二进制数的偶数位,请将其补充完整。

```
main()
{
    unsigned a,b;
    a=678;
    _____;
    printf("%o,%o",a,b);
}
```

【分析、解答】 答案为 b＝a&052525。与运算的一个应用就是取指定位,如保留偶数位,使偶数位为 1,即$(0101010101010101)_2＝(52525)_8$,然后让 a 与该数按位与即可。

(12) 已知 a＝0111344,则 a＞＞2＝_____(逻辑右移,二进制形式),a＞＞2＝_____(算术右移,二进制形式)。

【分析、解答】 答案为 0010010010111001,1110010010111001。

16.4 实 验 指 导

1. 实验目的

(1) 掌握位运算符的用法和各种用途。
(2) 理解位段的用途。

2. 实验内容

(1) 利用位运算符,将一个 16 位的无符号整数转换为二进制数。

(2) 有一控制信号有 3 种状态－1、0、1。当为 1 时,八位的无符号数实现右循环 n 位;当为 0 时,不循环移位;当为－1 时,实现左循环 n 位。

(3) 编写一个函数 getbits(),从一个十六位二进制数中取出某几位(也就是这几位保留原值,其余位为 0),函数调用形式为 getbits(value,n1,n2),value 为 16 位的无符号数,n1 为欲取出的起始位(从左边数),n2 为欲取出的结束位(从左边数)。

3. 编程环境及程序代码

(1) 编程环境:Visual C++ 6.0 或 Turbo C 2.0。
(2) 程序代码(所附程序均为参考程序,答案并不唯一)。
第(1)题:

```
main()
{
    unsigned a,b;
    short bit[16];              /* 用数组来存放求得的二进制数 */
```

```
    int i;
    scanf("%u",&a);
    b=a;
    for(i=0;i<16;i++)
    {
        bit[i]=b&1;
        b=b>>1;
    }
    printf("(%u)2=",a);
    for(i=15;i>=0;i--)
        printf("%1d",bit[i]);
}
```

第(2)题：

```
main()
{
    unsigned move(unsigned,int);
    struct data
    {
        int a:2;
        unsigned value;
        int n;
    }test;
    test.a=-1;
    test.value=23;
    test.n=4;
    if(test.a<0)printf("%u left recur is %u",test.value, move(test.value,-test.n));
    if(test.a>0)printf("%u right recur is %u",test.value,move(test.value,test.n));
    if(test.a==0)printf("%u don't recur",test.value);
}
unsigned move(unsigned number,int m)
{
    unsigned a,b;
    int n;
    if(m>0)
    {
        a=number<<(16-m);
        b=number>>m;
        return(a|b);
    }
    if(m<0)
    {
```

```
        n=-m;
        a=number>>(16-n);
        b=number<<n;
        return(a|b);
    }
}
```

第(3)题：

```
unsigned getbits(unsigned value , int n1,int n2)
{
    unsigned a,b,c;
    a=65535;                                /* ffff */
    b=65535;                                /* ffff */
    a=a>>(n1-1);
    b=b<<(16-n2);
    c=a&b;
    return value&c;
}
```

第 17 章

chapter 17

文 件

17.1 本章基本知识结构

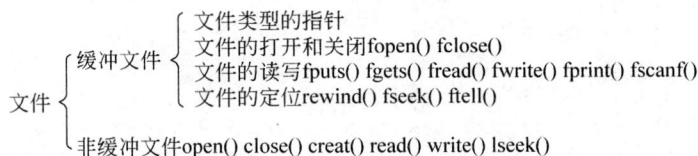

```
        ┌ 缓冲文件 ┌ 文件类型的指针
        │          │ 文件的打开和关闭fopen() fclose()
        │          │ 文件的读写fputs() fgets() fread() fwrite() fprint() fscanf()
文件 ───┤          └ 文件的定位rewind() fseek() ftell()
        │
        └ 非缓冲文件open() close() creat() read() write() lseek()
```

17.2 知识难点解析

文件指针的含义和用途?

【解答】 人们在操作文件时,通常都关心文件的属性,如文件的名字、文件的性质、文件的当前状态等。对缓冲文件系统,上述特性都是要仔细考虑的。ANSI C 为每个使用的文件在内存开辟一块用于存放上述信息的区域,利用一个结构体类型的变量存放。该变量的结构体类型由系统取名为 FILE,在头文件 stdio. h 中定义如下:

```
typedef struct
{
    int_fd ;                        / * 文件号 * /
    int cleft ;                     / * 缓冲区中的剩余字符 * /
    int mode ;                      / * 文件的操作模式 * /
    char * _next ;                  / * 下一个字符的位置 * /
    char * _buff;                   / * 文件缓冲区的位置 * /
} FILE;
```

在操作文件以前,应先定义文件变量指针:

```
FILE * fp1, * fp2;
```

按照上面的定义,fp1 和 fp2 均为指向结构体类型的指针变量,分别指向一个可操作的文件,换句话说,一个文件有一个文件变量指针,今后对文件的访问,会转化为针对文件变量指针的操作。

17.3　练　　习

1. 选择题

（1）C 语言可以处理的文件类型是_____。

　　A. 文本文件和数据文件　　　　　　B. 文本文件和二进制文件

　　C. 数据文件和二进制文件　　　　　D. 以上都不完全

【分析、解答】　答案为 B。C 语言既可以处理文本文件也可以处理二进制文件。

（2）对 C 语言的文件存取方式中，文件_____。

　　A. 只能顺序存取　　　　　　　　　B. 只能随机存取（也称直接存取）

　　C. 可以是顺序存取，也可以是随机存取　　D. 只能从文件的开头存取

【分析、解答】　答案为 C。C 语言的文件存取可以是顺序存取，也可以是随机存取。

（3）在默认状态下，系统的标准输入文件（设备）是指_____。

　　A. 键盘　　　　　　B. 硬盘　　　　　　C. 显示器　　　　　　D. 软盘

【分析、解答】　答案为 A。

（4）在默认状态下，系统的标准输出文件（设备）是指_____。

　　A. 键盘　　　　　　B. 显示器　　　　　C. 硬盘　　　　　　D. 软盘

【分析、解答】　答案为 B。

（5）若要以只读打开一个新的二进制文件，则打开时使用的方式字符串是_____。

　　A. " a+ "　　　　　B. " wb "　　　　　C. " rb "　　　　　D. " rb+ "

【分析、解答】　答案为 C。

（6）若要打开 A 盘上 user 子目录下名为 abc. txt 的文本文件进行读写操作，下面符合此要求的函数调用是_____。

　　A. fopen("A:\user\abc. txt","r")

　　B. fopen("A:\\user\\abc. txt","r+")

　　C. fopen("A:\user\abc. txt","w")

　　D. fopen("A:\\user\abc. txt","rb")

【分析、解答】　答案为 B。见书上 fopen 函数参数表。

（7）已知函数 fwrite 的一般调用形式是 fwrite(buffer,size,count,fp)，其中 buffer 代表的是_____。

　　A. 一个文件指针指向要输出的文件

　　B. 要输出数据项的总数

　　C. 存放输出数据项的存储区

　　D. 存放要输出的数据的地址或指向此地址的指针

【分析、解答】　答案为 D。

（8）若调用 fputc() 函数输出字符成功，则其返回值是_____。

　　A. 1　　　　　　　　B. 0　　　　　　　　C. EOF　　　　　　　D. 输出的字符

【分析、解答】 答案为 D。

(9) 标准函数 fgets(s, n, f)的功能是_____。

    A. 从文件 f 中读取长度为 n 的字符串存入指针 s 所指的内存

    B. 从文件 f 中读取长度不超过 $n-1$ 的字符串存入指针 s 所指的内存

    C. 从文件 f 中读取长度为 $n-1$ 的字符串存入指针 s 所指的内存

    D. 从文件 f 中读取 n 个字符串存入指针 s 所指的内存

【分析、解答】 答案为 B。

(10) 若 fp 是指向某文件的指针，且已读到该文件的末尾，则 C 语言库函数 feof(fp)的返回值是_____。

    A. EOF   B. NULL   C. 非零值   D. -1

【分析、解答】 答案为 C。

(11) 以下叙述中错误的是_____。

    A. 不可以用 FILE 定义指向二进制文件的文件指针

    B. 在程序结束时，应当用 fclose 函数关闭已打开的文件

    C. 在利用 fread 函数从二进制文件中读数据时，可以用数组名给数组中所有元素读入数据

    D. 二进制文件打开后可以先读文件的末尾，而顺序文件不可以

【分析、解答】 答案为 A。

(12) 在 C 程序中，可把整型数以二进制形式存放到文件中的函数是_____。

    A. fprintf 函数   B. fwrite 函数   C. fread 函数   D. fputc 函数

【分析、解答】 答案为 B。

(13) 下面的程序执行后，文件 testfile.t 中的内容是_____。

```
#include <stdio.h>
void fun(char * fname, char * st)
{
    FILE * myf; int i;
    myf=fopen(fname,"w");
    for(i=0;i<strlen(st); i++) fputc(st[i],myf);
    fclose(myf);
}
main()
{
    fun("testfile.t","new world"); fun("testfile.t","hello");
}
```

    A. hello   B. hellorld   C. new world   D. worldhello

【分析、解答】 答案为 A。本题中，fopen(fname,"w")函数格式中"w"参数是打开一个文本文件，若文件已存在，则打开该文件时将该文件删除，然后重新建立一个新文件。因此答案为 A。

(14) 如下程序执行后，abc 文件的内容是_____。

```
#include<stdio.h>
main()
{
    FILE * fp;
    char * str1="first";
    char * str2="second";
    if((fp=fopen("abc","w+"))==NULL)
    {
        printf("Can't open abc file\n");
        exit(1);
    }
    fwrite(str2,6,1,fp);
    fseek(fp,0L,SEEK_SET);
    fwrite(str1,5,1,fp);
    fclose(fp);
}
```

    A. first   B. second   C. firsts   D. 为空

【分析、解答】 答案为 C。

(15) 以下程序的功能是_____。

```
#include<stdio.h>
main()
{
    FILE * fp;
    fp=fopen("testfile","r+");
    while(!feof(fp))
        if(fgetc(fp)=='*')
        {
            fseek(fp,-1L,SEEK_CUR);
            fputc('$',fp);
            fseek(fp,ftell(fp),SEEK_SET);
        }
    fclose(fp);
}
```

    A. 查找 testfile 文件中所有'$'

    B. 将 testfile 文件中所有字符替换为'$'

    C. 将 testfile 文件中所有'*'替换为'$'

    D. 查找 testfile 文件中所有'*'

【分析、解答】 答案为 C。

(16) 有以下程序

```
#include <stdio.h>
main()
```

```
{
    FILE * fp; int i=20,j=30,k,m;
    fp=fopen("d1.dat", "w");
    fprintf(fp, "%d\n",i);
    fprintf(fp, "%d\n",j);
    fclose(fp);
    fp=fopen("d1.dat", "r");
    fscanf(fp, "%d%d", &k,&m);
    printf("%d %d\n",k,m);
    fclose(fp);
}
```

程序运行后的输出结果是_____。

    A. 20 30　　　　　　B. 20 50　　　　　　C. 30 20　　　　　　D. 30 50

【分析、解答】　答案为 A。

2. 填空题

（1）在对文件进行操作的过程中，若要求文件的位置回到文件的开头，应当调用的函数是_____函数。

【分析、解答】　rewind 或 fseek。

（2）函数调用 ferroe(fp)的返回值是_____，则表示 fp 所指向的文件最近一次操作没有出现错误。

【分析、解答】　答案为 0。

（3）以下程序段打开文件后，先利用 fseek 函数将文件位置指针定位在文件末尾，然后调用 ftell 函数返回当前文件位置指针的具体位置，从而确定文件长度，请填空。

```
FILE * myf;
long f1;
myf=_____("abcd.t", "rb");
fseek(myf,0,SEEK_END); f1=ftell(myf);
fclose(myf);
printf("%ld\n",f1);
```

【分析、解答】　答案为 fopen。

（4）以下 C 语言程序将磁盘中的一个文件复制到另一个文件中，两个文件名在命令行中给出。

```
#include <stdio.h>
main(argc,argv)
int argc; char * argv[];
{
    FILE * f1,* f2;  char ch;
    if(argc<_____)
    { printf("Parameters missing!\n");  exit(0); }
```

```
        if(((f1=fopen(argv[1],"r"))==NULL)||((f2=fopen(argv[2],"w"))==NULL))
        { printf("Can not open file!\n"); exit(0);}
        while(_____)fputc(fgetc(f1),f2);
        fclose(f1);  fclose(f2);
    }
```

【分析、解答】 答案为 3 ! feof(f1)或 feof(f1)==0。

（5）在以下程序中用户由键盘输入一个文件名，然后输入一串字符（用♯结束输入）存放到文件中形成文本文件，并将字符的个数写到文件尾部，请填空。

```
#include <stdio.h>
main()
{
    FILE * fp;
    char ch,fname[32];   int count=0;
    printf("Input the filename:"); scanf("%s",fname);
    if((fp=fopen(_____,"w+"))==NULL)
    { printf("Can't open file:%s \n",fname); exit(0);}
    printf("Enter data:\n");
    while((ch=getchar())!='#'){  fputc(ch,fp); count++;}
    fprintf(_____,"\n%d\n",count);
    fclose(fp);
}
```

【分析、解答】 答案为 fname fp。本题使用 getchar()函数获取用户输入的字符，然后用 fputc()函数写入到文件中。

（6）下面的程序用来统计文件中字符的个数，请填空。

```
#include <stdio.h>
main()
{
    FILE * fp;
    long num=0;
    if((fp=fopen("fname.dat","r"))==NULL)
    { printf("Can't open file! \n"); exit(0);}
    while _____
    { fgetc(fp); num++;}
    printf("num=%ld\n", num);
    fclose(fp);
}
```

【分析、解答】 答案为(!feof(fp))或(feof(fp)==0)。本题的知识点是判断文件结束函数 feof()的返回值。

（7）有一磁盘文件，第一次将它显示在屏幕上，第二次把它复制到另一文件中，请填空。

```
#include <stdio.h>
main()
{
    FILE * fp1, * fp2;
    fp1=fopen("file1.c","r");
    if(!fp1)
    {printf("Can't open file file1.c");exit(0);}
    fp2=fopen("file2.c", "w");
    if(!fp2){printf("Can't open file file2.c");exit(0);}
    while(!feof(fp1))putchar(getc(fp1));
    _____;
    while(!feof(fp1))putc(_____,fp2);
    fclose(fp1);
    fclose(fp2);
}
```

【分析、解答】 答案为 rewind(fp1) getc(fp1)。

（8）以下程序求 abc.c 文件中最长行和它的位置。请填空。

```
#include <stdio.h>
main()
{
    int lin,i,j=0,k=0;
    char c;
    FILE * fp;
    fp=fopen("abc.c", "r");
    rewind(fp);
    while(fgetc(fp)!=EOF)
    {
        i=1;
        _____
        {i++; }
        j++;
        if(i>=k) {k=i;_____; }
    }
    printf("\n%d\t%d\n",k,lin);
    close(fp);
}
```

【分析、解答】 答案为 while(fgetc(fp)!='\n ')lin=j。

17.4 实 验 指 导

1. 实验目的

（1）掌握文件及文件指针的概念。

（2）学会使用文件打开、关闭、读写等文件操作函数。
（3）学会用缓冲文件系统对文件进行简单的操作。

2. 实验内容

（1）从键盘输入一个字符串和一个十进制整数，将它们写入 test 文件中，然后再从 test 文件中读出并显示在屏幕上。

（2）从键盘输入一行字符串，将其中的小写字母全部转换成大写字母，然后输出到一个磁盘文件 test 中保存，并检验 test 文件中的内容。

（3）有两个学生，每人有 4 门课的成绩，从键盘输入学生学号、姓名、4 门课成绩，计算出每人平均分并将其和原始数据都存放在磁盘文件 stud 中，并检验 stud 文件的内容。

3. 编程环境及程序代码

（1）编程环境：Visual C++ 6.0 或 Turbo C 2.0。
（2）程序代码（所附程序均为参考程序，答案并不唯一）。
第（1）题：

```
#include <stdio.h>
main()
{
    FILE * fp;
    char s[80];
    int a;
    if((fp=fopen("test","w"))==NULL)          /* 以写方式打开文本文件 */
    {
        printf("cannot open file.\n");
        exit(1);
    }
    fscanf(stdin,"%s%d",s,&a);                /* 从标准输入设备(键盘)上读取数据 */
    fprintf(fp,"%s %d",s,a);                  /* 以格式输出方式写入文件 */
    fclose(fp);                               /* 写文件结束关闭文件 */
    if((fp=fopen("test","r"))==NULL)          /* 以读方式打开文本文件 */
    {
        printf("cannot open file.\n");
        exit(1);
    }
    fscanf(fp,"%s%d",s,&a);                   /* 以格式输入方式从文件读取数据 */
    fprintf(stdout,"%s %d\n",s,a);            /* 将数据显示到标准输出设备上 */
    fclose(fp);                               /* 读文件结束,关闭文件 */
}
```

第（2）题：

```
#include <stdio.h>
```

```
main()
{
    FILE * fp;
    char str[100];
    int i;
    if((fp=fopen("test","w"))==NULL)          /* 以写方式打开文本文件 */
    {
        printf("can not open file.\n");
        exit(0);
    }
    printf("Input a string:");
    gets(str);                                /* 读入一行字符串 */
    for(i=0;str[i];i++)                        /* 处理该行中的每一个字符 */
    {
        if(str[i]>='a'&&str[i]<='z')          /* 若是小写字母 */
            str[i]-='a'-'A';                  /* 将小写字母转换为大写字母 */
        fputc(str[i],fp);                     /* 将转换后的字符写入文件 */
    }
    fclose(fp);                               /* 关闭文件 */
    fp=fopen("test","r");                     /* 以读方式打开文本文件 */
    fgets(str,100,fp);                        /* 从文件中读入一行字符串 */
    printf("%s\n",str);
    fclose(fp);                               /* 关闭文件 */
}
```

第(3)题：

```
#include <stdio.h>
struct student
{
    char num[6];
    char name[8];
    int score[4];
    float ave;
} stu[2],out;                                 /* 定义结构体数组 stu 和结构体变量 out */
main()
{
int i,j;float sum;
FILE * fp;
/*   从键盘输入数据 */
for(i=0;i<2;i++)
{
    printf("\ninput information of student %d :\n",i+1);
    printf("num:   ");
    scanf("%s",stu[i].num);                   /* 输入学号 */
```

```
    printf("name:  ");
    scanf("%s",stu[i].name);              /* 输入姓名 */
    sum=0;
    for(j=0;j<4;j++)                      /* 输入 4 门课的成绩并求和 */
    {
        printf(" score %d ",j+1);
        scanf("%d",&stu[i].score[j]);
        sum=sum+stu[i].score[j];
    }
    stu[i].ave=sum/4;                     /* 求平均成绩 */
}
/* 将数据写入文件 */
fp=fopen("stud","wb");                    /* 以二进制写方式打开文件 */
for(i=0;i<2;i++)                          /* 将内存中的学生数据输出到磁盘文件中 */
    if(fwrite(&stu[i],sizeof(struct student),1,fp)!=1)
        {printf("file write error\n"); exit(0); }
fclose(fp);                              /* 关闭文件 */
/* 验证写入情况 */
fp=fopen("stud","rb");                    /* 以读方式打开二进制文件 */
printf("num   name    score1  score2  score3  score4   ave\n");
while(fread(&out,sizeof(out),1,fp))       /* 从文件读入数据,在屏幕上输出 */
{
    printf("%-6s%-8s",out.num,out.name);
     for(j=0;j<4;j++)printf("%-8d",out.score[j]);
    printf("%6.2f\n",out.ave);
}
fclose(fp);                              /* 关闭文件 */
}
```

附录 A

C 语言上机实验指南

A.1 C 程序的上机步骤

C 程序的上机步骤如图 A1 所示。

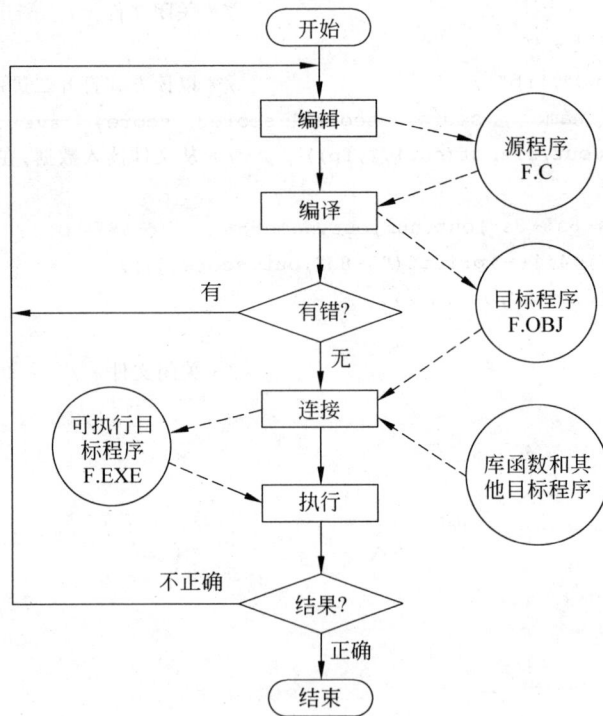

图 A1

说明：首先输入 C 程序后形成 F.C 源程序，然后将 F.C 源程序进行编译得到目标程序文件 F.OBJ，再与系统提供的库函数等连接，得到可执行的程序文件 F.EXE，最后将可执行的程序文件 F.EXE 调入内存运行。

A.2　C语言程序的运行环境——Visual C++ 6.0

　　C语言程序的输入、编译、连接和运行可以在 Visual C++ 6.0 集成环境下完成,也可以在其他集成环境下完成。本部分讲述在 Visual C++ 6.0 集成环境下完成 C语言程序的输入、编译、连接和运行。Visual C++ 6.0 有中文版和英文版,二者使用的方法相同,为了使用方便采取英文版,在介绍时会注明对应的中文。

　　1) Visual C++ 6.0 的安装

　　可以直接去网上下载官方英文版本,解压后安装。

　　2) Visual C++ 6.0 环境说明

　　Visual C++ 6.0 的菜单分成 9 大类(见图 A2)。

图　A2

　　File 文件、Edit 编辑、View 视图、Insert 插入、Project 工程、Build 组建、Tools 工具、Window 窗口、Help 帮助

　　3) Visual C++ 6.0 的主要下拉子菜单

　　(1) File 菜单共有 14 选项,分成 6 组:

　　① New 新建一个一般文件、工程、工作区或其他文档,Open 打开,Close 关闭。

　　② Workspace 工作区操作,打开、保存和关闭工作区。

　　③ 有 3 个菜单项,用于文件保存。

　　④ 有 2 个菜单项,用于文件打印。

　　⑤ 用于打开以前打开过的文件或工作区。

　　⑥ 一个菜单项 Exit,用于退出 Visual C++ 6.0。

　　(2) Edit 菜单分成 7 组:

　　① 撤销编辑结果,或重复前次编辑过程。

② 提供常见的编辑功能。

③ 字符串查找和替换。

④ Go to 和 Bookmark 编辑行定位和书签定位。

⑤ Advanced(高级)，一些其他编辑手段。

⑥ Breakpoints，与调试有关，主要用于设置断点。

⑦ 成员列表、函数参数信息、类型信息及自动完成功能。

（3）View 菜单共有 9 个选项，分成 6 组（初始时没有 1 和 7）：

① ClassWizard(或 Ctrl＋W)，激活 MFC ClassWizard 类向导工具，用来管理类、消息映射等。

② Resource Symbols 对工程所定义的所有资源标号，进行浏览和管理。

③ Resource Includes 用于设定资源 ID 的包含头文件。

④ Full Screen 全屏显示，按 Esc 键退出全屏显示。

⑤ Workspace 显示工作区窗口。

⑥ Output 显示输出窗口。

⑦ Debug Windows 在调试状态下控制一些调试窗口。

⑧ Refresh 刷新当前显示窗口。

⑨ Properties 查看和修改当前窗口所显示的对象的属性。

（4）Insert 菜单共有 6 个选项：

① New Class 添加新类（MFC、Generic、Form 3 种不同类型的类）。

② New Form 添加 Form Class。

③ Resource 添加资源。

④ Resource Copy 添加资源复制件。

⑤ File As Text 插入选定的文本文件。

⑥ New ATL Object 添加 ATL 对象。

（5）Project 菜单共有 6 个选项：

① Set Active Project 在多个工程中选定当前活动工程。

② Add to Project 向当前工程添加文件、文件夹、数据连接、Visual C 组件及 ActiveX 控件。

③ source Control 源代码控制器。

④ Dependencies 设置工程间的依赖关系。

⑤ Settings 设置工程属性（调试版本、发布版本和共同部分）。

⑥ Export Makefile 导出应用程序的 Make(＊.mak)文件。

（6）[Build]菜单共有 13 个选项：

① Compile 编译当前文件。

① Build 创建工程的可执行文件，但不运行。

③ Rebuild All 重新编译所有文件，并连接生成可执行文件。

④ Batch Build 成批编译、连接工程的不同设置。

⑤ Clean 把编译、连接生成的中间文件和最终可执行文件删除。

⑥ Start Debug→Go 开始调试,到断点处暂停。

⑦ Start Debug→Step Into 单步调试,遇函数进入函数体。

⑧ Start Debug→Run to Cursor 开始调试,到光标处停止。

⑨ Debugger Remote Connection 用于远程连接调试。

⑩ Execute 运行可执行目标文件。

⑪ Set Active Configuration 选择 Build 配置方式(Debug、Release)。

⑫ Configuration 增加或删除工程配置方式。

⑬ Profile 工程构建过程的描述文件。

(7) Tools 菜单中是 Visual C++ 附带的各种工具。

其中常用的工具有 ActiveX Control Test Container(测试一个 ActiveX 控件的容器)

Spy++(用于程序运行时以图形化方式查看系统进程、线程、窗口、窗口信息等)及 MFC Tracer(用于程序跟踪)等。

还有一些常用的设置,如 Customize,Options。

(8) Windows 菜单主要功能如下:

① New Window 新建一个窗口,内容与当前窗口同。

② Split 分割当前窗口成 4 个,内容全相同。

③ Docking View 控制当前窗口是否成为浮动视图。

④ Cascade 编辑窗口层叠放置。

⑤ Tile Horizontally 编辑窗口横向平铺显示。

⑥ Tile Vertically 编辑窗口纵向平铺显示。

⑦ Windows 对已经打开的窗口进行集中管理。

(9) Help 菜单中的 4 个选项 Contents、Search、Index 和 Technical Support 都会弹出帮助窗口,称为 MSDN Library Visual Studio6.0。

MSDN 库提供的帮助工能很丰富,可以目录、索引和搜索 3 种方式提供帮助。浏览方式多样,甚至可以连接到 Web 网站查找信息。

工具栏由多个操作按钮组成,这些操作一般都与某个菜单项对应。主要工具栏如下:

① Standard 提供最基本的功能:文件操作、编辑、查找等。

② Build 工程的编译、连接、修改活动配置、运行调试程序。

③ Build MiniBar 由部分按钮组成的工具栏。

④ Resource 添加各种类型的资源。

⑤ Edit 剪切、复制和粘贴等功能。

⑥ Debug 用于调试状态的若干操作。

⑦ Browse 源程序浏览操作。

⑧ Database 跟数据库有关的操作。

4) 用 VC++ 环境创建和编辑 C 程序

(1) 新建源程序。

在 Visual C++ 主界面的主菜单栏中选择 File(文件),然后选择 New(新建)(见图 A3）。

图　A3

　　单击 File（文件），选择 New（新建），在其子菜单中选择 C++ Source File 项，建立新的 C++ 源程序文件。在对话框右半部分的 Location（目录）文本框中输入或者选择（需要事先新建好文件夹）准备编辑的源程序文件的存储路径（假设为 D:\test），表示准备编辑的源程序文件将会存放在 D:\test 子目录下面。在 File（文件）文本框中输入准备编辑的源程序文件的名字（假设输入为 C1.c）（见图 A4）。

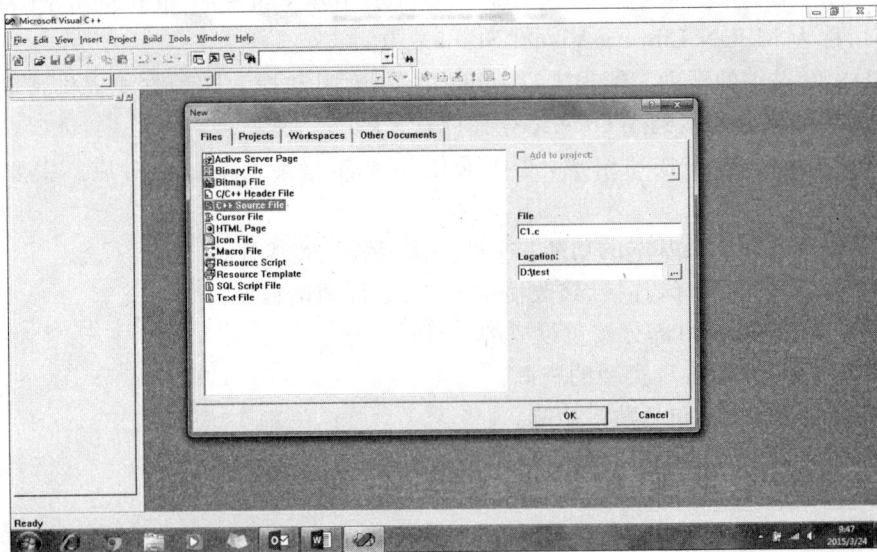

图　A4

　　单击 OK 按钮，回到 Visual C++ 主界面，在编辑窗口已经可以输入和编辑源程序了。

在此输入范例程序(见图 A5)。在输入过程中发现有错误,可以利用全屏幕编辑方法进行修改编辑。

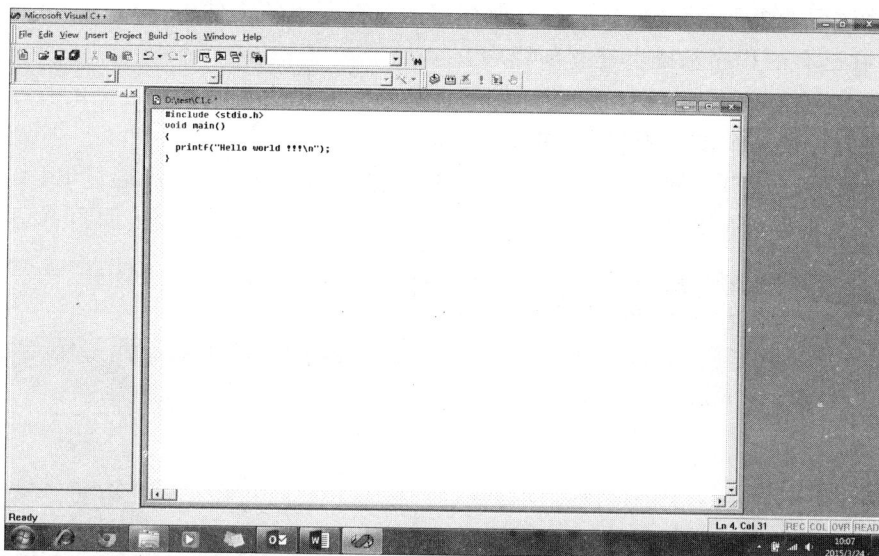

图　A5

如果检查后无错误,将源程序保存在前面指定的文件 C1. c 中,在主菜单栏中选择
File(文件),并在其下拉菜单中选择 Save(保存)项,参见图 A6。

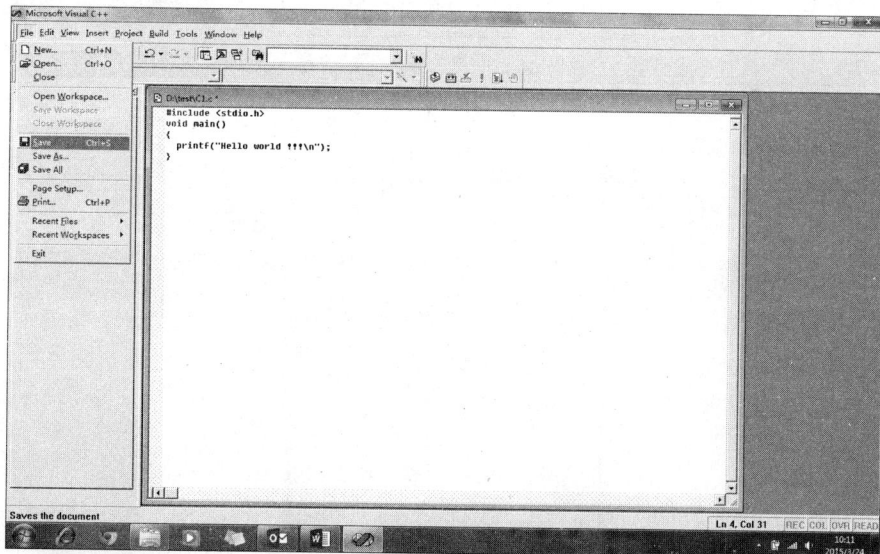

图　A6

(2) 打开一个已有程序。

若需要打开一个已经编辑保存过的 C 源程序,并对它进行修改:

① 在"我的电脑"中按路径找到已有的 C 程序名(如 C1.c)。

② 双击此文件名，进入 Visual C++ 集成环境，并打开该文件，程序已显示在编辑窗口中。

③ 修改后选择 File(文件)→Save(保存)，保存在原来的文件中。

（3）在已有的程序基础上建立新程序。

如果已经编辑并保存过 C 源程序，则可以通过一个已有程序来建立新的程序：

① 打开任何一个已有源程序(如 C1.c)。

② 将显示在窗口上的 C1.c 程序修改为其他程序(如 C2.c)，然后通过 File(文件)→Save as(另存为)，将它以文件名 C2.c 另存，生成新文件 C2.c，如图 A7 和图 A8 所示。

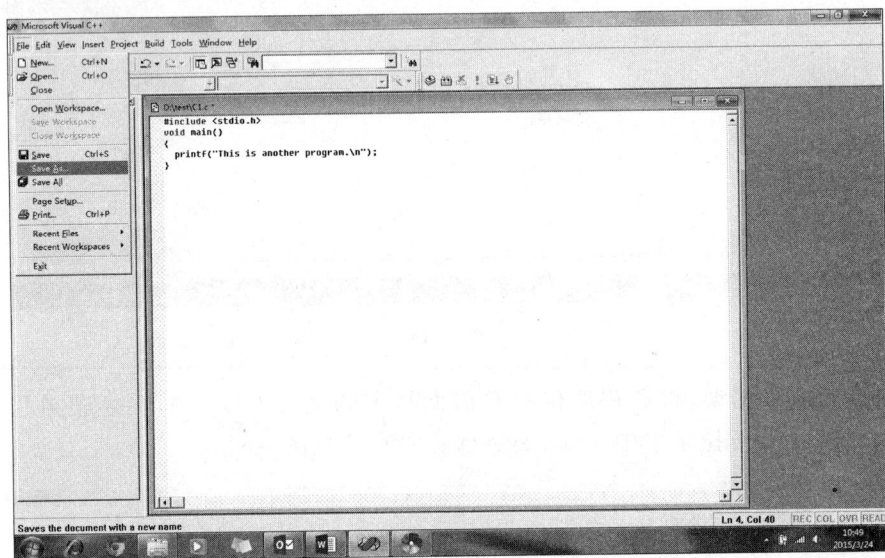

图　A7

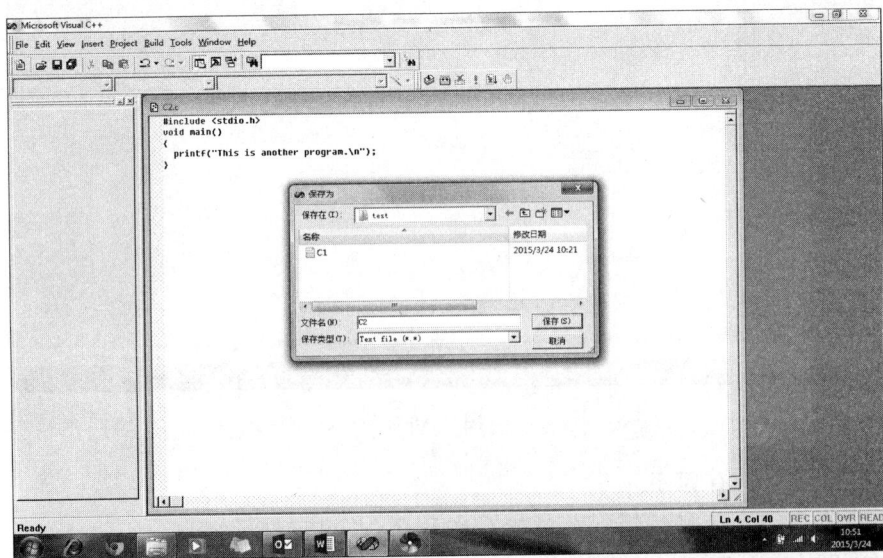

图　A8

需要注意的是：

- 另存新文件时，不要错用 File（文件）→Save（保存）操作，否则原有文件的内容被修改。
- 在编辑新文件前，先用 File（文件）→Close Workspace（关闭工作区）将原有的工作区关闭，以免新文件在原有的工作区进行编译。

（4）程序的编译。

在编辑和保存了源文件（C1.c）以后，若需要对该源文件进行编译，单击主菜单栏中的 Build（编译），在其下拉菜单中选择 Compile C1.c 项，参见图 A9。

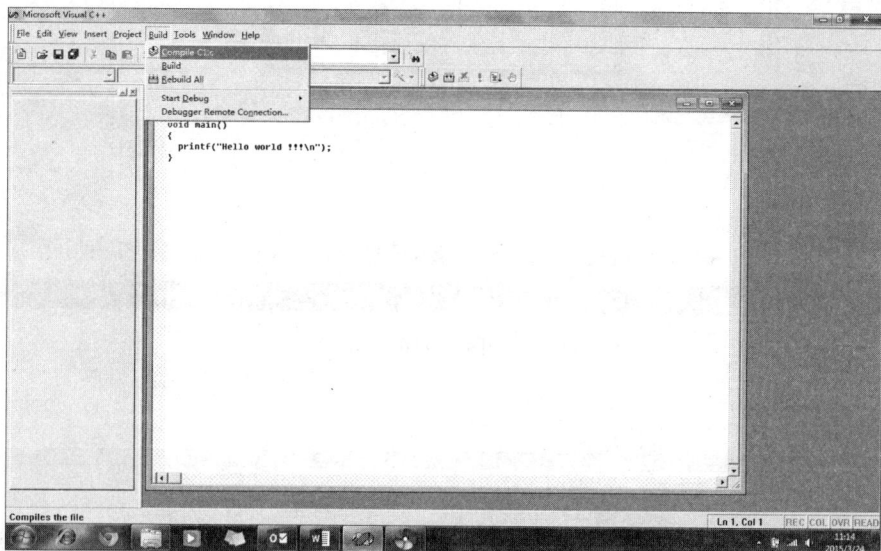

图　A9

由于刚才建立（或保存）文件指定了源文件的名字 C1.c，因此在 Build 菜单的 Compile 项中自动显示现在要编译的源文件名 C1.c。

在单击编译命令后，出现一个对话框：This build command requires an active project workspace，Would you like to creat a default project workspace？（此编译命令要求一个有效的项目工作区，你是否同意建立一个默认的项目工作区），见图 A10，单击"是"按钮，同意建立默认的项目工作区，然后开始编译。

也可以使用 Ctrl＋F7 键来完成编译。编译时，系统检查程序是否有语法错误，然后在主窗口下部的调试信息窗口输出编译的信息，如果无错，则生成目标文件 C1.obj；有错，则指出错误的位置和性质，提示用户进行修改。

（5）程序的连接。

得到后缀为 .obj 的目标程序后，还不能直接运行，还要把程序和系统提供的资源建立连接。需要选择 Build（构建）→Build test.exe（构建 C1），参见图 A11。

在执行连接后，调试输出窗口中显示连接信息，没有发现错误，则生产一个可执行文件 C1.exe，参见图 A12。

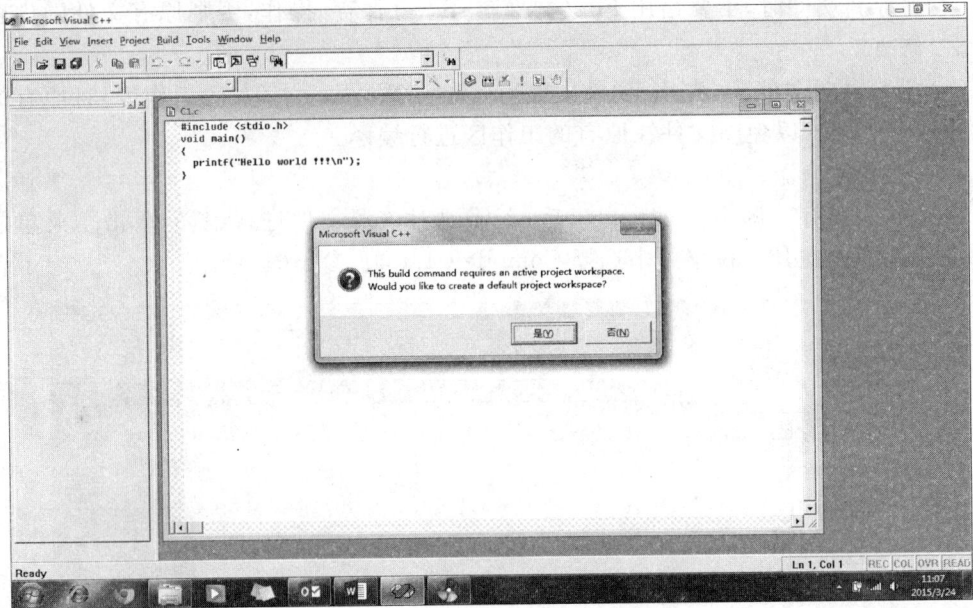

图　A10

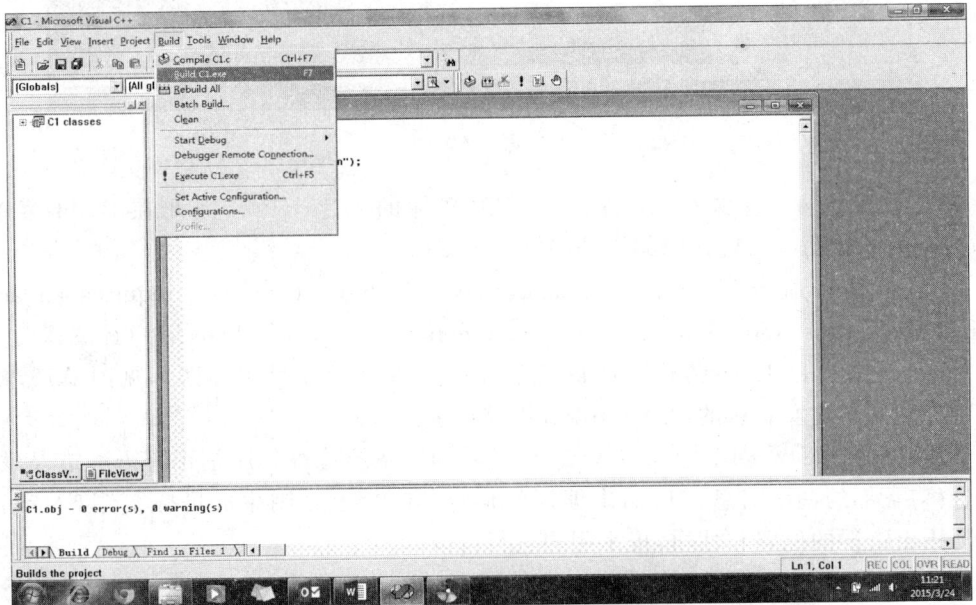

图　A11

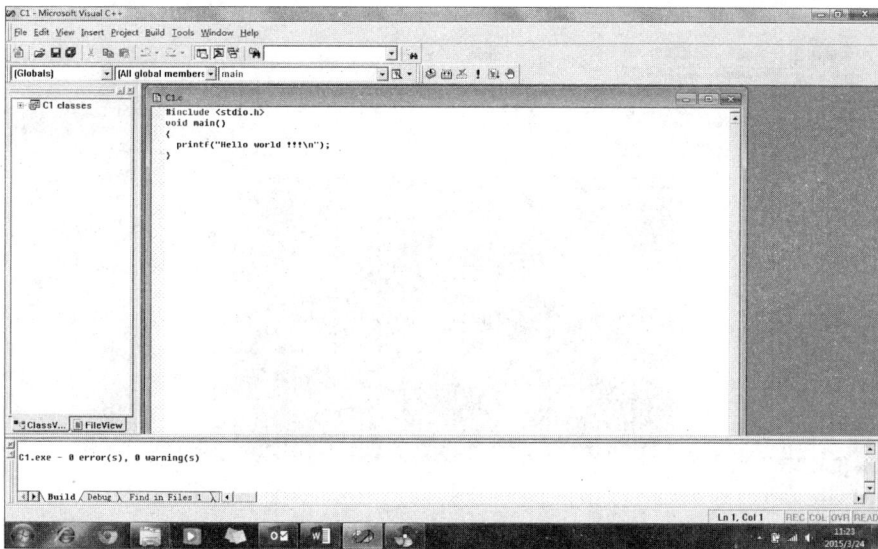

图　Ａ12

也可以选择 Build→Build(或 F7 键)一次完成编译和连接。

(6) 程序的执行。

得到可执行文件 C1.exe 后,可以直接执行 C1.exe。选择 Build→! Execute C1.exe,参见图 A13。

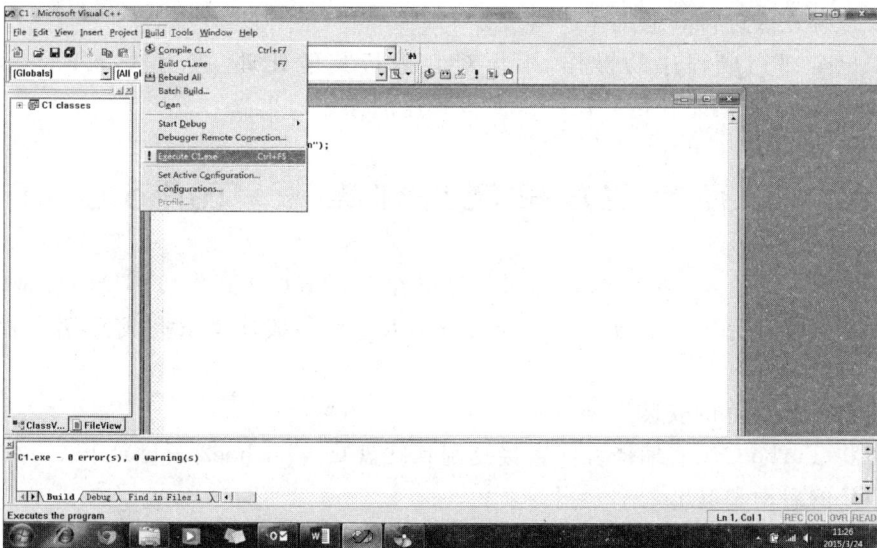

图　Ａ13

也可以用 Ctrl＋F5 键一次完成程序的编译、连接和执行。程序执行后,屏幕切换到输出结果的窗口,显示出运行结果,参见图 A14。

输出结果的窗口中,第一行是程序的输出:

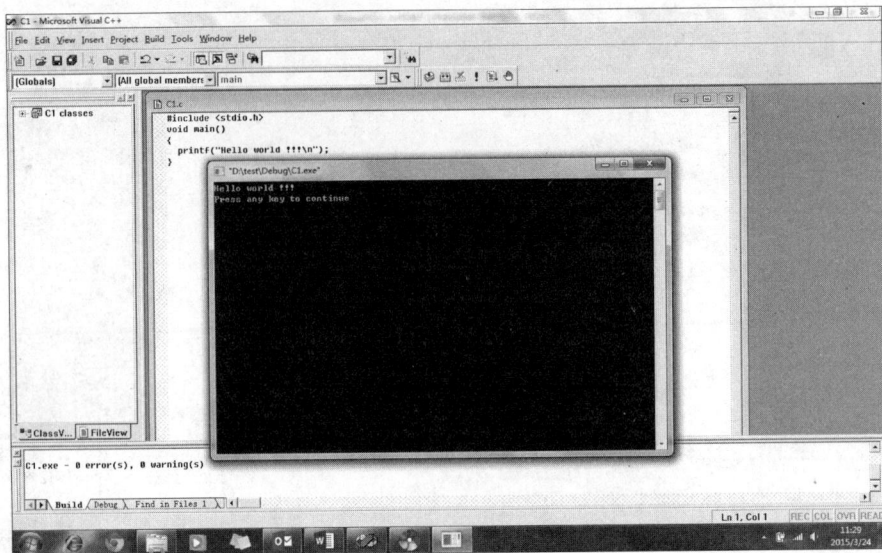

图　A14

Hello World!!!

然后换行。第二行 Press any key to continue 并非程序指定输出,而是 Visual C++ 输出完后运行结果由 Visual C++ 6.0 系统自动加上一行信息,通知用户"按任何一键以便继续"。按下任何一键后,输出窗口消失,回到 Visual C++ 的主窗口,可以继续对源程序进行修改补充或进行其他工作。

如果已全部完成程序的操作,不再对它进行其他处理,应当选择 File(文件)→ CloseWorkspace(关闭工作区),以结束对该程序的操作。

A.3　C 语言程序的运行环境——Turbo C 2.0

C 语言程序的输入、编译、连接和运行可以在 Turbo C 2.0 集成环境下完成,也可以在其他集成环境下完成。本教材讲述在 Turbo C 2.0 集成环境下完成 C 语言程序的输入、编译、连接和运行。

1) Turbo C 2.0 的安装

可以将 Turbo C 2.0 编译程序直接复制到硬盘 C:\Turboc2 子目录下。

2) TC 的启动和退出

启动 TC

方法一,执行"开始"→"运行"命令,在运行对话框中输入: C:\Turboc2\TC.EXE, 单击"确认"按钮(Turbo C 2.0 编译程序已经复制到 C:\Turboc2 文件夹下)。

方法二,进入 C:\Turboc2 文件夹,双击 TC.EXE 文件。

启动 TC 后显示 Turboc2 集成环境,如图 A15 所示。

退出 TC: 使用 Alt+F 键,打开 File 菜单,在菜单中选择 Quit 菜单项或直接按下

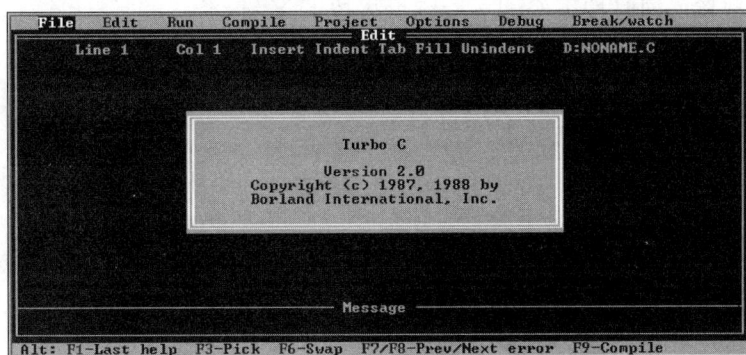

图 A15

Alt＋X 键。

3）Turbo C 2.0 环境说明

主菜单：由 File、Edit、Run、Compile Project、Options、Debug 和 Break/watch 8 个菜单项组成，分别代表文件、编辑、运行、编译、项目文件、选项、调试、中断/观察等功能。

使用键盘上的←和→键对主菜单条中所需的菜单项进行选择，使用回车键打开该项主菜单项的下拉菜单，使用↑和↓键选择。

4）Turbo C 2.0 的主要下拉子菜单

（1）文件（File）菜单的下拉菜单。

Load：将指定的文件装入内存，本命令的快捷键是 F3。

Pick：显示最近编辑过的 8 个 C 语言文件清单列表，供用户选择某一 C 源文件，并打开该文件。

New：创建新文件（默认文件名为 Noname.C）。

Save：将当前正在编辑的源程序保存（默认文件夹为 C:\Turboc2）。

Write to：将正在编辑的文件内容存到一个用户所命名的新文件中。

Directory：直接按回车键，将显示当前路径下的文件清单。

Change dir：显示当前目录，若输入不同的驱动器和目录并按回车键，则改变 Turbo C 2.0 的当前目录路径。

OS shell：返回到 DOS 操作系统的命令行输入方式，输入 Exit 命令后返回 Turbo C 2.0 集成环境。

Quit：退出 Turbo C 2.0 集成环境。

（2）编辑（Edit）菜单。

在编辑状态下，一些编辑功能如下。

光标移动键：光标上下左右移动键↑、↓、←、→，快速移动键 PgDn、PgUp。

选择多行（文本块的选择）：光标移到起始字符，同时按下 Ctrl＋K 键后再按下 B 键，光标移到末尾字符，同时按下 Ctrl＋K 键后再按下 K 键，此时选择了文本块。

文本块的移动：移动光标到插入点的位置，同时按下 Ctrl＋K 键后再按下 V 键。

文本块的复制：移动光标到插入点的位置，同时按下 Ctrl＋K 键后再按下 C 键。

文本块的删除：同时按下 Ctrl＋K 键后再按下 Y 键。

取消选择的文本块：同时按下 Ctrl＋K 键后再按下 H 键。

（3）运行（Run）菜单的下拉菜单。

Run：运行已编译连接正确的可执行文件。

Program reset：终止程序的测试，释放用户程序占用的内存空间，关闭所有已打开的文件，本命令的快捷键为 Ctrl＋F2。

Go to Cursor：使程序从执行的亮条处（若没有执行亮条，就从开始处）执行到光标所在的行，若光标所在行之前有断点，就执行到断点处。本命令主要用于程序的调试，其快捷键为 Ctrl＋F2。

Trace Into：单步执行 C 程序，若遇函数调用，自动进入函数跟踪，当调试程序离开函数时，返回到函数调用的那条语句，本命令的快捷键为 F7。

Step over：单步执行程序，若遇函数调用，不进入函数跟踪，本命令的快捷键为 F8。

User screen：从 TC 主屏切换到用户屏幕，查看程序的运行结果，按任意键返回到 TC 主屏幕，本命令的快捷键为 Alt＋F5。

（4）编译（Compile）菜单的下拉菜单。

Compile to OBJ：将当前编辑的 C 语言源程序编译成目标文件，形成以 OBJ 为扩展名的目标文件。

Make EXE file：调用 Project-make，直接将 C 语言生成可执行文件，并显示可执行文件的全名，本命令的快捷键为 F9。

Link EXE file：将当前的 OBJ 文件和 LIB 文件链接成可执行文件。

Build all：将 Project 文件中的所有源程序文件重新编译和链接。

Primary C file：主要用于编译包含多个 H 头文件的单个 C 源文件时，一旦有编译错，则含错文件将自动装入编辑程序供修改（注意，执行本命令之前先将 Options\ Environment\ message Tracking 设置成 All Files）。

Get info：执行此命令，屏幕弹出一个窗口，显示上次编译或运行程序的所有信息（包括当前子目录名、源文件名、文件大小等信息）。

（5）项目（Project）菜单的下拉菜单。

Project name：指定一个扩展名为 PRJ 的 Project 文件。

Break make on：由用户指定终止编译的默认条件，即警告时（Warning）、有错误时（Errors）、有致命错误时（Fatal Errors）或链接之前。

Auto dependencies：这是一个开关命令，当设置为 On 时，Project-make 将自动检查项目组中的每一个 ORJ 文件是否与 C 文件相一致，若两者的日期或时间不一致，重新编译 C 文件。

Clear Project：去掉按 Project 文件编译的方式。

Remove messages：清除消息窗口。

（6）选项（Options）菜单的下拉菜单。

Compiler：提供一个设置各种编译参数的子菜单，包括 Model（生成模式）、Defines（宏定义）、Code generation（代码生成）、Optimization（代码优化）等 8 条命令。

Linker：提供一个设置各种连接参数的子菜单，包括 Map file（选择 map 文件的类型）、Initialize segments（段初始化）、Default Libraries（默认库）等 7 条命令。

Environment：提供一个对集成环境设置各种参数的子菜单，包括 Message Tracking（信息跟踪，即跟踪编辑窗口中的语法错误）、Config auto save（自动保存配置）、Backup file（备份文件）等 8 条命令。

Directories：设置 TC 操作路径，包括 Include directories（包含文件目录）、Library directories（库目录）、Output directories（输出目录）等 6 个命令项目。

默认文件夹说明如下。

- Include directories：Include 文件夹（预处理命令中 C 头文件即 H 文件）的安装路径设置，默认路径是 C:\Turboc2。
- Library directories：LIB 文件夹（编译、连接文件）的安装路径设置，默认路径是 C:\Turboc2。
- Output directory：文件输出的路径设置，默认路径是 C:\Turboc2。
- Turbo C directory：装入 C 源文件的路径设置，默认路径是 C:\Turboc2。

Arguments：用户通过该命令输入运行程序命令行的参数（即设置程序运行时需要的参数）。

Save Options：将 Option 菜单中所有设置保存到配置文件中（配置文件名为 TCCONFIG. TC）以后启动 TC 时自动寻找 TCCONFIG. TC 文件，完成各种设置。

Retrieve Options：加载以前保存过的配置文件。

（7）调试（Debug）菜单的下拉菜单。

Evaluate：计算并显示变量或表达式的值，但表达式中不允许出现函数调用，用 #define 或 typedef 定义的符号和宏及不在当前执行函数中出现的句部变量或静态变量。本命令的快捷键为 Ctrl+F4。

Call stack：调用堆栈，以显示到目前为止函数的调用情况，main 函数在栈底，正在运行的函数在栈顶，每项显示了调用的函数名和传递给它的参数值。本命令的快捷键为 Ctrl+F3。

Find function：查找用户程序中的函数，但该程序不应在编译时将 Debug\Source Debugging 和 option\compiler\code generation\obj debug information 设置为 On。本命令常用于调试。

Refresh display：恢复被重写了的屏幕内容。

Display swapping：设置显示转换方式。

Source debugging：设置代码调试方式。On 时，链接的程序能同时用 TC 集成调试程序和独立的 Turbo C 调试程序调试；Standalone 时，就只能用 Turbo C 调试程序调试了，None 时两者都不能用。

（8）Break/Watch 菜单的下拉菜单。

Add Watch：输入一个表达式，若表达式正确，监视窗口就显示表达式的值，本命令的快捷键为 Ctrl+F7。

Delete Watch：删除监视表达式。注意，只有在监视窗口可见时，才能执行本命令。

Edit Watch：编辑监视表达式，执行本命令时，调试程序给出一个显示当前监视表达式的复制窗口。等修改后，按回车键表示确认，按 Esc 键表示取消。

Remove All Watches：从监视窗口中删除所有的监视表达式。

Toggle breakpoint：设置或取消光标处的断点。

Clear all breakpoints：清除程序中的所有断点。

View next breakpoint：对断点进行光标定位，即执行本命令时，按断点设置的顺序将光标移到下一个断点处。

5）C 源程序的创建

使用键盘的方向键位在主菜单栏选择 File（文件）菜单项，在下拉子菜单项中选择 New（新建）建立 C 语言源程序，参见图 A16。

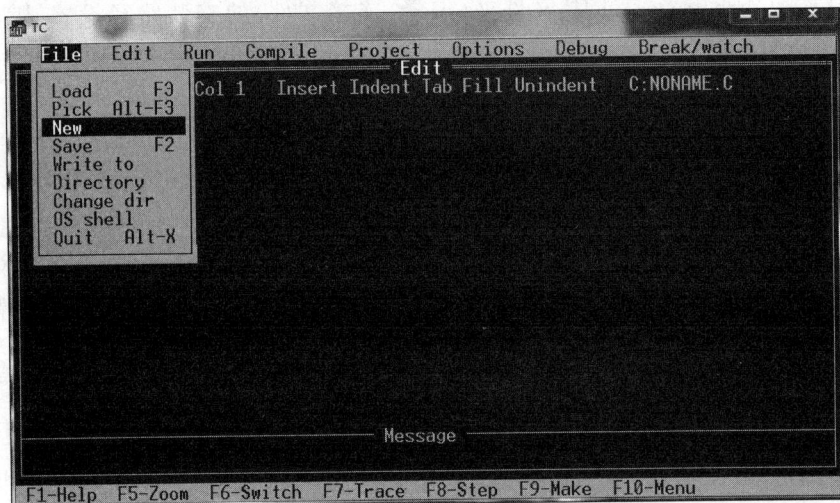

图　A16

然后选择 File（文件）菜单项的子菜单项 Save（保存）保存文件。形成后缀名为.C 的源文件，保存位置为 D:\test（此文件夹需要事先建好），即输入为 D:\test\C2.c（如 C2.c）参见图 A17。

回车确定后，回到主界面，在编辑窗口已经可以输入和编辑源程序了。在此输入范例程序（见图 A18）。

在输入过程中发现有错误，可以利用更改光标位置删除并修改编辑。

如果检查后无错误，将源程序保存在前面指定的文件 C2.c 中，按 F10 键由编辑状态切换回主菜单项，在主菜单栏中选择 File（文件），并在其下拉菜单中选择 Save 键（保存）项或者按 F2 键直接保存，参见图 A19。

6）C 源程序的修改

若需要打开一个已经编辑保存过的 C 源程序，并对它进行修改：在主菜单中执行 File→Load 命令或者按 F3 键，输入已有文件名称，参见图 A20。

打开该文件，程序已显示在编辑窗口中。修改后选择 File（文件）→Save（保存）菜单项，保存在原来的文件中。

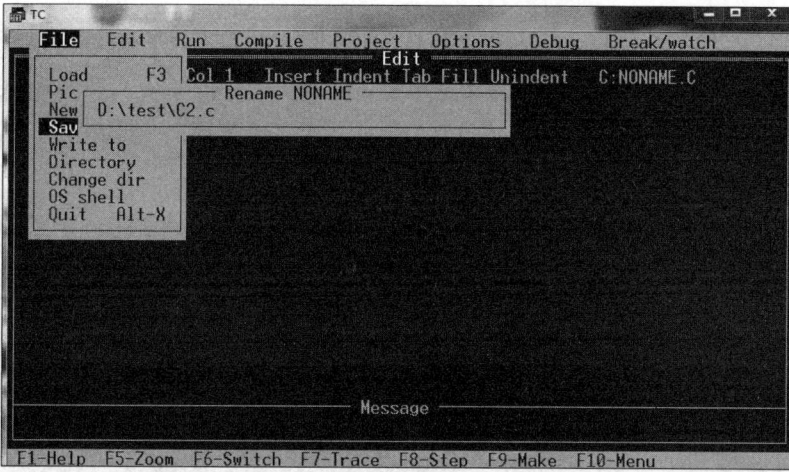

图 A17

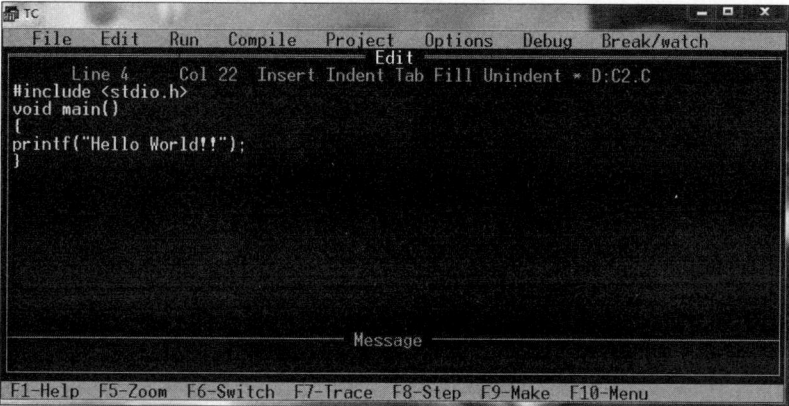

图 A18

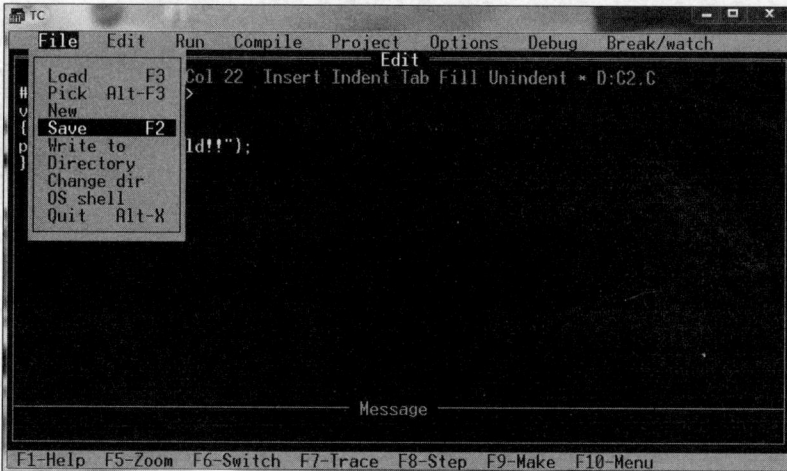

图 A19

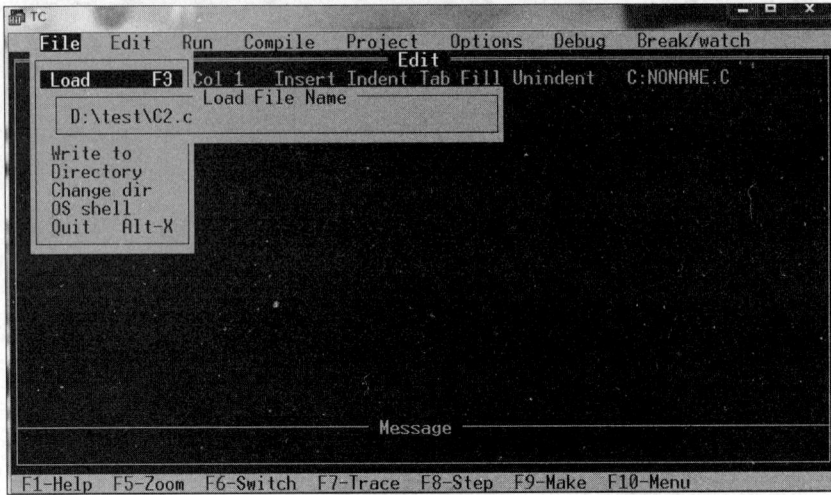

图 A20

7）编译源程序

在编辑和保存源文件（C1.c）后，若需要对该源文件进行编译。选择 Compile→ Compile to OBJ 菜单项，对 C 源程序进行编译，如无错误，编译后得到与 C 源程序同名的 OBJ 目标文件程序，参见图 A21 和图 A22。

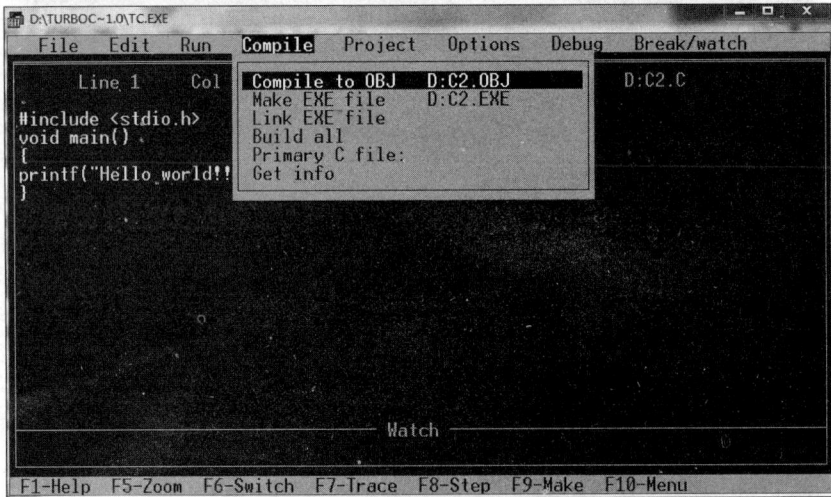

图 A21

8）建立可执行文件

选择 Compile→Link EXE file、Compile→Mack EXE file 或 Compile→Build all 菜单项，建立 exe 执行文件，参见图 A23。

选择 Compile→Make EXE file 菜单项可一次完成编译和链接，直接建立与 C 源程序同名的可执行文件。

注：在编译、连接过程中，如果 C 源程序在语法上有错，系统会自动提示错误信息，

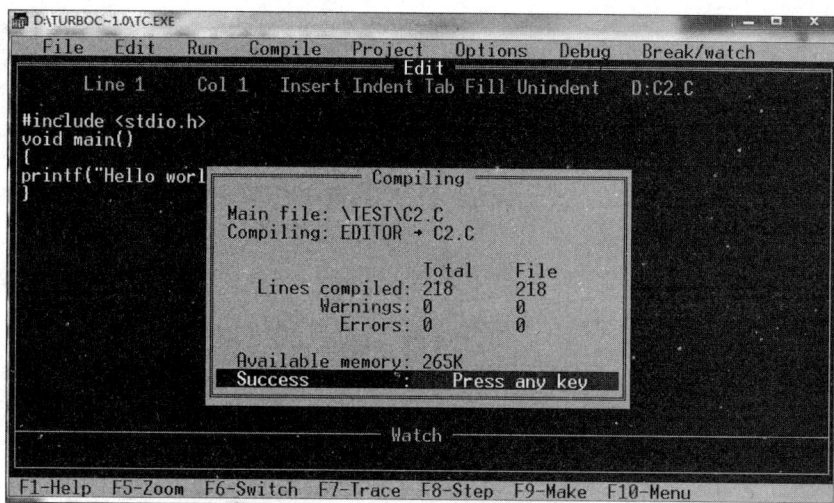

图　A22

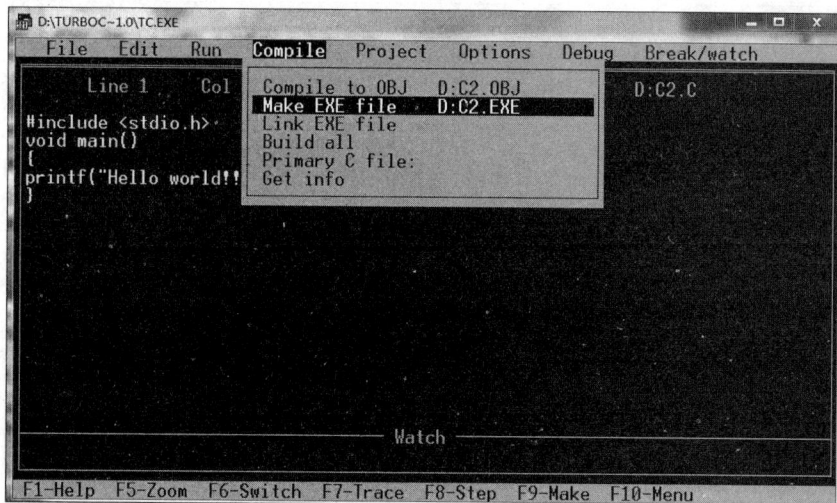

图　A23

并将光标停留在错误位置上,等待用户改正。直到将程序中所有错误纠正后才能通过编译和链接,形成可执行文件。

9) 执行程序

按 F10 键或执行 Run 命令或按 Ctrl＋F9 键,运行已编译和链接的 EXE 文件,参见图 A24。

使用 Alt＋F5 键切换到 DOS 显示方式,同时在屏幕上显示运行结果,参见图 A25。

10) TC 的功能键、快捷键和编辑键

(1) 功能键及其功能说明。

F1：打开帮助窗口,获取编辑命令的有关信息。

F2：保存当前的源程序,形成 C 文件。

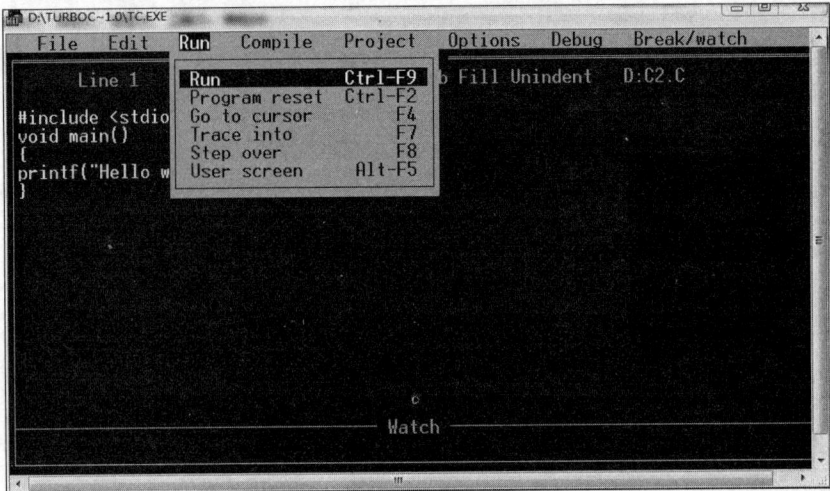

图　A24

图　A25

F3：加载文件到编辑窗口。

F4：程序运行至光标所在行。

F5：放大或缩小当前活动窗口。

F6：光标在编辑窗口和活动窗口之间切换。

F7：单步执行程序，跟踪到函数。

F8：单步执行程序，不跟踪到函数。

F9：编译、链接生成 exe 文件。

（2）快捷键及其功能说明。

Alt＋＜菜单关键字＞（主菜单项的第一个英文字母）：打开对应的主菜单。

Alt＋F3：选择文件加载。

Alt+F5：从编辑窗口切换到用户窗口(查看运行结果)。

Alt+F6：显示或隐藏活动窗口中的内容。

Alt+F7：定位于上一个出错点。

Alt+F8：定位于下一个出错点。

Alt+F9：将当前正在编辑的文件编译成 OBJ 文件。

Alt+X：退出 TC,返回到 DOS。

Ctrl+F1：调用有关函数的上下文帮助(仅限于 TC 编辑程序)。

Ctrl+F4：计算表达式的值。

Ctrl+F7：设置监视表达式。

Ctrl+F8：端点设置开关。

Ctrl+F9：运行已经编译链接成功的可执行程序。

(3) 编辑键及其功能说明。

① 光标移动键。

→、←、↑、↓：移动光标。

Home：快速移动光到行首。

End：快速移动光到行末。

Ctrl+Home：快速移动光到窗口左上角。

Ctrl+End：快速移动光到窗口右下角。

Ctrl+PgUp：快速移动光到文件首。

Ctrl+PgDn：快速移动光到文件末。

Ctrl+QP：快速移动光到上次位置。

② 插入与删除。

Ins(Ctrl+V)：插入/替换状态切换。

Ctrl+N：在光标处插入一行。

Ctrl+T：删除光标右边的字符。

Ctrl+Y：删除光标所在的行。

③ 文本块的操作。

Ctrl+K+B：标记块首。

Ctrl+K+K：标记块尾。

Ctrl+K+C：复制块。

Ctrl+K+Y：删除块。

Ctrl+K+V：移动块。

Ctrl+K+H：隐藏块标记。

Ctrl+K+R：从磁盘上读入块文件。

Ctrl+K+W：往磁盘上写块文件。

参 考 文 献

[1] 谭浩强.C程序设计.2版[M].北京：清华大学出版社,2006.

[2] 谭浩强.C程序设计.4版[M].北京：清华大学出版社,2010.

[3] 全国计算机等级考试命题研究组.历届笔试真题详解(二级C语言程序设计)[M].天津：南开大学出版社,2006.

[4] 郝立,杨萍.全国计算机等级考试真题(笔试＋上机)详解与样题精选[M].北京：清华大学出版社,2006.

[5] 徐士良,陈英,刘晓鸿.全国计算机等级考试二级教程公共基础知识[M].北京：高等教育出版社,2004.

[6] 教育部考试中心.全国计算机等级考试二级教程——公共基础知识(2013年版)[M].北京：高等教育出版社,2013.

[7] 张海藩.软件工程导论[M].5版.北京：清华大学出版社,2008.

[8] 严蔚敏.数据结构(C语言版)[M].北京：清华大学出版社,2007.

[9] 蔡子经,施伯乐.数据结构教程[M].上海：复旦大学出版社,2007.

[10] 萨师宣,王珊.数据库系统概论[M].4版.北京：高等教育出版社,2006.